畜禽常见病防制技术图册丛书

肉羊常见病防制技术图册

马利青　主编

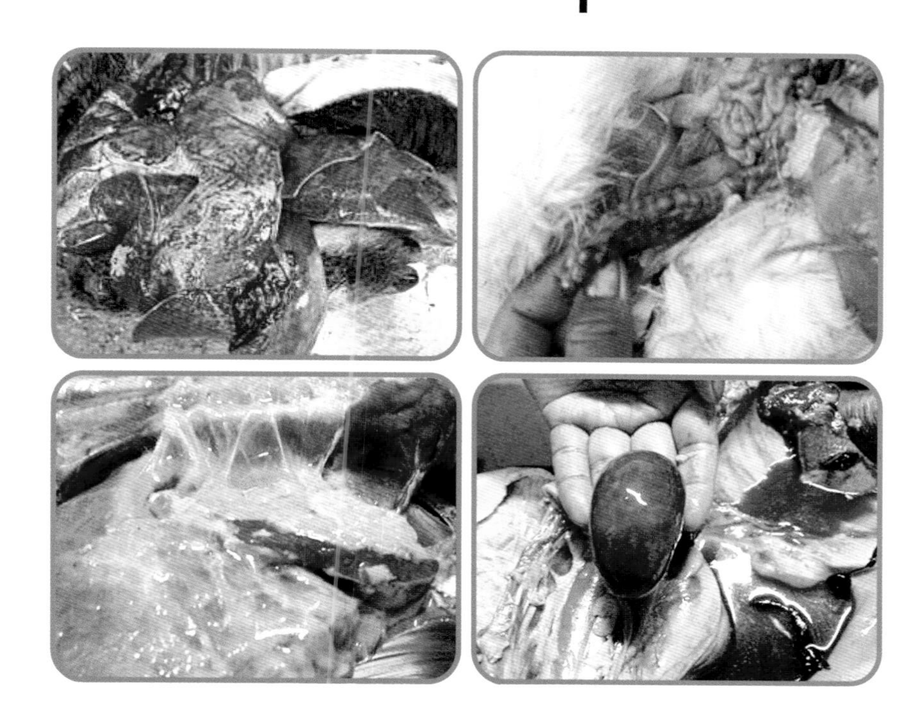

中国农业科学技术出版社

图书在版编目（CIP）数据

肉羊常见病防制技术图册 / 马利青主编 .— 北京：中国农业科学技术出版社，2016.8
ISBN 978-7-5116-2681-3

Ⅰ . ①肉…　Ⅱ . ①马…　Ⅲ . ①羊病—防制—图集　Ⅳ . ① S858.26-64

中国版本图书馆 CIP 数据核字（2016）第 167236 号

责任编辑　闫庆健　杜　洪
责任校对　贾海霞

出 版 者　中国农业科学技术出版社
北京市中关村南大街 12 号　邮编：100081
电　　话　（010）82106632（编辑室）（010）82109704（发行部）
（010）82109709（读者服务部）
传　　真　（010）82106625
网　　址　http://www.castp.cn
经 销 者　各地新华书店
印 刷 者　北京科信印刷有限公司
开　　本　787 mm × 1092 mm　1 /16
印　　张　12.5
字　　数　308 千字
版　　次　2016 年 8 月第 1 版　2016 年 8 月第 1 次印刷
定　　价　50. 00 元

编委会

Preface 前言

我国是世界上的养羊大国之一，随着养殖技术和人民生活水平的日益提高，羊肉以其丰富的营养和独特的风味更加受到各族人民的喜爱，促使肉羊产业迅速发展，近年来在肉羊饲养生产过程中由于产业结构、规模和生产方式的变化，肉羊疫病的流行病学规律也在发生变化，这就给兽医工作者在疫病的诊断和防治方面提出了新的技术要求。

为了提高肉羊疾病的防控水平与养殖的经济效益，本书着眼于基层，力求实用，在内容方面图文并茂涵盖了常见肉羊疾病的病原、临床特点、诊断要点、注意事项和综合防治措施。这些对临床兽医工作者和基层饲养管理人员来说都是应当掌握的，其中：诊断要点和综合防治措施尤为重要，是每个疾病诊疗的重点，典型症状包括对疾病诊断有帮助的临床症状和剖解变化。因此本书的特点是简明扼要、图文并茂、重点突出，容易掌握。

本书在编辑过程中得到了从事口蹄疫和小反刍兽疫、衣原体、支原体、原生动物以及梭菌类疾病专业研究的才学鹏、邱昌庆、逯忠新、张德林和张生民等老师提供文字材料及图片资料。同时,各位基层同仁们也贡献了很多珍贵的临床资料及图片，在此一并致谢。

由于时间仓促，加之编者水平有限，错误和缺点在所难免，恳请广大读者提出宝贵意见。

马利青

2016年6月

Contents 目录

目 录

Contents

Contents

目 录

目录 Contents

Contents 目录

目 录

Contents

Contents

目录

目 录

Contents

Contents

目录

第一章　肉羊场消毒和疫苗免疫概述

一、羊场消毒

羊场消毒的目的是消灭传染源散播于外界环境中的微生物病原体，切断其传播途径，减少可感畜，阻止疫病发生和蔓延的关键措施。羊场应建立切实可行的消毒制度，定期对羊舍地面土壤、粪便、污水、皮毛等进行消毒。

（一）羊　舍

羊舍除保持干燥、通风、冬暖、夏凉以外，平时还应做好消毒。一般分两个步骤进行：第一步先进行机械清扫；第二步用消毒液消毒。羊舍及运动场应每周消毒一次，整个羊舍用2%~4%氢氧化钠消毒或用1∶1 800~1∶3 000的百毒杀带羊消毒。

（二）入　场

羊场应设有消毒室，室内两侧、顶壁设紫外线灯，地面设消毒池，用麻袋片或草垫浸4%氢氧化钠溶液，入场人员要更换鞋，穿专用工作服并做好登记。

场大门设消毒池，经常喷4%氢氧化钠溶液或3%过氧乙酸等。消毒方法是将消毒液盛于喷雾器，喷洒天花板、墙壁、地面，然后再开门窗通风，用清水刷洗饲槽、用具，将消毒药味除去。如羊舍有密闭条件，舍内无羊时，可关闭门窗，用福尔马林熏蒸消毒12~24小时，然后开窗通风24小时，福尔马林的用量为每立方米空间25~50毫升，加等量水加热蒸发。一般情况下，羊舍消毒每周1次，每年再进行2次大消毒。产房的消毒，在产羔前进行1次，产羔高峰时进行多次，产羔结束后再进行1次。在病羊舍、隔离舍的出入口处应放置浸有4%氢氧化钠溶液的麻袋片或草垫以免病原扩散。

（三）地　面

土壤表面可用10%漂白粉溶液，4%福尔马林或10%氢氧化钠溶液。停放过芽孢杆菌所致传染病（如炭疽）病羊尸体的场所，应严格加以消毒。首先用上述漂白粉溶液喷洒地面，然后将表层土壤掘起30cm左右，撒上干漂白粉与土混合，将此表土妥善运出深埋。

（四）粪　便

羊的粪便消毒方法有多种，最实用的方法是生物热消毒法。即在距羊场 100~200 米以外的地方设一堆粪场，将羊粪堆积起来，喷少量水上面覆盖湿泥封严，堆放发酵 30 天以上，即可作肥料。

（五）污　水

最常用的方法是将污水引入处理池，加入化学药品（如漂白粉或其他氯制剂）进行消毒，用量视污水量而定，一般 1 升污水用 2~5 克漂白粉。

（六）养羊常用的消毒方法

1. 物理消毒法

物理消毒法是用物理因素杀灭或消除病原微生物及其他有害微生物的方法，包括自然净化、机械除菌、热力灭菌和紫外线照射等。

（1）机械消毒（清扫、洗刷）。本法是最常用的消毒方法，也是日常的卫生工作之一。用以消除圈舍地面、墙壁以及羊体表上污染的粪便、垫草、饲料渣等污染物。随着污物的清除，大量的病原体也随之清除。

环境干燥时，应在清扫前用清水或化学消毒剂喷洒，以防尘埃飞扬造成的病原体散播。

清扫出来的污物应进行集中发酵、掩埋、焚烧或用其他消毒剂处理。

本法虽能将大量的病原体清除出来，但不能达到彻底消毒的目的，必须配合其他消毒方法，方能将残留的病原体消灭干净。

（2）通风换气。包括自然通风和机械通风。通风换气可以将圈舍内污浊的空气以及其中的病原体清除出去，能明显降低空气中病原体的含量。

通风时间应根据舍内外温差灵活掌握，一般每次不少于 30 分钟。

（3）日光暴晒消毒。是最经济、有效的消毒方法。日光直射下经过几分钟至几小时可以使绝大多数细菌、病毒和寄生虫死亡、失活或活力变弱，对污染牧场、草地、运动场、用具和物品的消毒有实际意义。

（4）紫外线消毒。用紫外线灯进行消毒。紫外线灯的消毒范围应在光源周围 1.5~2 米，要求灯管与污染物表面的距离不得超过 1.5 米。

消毒时间根据污染程度而定，一般为 0.5~2 小时。10~15m^2 的羊舍，相对湿度为 45%~60%，用 30W 的紫外线灯照射 2 小时，间歇 1 小时后再照 1 小时，可杀灭 90% 的病原体，随照射时间的延长，消毒效果增强。

紫外线灯照射消毒要求环境清洁。

除紫外线外，其他多种射线和微波也具有很强的杀菌作用。

（5）热力消毒灭菌。分为干热灭菌法和湿热灭菌法两种，均具有良好的灭菌作用。

A：干热灭菌法

① 火焰灼烧法：利用火焰喷射器可对粪便、场地、墙壁、铁栏杆及其他废弃物进行灼烧灭菌，或将羊尸体以及被传染源污染的饲料、垫草、垃圾等进行焚烧处理。全进全出制羊舍的地面、墙壁、金属制品也可用火焰灼烧灭菌。

② 烘烤法　玻璃器皿、注射器、针头的消毒可用于热灭菌箱进行灭菌。

B：湿热灭菌法

① 煮沸灭菌法：将待灭菌的物品置于一定容器中煮沸 1~2 小时，已达到杀灭所有病原体为目的。常用于玻璃器皿、针头、金属器械、工作服等物品的消毒。如果在水中加入 1%~2% 碳酸钠溶液或 0.5% 火碱溶液，可大大增强灭菌效果。

② 高压蒸汽灭菌法：使用高压蒸汽灭菌锅，灭菌时将压力保持在 103.42kPa、温度为 121.5℃、保持 20~30min，即可保证杀死全部的病毒、细菌及其芽孢。本法可用于玻璃器皿、纱布、金属器械、细菌培养基、橡胶用品等耐高压物品以及生理盐水和各种缓冲溶液等的灭菌，也可用于患病羊尸体的化制处理。

2. 化学消毒法

是指用化学药物消毒的方法。常用的消毒剂有漂白粉、二氯异氰尿酸钠、过氧化氢、过氧乙酸、甲醛、戊二醛、环氧乙烷、碘仿、酚、酒精、新洁尔灭、火碱、石灰乳、草木灰、氨水、洗必泰和酸类等。

（1）喷洒法。此法最常用，将消毒药配成一定浓度的溶液，用喷雾器对准羊舍墙壁、器具及其他设备表面进行喷洒消毒。路面的消毒也可采用此法。详见图 1-1、图 1-2，喷雾喷洒式消毒设施。

图 1-1　喷雾式消毒器具（马利青提供）

图 1-2　自动感应喷雾消毒装置外观（马利青提供）

（2）刷洗法。用刷子或铁刨花蘸取消毒液进行刷洗，常用于饲槽、饮水槽、用具等消毒。

（3）浸泡法。小型器具、医疗器械（刀子、剪刀、镊子等），可放在一定浓度的消毒液中浸泡消毒。

（4）熏蒸法。将消毒药经过处理后，使其产生杀菌性气体，用来杀灭一些存在于死角夹缝中或皮革上的病原体。为提高消毒效果，一般采取密闭方式。

（5）撒布法。将粉剂型消毒药均匀地撒布在消毒对象表面，如用石灰撒在阴湿地面，粪池周围及污水沟等处进行消毒。

（6）擦拭法。用布块或毛刷浸蘸消毒药液，擦拭被消毒的物体，如对栅栏、饲槽、草料架的消毒。

3. 生物消毒法

生物消毒法是指利用生物消灭致病微生物的方法，常用的方法是生物热消毒技术。通过堆积发酵、沉淀池发酵、沼气池发酵等产热或产酸，以杀灭粪便、污水、垃圾和垫草等内部病原体的方法。

在发酵过程中，由于粪便、污物等内部微生物产生的热量可使温度上升达到70℃以上，经过一段时间后便可杀死病毒、细菌、寄生虫卵等，从而达到消毒的目的。

由于发酵过程还可改善粪便的肥效，所以生物热消毒在各地的应用非常广泛。但只能杀灭粪便中非芽孢性病原微生物和寄生虫卵，不适用于对细菌芽孢的消毒。

（七）常用消毒剂及其用法

1. 碱类

（1）火碱（苛性钠、氢氧化钠）。对细菌、病毒和寄生虫卵有强大的杀灭作用；2%溶液用于病毒和一般细菌的消毒，4%溶液用于炭疽芽孢的消毒，也可以用其2%溶液和5%石灰乳混合使用，效果更好。一般多用于消毒池、地面、污染环境、用具、车船等的消毒，常用浓度为2%~3%。注意：不要和酸性的消毒药物混用；对金属制品、织物有腐蚀性，消毒后及时清洗。

（2）生石灰（氧化钙）。常配成10%~20%的石灰乳涂刷墙壁、天花板或撒布在阴湿地面、粪池周围及污水沟等处进行消毒。以新鲜石灰为好，要现用现配。

2. 醛类

福尔马林（即36%的甲醛溶液）对细菌、芽孢、真菌及病毒均有效。常用于羊舍、皮革等的熏蒸消毒（方法：1m^3空间用本品20~25毫升，加等量水，在小火上加热蒸发，或加入一半量的高锰酸钾使之氧化蒸发，密闭门窗12小时以上，室温不低于5℃），也可以用2%福尔马林溶液进行器械消毒。

3. 酚类

（1）煤酚皂溶液（来苏儿）。对大多数病原菌有强大杀灭作用，也能杀死某些病毒和寄生虫，但对细菌芽孢无效。5%~10%浓度用于羊舍、场地及排泄物的消毒；3%~5%浓度用于器具、车辆的喷洒消毒；1%~2%浓度用于洗手消毒，详见图1-3甲酚皂。

（2）菌毒敌（复合酚、消毒灵、农乐）。是由4%~49%苯酚和22%~26%醋酸兑成。能杀灭芽胞、病毒和真菌，对多种寄生虫卵也有杀灭作用，还能抑制蚊蝇滋生，用于羊舍、场地排泄物、器具及车辆的喷洒消毒。消毒浓度0.35%~1%，要求水温不低于8℃。禁止与碱性、其他消毒药物混合使用。

图 1-3　常用消毒剂——甲酚皂（马利青提供）

4. 氧化剂类

过氧乙酸（过醋酸）对细菌、病毒、霉菌和芽胞均有杀灭作用。市售制品浓度为 20%，可作为原液加水稀释用。消毒液浓度：饮水消毒用 0.1%；洗手、塑料和玻璃制品浸泡用 0.3%；羊舍、仓库喷洒消毒用 0.5%。本品有刺激性气味，对金属类具有腐蚀性；遇热和光照容易氧化分解，高热则引起爆炸，故应放置于阴凉处保存，宜现用现配；稀释液只能保存 3~7 天。

5. 氯制剂

（1）三氯异氰尿酸钠（氯精强）。是一种极强的氧化剂和氯化剂，杀菌能力与二氯异氰尿酸钠相同。以 200~400mg/L 浓度用于羊舍、环境和饲养器具的消毒；0.02~0.03mg/L 浓度用于饮水消毒，详见图 1-4 强氯消毒净。

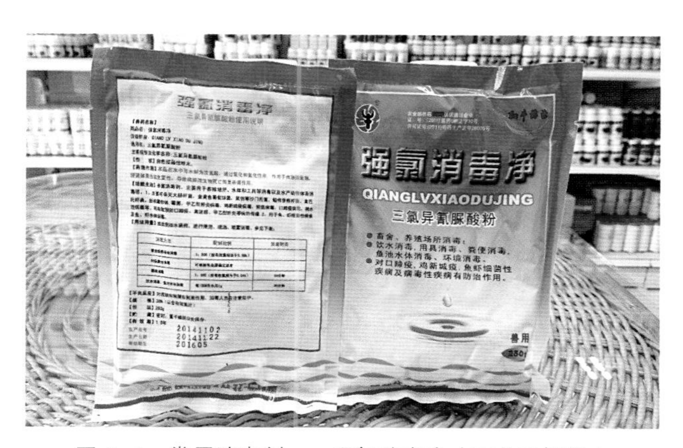

图 1-4　常用消毒剂——强氯消毒净（王戈平提供）

（2）漂白粉（氯石灰）。是次氯酸钙、氯化钙和氢氧化钙的混合物。对细菌、芽胞、真菌、病毒等均有杀灭作用，杀菌作用强，但不持久。10% 乳剂用于羊舍、水沟、下水道及排泄物等消毒；3% 的浓度用于用具的浸泡消毒和车辆的喷洒消毒；1% 的浓度用于饮水消毒，本品遇酸分解，暴露易吸收空气中的水和二氧化碳而分解失效，宜现配现用，注意水温。

（3）菌毒王。是含二氧化氯消毒剂，对细菌、病毒等具有强大杀灭作用，还具有净水、防腐、除臭的作用。0.02% 溶液可用于细菌和病毒的消毒；0.04% 溶液可用于带芽胞细菌的消毒；0.0002% 溶液可用于饮水、喷雾、浸泡消毒。注意水温和水的 pH 值，在 25℃以下，温度越高，消毒效果越好。

（4）抗毒威。是一种新型含氯混合广谱消毒剂，主要成分为二氯异氰尿酸钠（优氯净），并加入阴离子表面活性剂。能杀灭多种病毒、细菌、真菌、寄生虫卵，正常使用对人畜无害，还具有防霉、去污、除臭效果。0.025% 溶液用于羊舍、用具、饮水等消毒。用时根据使用说明书稀释。

6. 表面活性剂

（1）新洁尔灭（苯扎溴铵）。为季铵盐消毒剂，具有较强的去污能力和渗透力，能杀灭多数革兰氏阳性菌和革兰氏阴性菌，对病毒效力差，不能杀死结核杆菌、霉菌和细菌芽胞。2.0% 用于羊舍喷洒消毒；0.01%~0.05% 用于黏膜消毒；0.1% 用于皮肤、手术器械、玻璃、搪瓷和器具消毒（浸泡 5min），消毒金属器械需加 0.5% 亚硝酸钠，以防生锈。

（2）百毒杀。属于双链季铵盐消毒剂，其消毒力比一般单链季铵盐消毒剂强数倍，渗透力强，适用范围广，对细菌、真菌和病毒均有杀灭作用，且受环境因素影响较小，对人畜安全无毒。用于羊舍、用具消毒浓度为 0.015%~0.05%；饮水消毒浓度为 0.005%~0.01%。用时根据产品说明进行稀释。

（3）必灭杀（博灭特）。属于双链季铵盐消毒剂，可灭杀多种细菌、霉菌、真菌、病毒。50% 产品稀释 2 000~3 000 倍，对羊舍、器具、环境喷洒消毒；0.002 5%~0.005% 的浓度用于饮水消毒。

7. 碘制剂

（1）碘伏（安多福、络合碘）。是表面活性剂与碘的络合物，能杀死病毒、细菌、真菌、原虫等，杀菌作用持久。用于羊舍喷洒：5% 溶液 3~9mL/m^3；用于羊舍、用具、手术器械等消毒浓度为 5%~10%，详见使用说明书。

（2）威力碘。是 0.5%~0.7% 有效碘的络合碘溶液，对细菌、病毒均具杀灭作用，可用于羊舍、创伤和手术器械的消毒。用具、手术器械等的浸泡消毒浓度为 1%；用于饮用水消毒的浓度为 0.25%~0.5%。

（3）速效碘。是碘、强力络合剂和增效剂络合而成的无毒、无味液体，是一种新型含碘消毒剂。可用于羊舍、带羊、饲喂用具、孵化用具、手术器械等的消毒。用时根据产品说明进行稀释。

（4）百毒消。是用碘、碘化物、硫酸和磷酸制成的混合液体，对细菌、真菌、病毒有较强杀灭作用，可用于羊舍、饲喂用具、创伤和手术器械等的消毒。用于羊舍、用具消毒的浓度为 0.2%，饮水消毒浓度为 0.04%。

8. 其他

（1）菌毒清。是一种高效、低毒、广谱的甘氨酸类两性离子表面活性剂，对革兰氏阳性菌、革兰氏阴性菌和某些病毒均有杀灭作用。适用于羊舍、饲喂用具和运输工具消毒。用时根据产品说明进行稀释。

（2）203 消毒杀菌剂。是双链季铵盐和增效剂复配而成的新型消毒剂，具有无色、无味、对人畜无毒安全等特点，在低浓度、低温下，能快速杀灭各种病毒、细菌、霉菌、寄生虫卵等。适用于对羊舍、器具、环境的喷洒消毒和对饮水消毒，根据产品型号进行稀释。

（青海省畜牧兽医科学院　胡勇供稿）

二、羊的常用疫苗及羊的免疫程序

（一）不同月龄羔羊的常用免疫程序

7 日龄：羊传染性脓疱皮炎灭活苗，口唇黏膜注射，免疫保护期为 1 年。

15 日龄：山羊传染性胸膜肺炎灭活苗，皮下注射，免疫保护期为 1 年。

2 月龄：山羊痘灭活苗，尾根皮内注射，免疫保护期为 1 年。

2.5 月龄：牛 O 型口蹄疫灭活苗，肌肉注射，免疫保护期为 6 个月。

3 月龄：羊梭菌病三联四防灭活苗，皮下或肌肉注射，免疫保护期 6 个月；气肿疽灭活苗，皮下注射，免疫保护期为 7 个月。

3.5 月龄：羊梭菌病三联四防灭活苗Ⅱ号炭疽芽胞菌，第二次皮下或肌内注射，免疫保护期为 6 个月；气肿疽灭活苗，第二次皮下注射，免疫保护期为 7 个月。

4 月龄：羊链球菌灭活苗，皮下注射，免疫保护期为 6 个月。

5 月龄：布鲁氏菌病活苗，肌肉注射或口服，免疫保护期为 3 年。

7 月龄：牛 O 型口蹄疫灭活苗，肌肉注射，免疫保护期为 6 个月。

（二）成年羊的常用免疫程序

1. 羊四联苗或羊五联苗

羊四联苗即快疫、猝疽、肠毒血症、羔羊痢疾苗。五联苗即快疫、猝疽、肠毒血症、羔羊痢疾、黑疫苗。每年于 2 月底 3 月初和 9 月下旬分 2 次接种，接种时不论羊只大小，每只皮下或肌肉注射 5mL，注射疫苗后 14 天产生免疫力。每年 3 月、9 月用羊四联苗（羊快疫、羊猝疽、羊肠毒血症、羔羊痢疾）对所有羊只预防注射 1 次，母羊配种后 30~40 天用羊四联苗免疫注射，免疫期为半年；母羊如错过防疫季节的，新生羔羊在出生后 1~2 周用羊四联苗免疫注射 1 次，间隔 6 个月再免疫 1 次。

2. 羊痘鸡胚化弱毒疫苗

预防山羊痘，每年 3—4 月接种，免疫期 1 年。接种时不论羊只大小，每只皮下注射疫苗0.5mL。

3. 破伤风类毒素

预防破伤风，在怀孕母羊产前1个月、羔羊育肥阉割前1个月或羊只受伤时，每只羊颈部皮下注射0.5mL，1个月后产生免疫力，免疫期1年。

4. 第Ⅱ号炭疽菌苗

预防山羊炭疽病，每年9月中旬注射1次，不论羊只大小，每只皮下注射1mL，14天后产生免疫力。

5. 羊流产衣原体油佐剂卵黄灭活苗

预防山羊感染衣原体而流产，在羊怀孕前或怀孕后1个月内皮下注射，每只3mL，免疫期1年。

6. 口疮弱毒细胞冻干苗

预防山羊口疮，不论羊只大小，每年3月和9月每只口腔黏膜内注射各0.2mL。

7. 山羊传染性胸膜肺炎氢氧化铝菌苗

皮下或肌肉注射，6月龄以下每只3mL，6月龄以上每只5mL，免疫期1年。

8. 羊链球菌氢氧化铝菌苗

预防山羊链球菌病，每年3月和9月在羊背部皮下各接种1次，免疫期半年；6月龄以下的羊接种量为每只3mL，6月龄以上的每只5mL。

9. 山羊痘活疫苗

山羊传染性胸膜肺炎灭活疫苗一年打一次。三联四防干粉灭活疫苗，口蹄疫疫苗半年打一次。

10. 羊五联疫苗

预防快疫、猝疽、肠毒血、羔羊痢疾及黑疫。一般只皮下注射5mL，半年1次。2~15℃冷暗处保存。

11. 口蹄疫（灭活）疫苗

一般皮下及肌肉注射，大羊1mL，羔羊0.5mL（要注意毒型），有效期1—6个月。

12. 布氏杆菌苗（Ⅱ号）

一般除3个月内羔羊、孕羊、病羊不注射外，其他羊只肌肉（臀部）注射1mL（含50亿活菌），有效期1年。

13. 羊痘疫苗

尾根内侧或股内侧皮内注射。按瓶签注明头份，用生理盐水（或注射用水）稀释为每头份0.5mL，不论羊只大小，每只0.5 mL。

肉羊常用疫苗的注射栏、疫苗的储藏和注射等详见图1-5、图1-6，图1-7。

（青海省玉树州称多县　蔡旺　陈林供稿）

图 1-5　肉羊场常用的免疫栏（马利青提供）

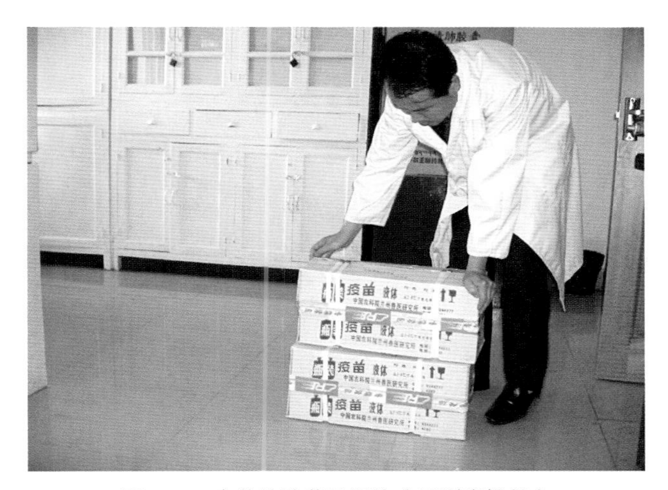

图 1-6　疫苗的贮藏及运输（马利青提供）

图 1-7　疫苗的常规免疫注射（马利青提供）

第二章　肉羊疾病的诊断及防治概述

一、羊病的简单判断方法

健康羊一般争相采食，奔走速度均匀，反应敏捷；病羊反应迟钝，停食呆立或卧地。有些疾病还呈现特殊姿势，如破伤风，表现为四肢僵直；患有脑包虫则羊有转圈等神经症状。

（一）膘　情

一般患有慢性传染病与寄生虫病时羊多为瘦弱。

（二）被毛与皮肤

健康羊被毛平整，不易脱落，有光泽；病羊被毛粗乱无光，质脆易脱落，特别是发生羊疥螨病，被毛脱落与结痂，甚至有外伤。

（三）可视黏膜

健康羊眼结膜、鼻腔、口腔、阴道、肛门等可视膜黏膜呈粉红色，湿润光滑。黏膜变为苍白，则为贫血征兆；黏膜潮红，多为体温升高，热性病所致；黏膜发黄，说明血液内胆红素增加，肝胆管阻塞或溶血性贫血等；羊如患焦虫病、肝片吸虫病等，可视黏膜均呈现不同程度黄染现象；当可视黏膜发绀，见于呼吸困难性疾病、中毒性疾病与某些疾病垂危期。

（四）采食反刍

饮食废绝，说明病情严重；若吃而不敢嚼，应查口腔与牙齿。健康羊鼻镜湿润，饲喂后半小时开始反刍，一次反刍持续半小时左右，一昼夜反刍 6~8 次。鼻镜干燥，反刍减少或停止，多因高热、严重的前胃、真胃及肠道炎症。

二、羊群发生传染病的处理措施

羊群发生传染病时，应立即采取一系列紧急措施，就地扑灭，以防止疫情扩大。兽医人员要立即向上级部门报告疫情；同时要立即将病羊和健康羊隔离，不让它们有任何接触，以防健康羊受到传染；对在发病前与病羊有过接触的羊，不能再同其他健康羊在一起饲养，必须单独圈养，经过20天以上的观察发现不发病，才能与健康羊合群；如有出现病状的羊，则按病羊处理。

对已隔离的病羊，要及时进行药物治疗；隔离场所禁止人、畜出入和接近，工作人员出入要遵守消毒制度；隔离区内的用具、饲料及粪便等，未经彻底消毒不得运出；没有治疗价值的病羊，由兽医根据国家规定进行严格处理；病羊尸体要焚烧或深埋，不得随意抛弃。

对健康羊和可疑感染羊，要进行疫苗紧急接种或用药物进行预防性治疗。发生口蹄疫、羊痘等急性烈性传染病时，应立即报告有关部门，划定疫区，采取严格的隔离封锁措施，并组织力量尽快扑灭。

三、羊的日常用药

（一）兽药使用要谨慎

1. 慎用抗生素

肉羊发生传染病时多用抗生素治疗。抗生素尽量不要使用口服给药方式，因为羊是多胃动物，口服时，抗生素会把羊瘤胃的部分有益微生物杀死，造成微生物群落失衡。一般羔羊在瘤胃微生物群落还未建立起来之前，可以喂少量抗生素，但时间不宜过长。

2. 少用化学药品

在不影响应用效果的基础上，尽量使用中草药制剂和微生态制剂。

3. 须谨慎使用的兽药

在临床防治中，某些药物由于其特殊的药理性，如使用不慎，会造成不良后果，须谨慎使用。

（1）肾上腺皮质激素类药物。临床常用的有氢化可的松注射液、地塞米松磷酸钠注射液，这类药物如果长期大量使用会出现下列严重的不良反应，须谨慎使用。

① 诱发或加重感染：要求用于治疗感染性疾病或体弱家畜疾病时应配合使用抗菌药物。

② 类肾上腺皮质功能亢进综合征：长期过量用药会引起矿物质代谢和水盐代谢紊乱，而出现负氮平衡、组织水肿、低血钾、肌肉萎缩、骨质疏松、糖尿、幼畜生长停滞等，停

药后症状会自行消失，因此在软骨症、糖尿病、骨折治疗期间不宜使用本类药物。

③ 影响伤口愈合：使用本类药物会影响伤口愈合，因此家畜在术后慎用。

④ 肾上腺皮质机能不全：长期大量使用本类药物，可使肾上腺皮质机能低下，突然停药可发生体温升高、软弱无力、食欲不振、血糖和血压下降，某些病羊在突然停药后疾病即复发甚至加剧，因此使用本类药物在 1 周以上时，一般不应突然停药，而应逐渐减量至停药。

（2）氯化钙类。

① 氯化钙对组织有强烈的刺激性，注射时严防漏到血管外，以免引起局部肿胀或坏死。

② 若不慎漏出应立即用注射器吸净漏出液，再在漏出局部注入 25% 硫酸钠溶液 10~15mL，以便形成无刺激的硫酸钙，严重时应进行局部切开处理。

③氯化钙葡萄糖注射液与葡萄糖酸钙注射液不是同一种药，不可混淆。

（3）氯化钾。

① 氯化钾注射液在动物尿量很少或尿闭未改善时严禁使用。

② 晚期慢性肾功能不全、急性肾功能不全病羊应慎用。

③ 在静脉滴定的浓度不宜过高、速度不宜过快，否则会抑制心肌收缩，甚至导致心搏骤停。

（二）抗生素的合理使用

1. 青霉素类药物（青霉素、羟氨苄青霉素、苄星青霉素、氨苄青霉素、阿莫西林、苯唑西林纳、美西林等）

可与链霉素、庆大霉素、卡那霉素、环丙沙星、头孢类药物等联合使用。

可与金银花、鱼腥草、板兰根、蒲公英、青蒿、芦根、银花藤、双黄连、松萝、天葵、五苓散、麻杏石甘汤等联合使用。

不能与四环素、氟苯尼考、替米考星、红霉素与磺胺类药物等联合使用。

2. 头孢类药物（头孢噻呋、头孢唑啉钠、头孢他啶、头孢噻肟钠、头孢噻吩钠等）

可与青霉素类、氨基糖苷类、喹诺酮类、双黄连、TMP 抗菌增效剂等联合使用。

不可与氟苯尼考、红霉素、卡那霉素、四环素、多黏菌素等联合使用。

3. 氨基糖苷类药物（链霉素、庆大霉素、卡那霉素、新霉素、壮观霉素、阿米卡星、安普霉素等）

可与青霉素类、喹诺酮类、四环素类、TMP 等联合使用。

不能与头孢类、林可霉素、红霉素、庆大霉素、两性霉素、磺胺类药物等联合使用。

4. 大环内酯类药物（红霉素、竹桃霉素、泰乐菌素、替米考星、北里霉素、螺旋霉素等）

可与新霉素、氟苯尼考、庆大霉素、多西环素、强力霉素等联合使用。

不能与青霉素类、头孢类、林可霉素、链霉素、卡那霉素、万古霉素、双黄连及磺胺类药物联合使用。

5. 林可胺类药物（林可霉素、克林霉素等）

可与喹诺酮类、TMP、双黄连等药物联合使用。

不能与红霉素、替米考星、头孢类、氨基糖苷类、多肽类、磺胺类药物联合使用。

6. 四环素类药物（四环素、土霉素、金霉素、强力霉素、多西环素、米诺环素等）

可与氟苯尼考、庆大霉素、泰乐菌素、泰妙菌素、新霉素、TMP 等联合使用。

可与人参、柴胡、甘草、清肺汤、竹叶石膏汤、六味地黄汤、白芍、赤芍、黄连、黄柏、葛根联合使用。

不能与红霉素、卡那霉素、青霉素、多黏菌素 B、磺胺类药物及大黄、犀角、羚羊角、白矾、赤石脂、牡蛎、珍珠母、滑石、硼砂联合使用。

7. 酰胺醇类药物（甲砜霉素、氟苯尼考等）

可与新霉素、四环素类、粘杆菌素等联合使用。

不能与青霉素、头孢类药、红霉素、林可胺类、蜂胶、大黄、卡那霉素、链霉素、喹诺酮类、磺胺类药物联合使用。

8. 喹诺酮类药物（诺氟沙星、环丙沙星、氧氟沙星、恩诺沙星、洛美沙星、培氟沙星、沙拉沙星等）

可与青霉素、头孢类、林可霉素类、氨基糖苷类、TMP 等药物联合使用。

不可与替米考星、四环素、红霉素、氟苯尼考等联合使用。

9. 磺胺类药物（磺胺嘧啶、磺胺二甲嘧啶、磺胺间甲氧嘧啶、磺胺对甲氧嘧啶等）

可与链霉素、新霉素、卡那霉素、多黏菌素、制霉菌素、TMP 等药物及黄连素联合使用。

不能与青霉素类、四环素类、头孢类、氨基糖苷类、喹诺酮类、莫能菌素、两性霉素 B 等以及山楂、乌梅、山萸肉、五味子、川芎、神曲、麦芽、白芍、赤芍、白陶土、果胶、活性炭、硼砂等联合使用。

10. 抗菌增效剂

与磺胺类药物、青霉素类、头孢类、氨基糖苷类、利福平、土霉素、红霉素、林可霉素、强力霉素、喹诺酮类、黏菌素类等联合使用。

可与黄连素、鱼腥草、苦参、蒲公英、女贞叶、青蒿、白头翁、仙鹤草、马齿笕、地榆、旱莲草、忍冬藤、黄芩、黄柏、贯仲等联合使用。

不能与四环素联合使用。

11. 解热镇痛抗炎药物（阿司匹林、氨基比林、安乃近、扑热息痛、消炎痛等）

可与青霉素类、胃复安、皮质激素、夏枯草、穿心莲、干姜、秦艽、川芎、赤芍、蜂蜜、荆芥、山楂、秦皮、延胡索等联合使用。

不能与头孢类、前列腺素类、环孢菌素、维生素 A、维生素 C、氯化铵、乙醇、利尿剂等联合使用。

12. 多肽类抗生素（多黏菌素、杆菌肽、维吉尼霉素等）

可与青霉素类与磺胺类药物联合使用。

不能与氨基糖苷类、庆大霉素、头孢类、红霉素、四环素类等联合使用。

（三）禁用的兽药

1. 食品动物禁用的兽药

（1）禁用于所有食品动物的兽药（11类）。

① 兴奋剂类：克仑特罗、沙丁胺醇、西马特罗及其盐、酯及制剂；

② 性激素类：己烯雌酚及其盐、酯及制剂；

③ 具有雌激素样作用的物质：玉米赤霉醇、去甲雄三烯醇酮、醋酸甲孕酮及制剂；

④ 氯霉素及其盐、酯（包括：琥珀氯霉素）及制剂；

⑤ 氨苯砜及制剂；

⑥ 硝基呋喃类：呋喃西林和呋喃妥因及其盐、酯及制剂；呋喃唑酮、呋喃它酮、呋喃苯烯酸钠及制剂；

⑦ 硝基化合物：硝基酚钠、硝呋烯腙及制剂；

⑧ 催眠、镇静类：安眠酮及制剂；

⑨ 硝基咪唑类：替硝唑及其盐、酯及制剂；

⑩ 喹噁啉类：卡巴氧及其盐、酯及制剂；

⑪ 抗生素类：万古霉素及其盐、酯及制剂。

（2）禁用于所有食品动物、用作杀虫剂、清塘剂、抗菌或杀螺剂的兽药（9类）。

① 林丹（丙体六六六）；

② 毒杀芬（氯化烯）；

③ 呋喃丹（克百威）；

④ 杀虫脒（克死螨）；

⑤ 酒石酸锑钾；

⑥ 锥虫胂胺；

⑦ 孔雀石绿；

⑧ 五氯酚酸钠；

⑨ 各种汞制剂包括：氯化亚汞（甘汞）、硝酸亚汞、醋酸汞、吡啶基醋酸汞。

（3）禁用于所有食品动物用作促生长的兽药（3类）。

① 性激素类：甲基睾丸酮、丙酸睾酮、苯丙酸诺龙、苯甲酸雌二醇及其盐、酯及制剂；

② 催眠、镇静类：氯丙嗪、地西泮（安定）及其盐、酯及其制剂；

③ 硝基咪唑类：甲硝唑、地美硝唑及其盐、酯及制剂。

（4）禁用于水生食品动物用作杀虫剂的兽药（1类）。

双甲脒。

2. 其他违禁药物和非法添加物

（1）禁止在饲料和动物饮用水中使用的药物品种（5类40种）。

① 肾上腺素受体激动剂　盐酸克仑特罗、沙丁胺醇、硫酸沙丁胺醇、莱克多巴胺、盐酸多巴胺、西巴特罗、硫酸特布他林。

② 性激素　己烯雌酚、雌二醇、戊酸雌二醇、苯甲酸雌二醇、氯烯雌醚、炔诺醇、炔诺醚、醋酸氯地孕酮、左炔诺孕酮、炔诺酮、绒毛膜促性腺激素（绒促性素）、促卵泡生长激素（尿促性素主要含卵泡刺激 FSHT 和黄体生成素 LH）

③ 蛋白同化激素　碘化酷蛋白、苯丙酸诺龙及苯丙酸诺龙注射液。

④ 精神药品　（盐酸）氯丙嗪、盐酸异丙嗪、安定（地西泮）、苯巴比妥、苯巴比妥钠、巴比妥、异戊巴比妥、异戊巴比妥钠、利血平、艾司唑仑、甲丙氨脂、咪达唑仑、硝西泮、奥沙西泮、匹莫林、三唑仑、唑吡旦、其他国家管制的精神药品。

⑤ 各种抗生素滤渣　该类物质是抗生素类产品生产过程中产生的工业三废，因含有微量抗生素成分，在饲料和饲养过程中使用后对动物有一定的促生长作用。但对养殖业的危害很大，一是容易引起耐药性；二是由于未做安全性试验，存在各种安全隐患。

（2）最新增添。禁止在食品动物中使用洛美沙星、培氟沙星、氧氟沙星、诺氟沙星等 4 种原料药的各种盐、脂及其各种制剂。

临床常用兽药陈列柜展示详见图 2-1。

图 2-1　常用的兽药（马利青提供）

四、羊寄生虫病的驱虫计划

1. 防治原则

外界环境杀虫，消灭外界寄生虫和环境中的病原菌，防止感染羊群；消灭传播者蜱和其他中间宿主，切断寄生虫传达途径；对病羊及时治疗，消灭体内外病原，做好隔离工作，防止感染周围健康羊；对健康羊进行化学药品预防。根据寄生虫普遍存在特点，每年定期驱虫。一般每年 4、5 月份及 10、11 月份各驱虫 1 次，当年羔羊应在 7、8 月份驱虫 1 次。

2. 驱虫计划

① 绦虫：每年春、夏、秋三季各驱虫一次；

② 线虫：每年春、秋两次或每个季度驱虫一次；

③ 体外寄生虫：每年春、秋两季，用阿维菌素注射液按每千克体重 0.2 毫克皮下注射，或用阿维菌素预混剂每 1 000 千克饲料中 2 克连用 7 天。或用溴氰菊酯等进行药浴，详见图 2-2 传统的药浴池法药浴。

图 2-2　羊只的药浴（马利青提供）

3. 注意事项

① 丙硫苯咪唑对线虫的成虫、幼虫和吸虫、绦虫都有驱杀作用，但对疥螨等体外寄生虫无效。用于驱杀吸虫、绦虫时比驱杀线虫时用量应大一些。有报道，丙硫苯咪唑对胚胎有致畸作用。所以对妊娠母羊使用该药时要特别慎重，母羊最好在配种前先驱虫。

② 有些驱虫药物，如果临时单一使用或用药不合理，寄生虫对药产生了抗药性，有时会造成驱虫效果不好。抗药性的预防可以通过减少用药次数，合理用药，交叉用药得到解决。当对某药物产生了抗药性，可以更换药物。

③ 目前国内生产阿维菌素厂家较多，商品名多种多样，有阿维菌素、阿福丁、揭阳霉素、虫克星、虫螨净、灭虫丁、虫必净、虫螨光等，剂型有片、散、针剂等。要引起注意的有些制品是用菌丝体甚至用药物残渣制成，有的注射液不是缓释制剂，药效不是 28 天，隔 五六天需要重新再注射 1 次，由于缺少稳定剂，药物会降解，效果降低。

五、舍饲养羊相关疫病的综合防治

1. 舍饲养羊疫病流行的主要原因

（1）羊舍环境条件比较差。首先，在羊舍设计方面，没有对羊舍进行合理的规划设计，直接在地面上养羊或者修建的羊床较低，导致羊舍潮湿、肮脏，增加了疫病的发生机率和疫病防治难度。其次，羊舍的饲养密度相对增大，羊只之间接触的机会大大增加，这样就加大了接触性传染病的发病率和传染率。

（2）饲料管理存在问题。在舍饲养殖模式下，人成为控制羊只饲料组成的主体，有的养殖户为了节约成本，只选择价格比较低廉的饲料进行喂养；或者是由于缺乏养殖经验，饲料的搭配不合理，造成羊群营养不良、抵抗力下降等问题，当疫病发生时，会在羊舍内迅速蔓延，造成严重损失。

（3）疫病防治措施不当。羊舍的防疫消毒制度执行效果不理想，很多的羊舍没有制定防疫消毒制度，或者是制定了相关制度，但是由于工作人员不上心、消毒意识不强等原因，造成制度执行效果较差，为疫病的发生埋下隐患。其次，养羊户在进行引种时没有按照相关规定操作，私自从外地引种，导致外源性疫病发生。

2. 当前羊进行舍饲养殖的主要疾病类型和防治方法

（1）羊肠毒血症。该病主要是由于魏氏梭菌不同血清型菌株感染所引起的一种急性致死性传染病，呈现散发式流行。对于该病的防治，首先要给羊群注射四种疫苗，分别是羊快疫、肠毒血症、羔羊痢疾和猝疽疫苗，从而提高羊群的免疫能力。其次要控制精料喂养比例，采用加入磺胺胍的日粮进行饲养。同时加强消毒，给羊群定时服用头孢霉素和卡那霉素等药品。

（2）羊消化道线虫病。该病的发生多是由于羊的胃肠道上寄生的线虫过多而导致混合感染，为舍饲养羊的常见多发病。该病的死亡率不高，但是会严重影响羊群质量。

六、春季养羊应该给羊修蹄

羊蹄是皮肤的衍生物，并处于不断的生长之中。养羊户平时养羊，由于羊蹄的生长速度与平时的放牧运动磨损程度基本相当，因此，在一般放牧条件下饲养的羊群，其大多数羊的羊蹄是不需要进行修剪的。

而养羊户冬季养羊，由于常常会遇到下雪下雨的天气，加上冬季天寒地冻，羊群被迫减少了外出放牧的时间，有些地方的养羊户在冬季养羊甚至完全停止了羊群的外出放牧，羊群完全实行全天候舍饲。羊群在冬季舍饲和半舍饲的饲养条件下，由于羊群放牧时间相对减少，羊蹄的生长速度大大地高于羊蹄的磨损程度，这就会导致一部分羊的羊蹄生长速度过快，以致会出现一部分羊的羊蹄生长过长、过尖，甚至会出现一部分羊的蹄质变形并歪向一侧。如羊群的羊蹄长期不修剪，羊蹄生长过长、过尖或蹄质变形，不仅会影响羊的采食和行走，而且还易引起一部分羊发生蹄部疾病，导致羊的蹄尖上卷、蹄壁裂开、四肢变形，甚至还会给羊群日后的放牧和采食带来极大的不便，严重的，如公羊蹄质变形会导致后肢不能支撑配种，使其失去种用价值；母羊蹄质变形在妊娠期（特别是妊娠后期）行动困难，并常呈躺卧姿势，不仅会影响到母羊的采食，而且还会影响到母羊体内胎儿的正常生长发育。因此，养羊户在春季养羊，应及时对羊群的羊蹄进行检查，并对生长过长、过尖或蹄质变形羊的羊蹄进行修剪。

养羊户给羊群进行修蹄，应在给羊修蹄前将羊蹄用清水浸泡变软，也可选择在雨后天气进行修蹄，这时经过雨水浸泡过后的羊蹄蹄质变软，且容易修剪。在给羊群修蹄时，需将修蹄羊保定好，并用事先磨好的专用修蹄刀或果树剪进行切削，当切削到可看到蹄质的微血管时，即应立即停止再向里层切削，随后削平蹄底和蹄的边缘后即可。如在切削中一旦出现蹄部出血，应立即用烧烙法止血，并停止向里层切削。一般经修剪好的羊蹄，底部平整，形状方圆，羊站立时体型端正。如个别羊因羊蹄生长过长、过尖未及时修剪已出现了变形蹄，则需要经过几次的仔细修理才能矫正，切不可操之过急。一般放牧的羊群每年春季进行一次修理即可，而在舍饲和半舍饲的饲养条件下的羊群则应每间隔 4 ~6 个月修蹄一次，以确保羊群体型的端正，详见图 2-3 肉羊的修蹄。

图 2-3　修蹄（马利青提供）

（青海省三角城种羊场　齐全青供稿）

第三章　肉羊的主要传染病

一、小反刍兽疫（Peste des petits ruminants，PPR）

（一）临床症状

小反刍兽疫又称羊瘟或伪牛瘟，是由小反刍兽疫病毒引起绵羊和山羊的一种急性接触性传染病。潜伏期4~6天，发病急，体温达41℃以上，持续3~5天。起初病羊眼结膜充血肿胀，眼、口、鼻腔分泌物增多，逐步由清亮变成脓性；口腔黏膜弥漫性溃疡和坏死。后期出现肺炎症状，呼吸困难并伴有咳嗽；水样腹泻并伴有难闻的恶臭气味，最后为血便，脱水衰竭死亡。发病率90%以上，死亡率通常50%~80%，羔羊发病率和死亡率均为100%。

（二）剖检变化

结膜炎，口腔和鼻腔黏膜大面积糜烂坏死，可蔓延到硬腭及咽喉部；瘤胃、网胃、瓣胃很少出现病变，皱胃和肠管糜烂或出血，在盲肠和结肠接合处有特征性线状出血或斑马样条纹（不普遍发生）；淋巴结肿大，脾脏肿大并有坏死；呼吸道黏膜肿胀充血，肺部淤血甚至出血，表现支气管肺炎和肺尖肺炎病变。

（三）诊断要点

以高热、眼鼻大量分泌物、腹泻、肺炎、高发病率和高死亡率为特征，发病无年龄和季节性，呈流行性或地方流行性。注意与羊传染性胸膜肺炎、巴氏杆菌病、口蹄疫和蓝舌病相区别。羊传染性胸膜肺炎病变主要为胸膜肺炎，而无黏膜病变和腹泻症状；巴氏杆菌病以肺炎及呼吸道、内脏器官广泛性出血为主，无口腔及舌黏膜溃疡和坏死；口蹄疫口鼻黏膜、蹄部和乳房处皮肤发生水泡和糜烂为特征，无腹泻和肺炎症状；蓝舌病由库蠓等吸血昆虫传播，多发生于库蠓活动的夏季和早秋，在乳房和蹄冠出现炎症但无水泡病变，而小反刍兽疫无季节性且无蹄部病变。抗体用竞争ELISA法检测，病毒检测用RT-PCR或病毒分离培养方法。

（四）病例参考

眼鼻分泌物增多，口腔黏膜坏死脱落，腹泻，最后脱水衰竭死亡。主要临床症状详见图3-1、图3-2、图3-3、图3-4和图3-5；全身淋巴结肿大，肺淤血出血，肠出血，脾肿大并有坏死等剖检变化详见图3-6、图3-7、图3-8、图3-9、图3-10和图3-11。

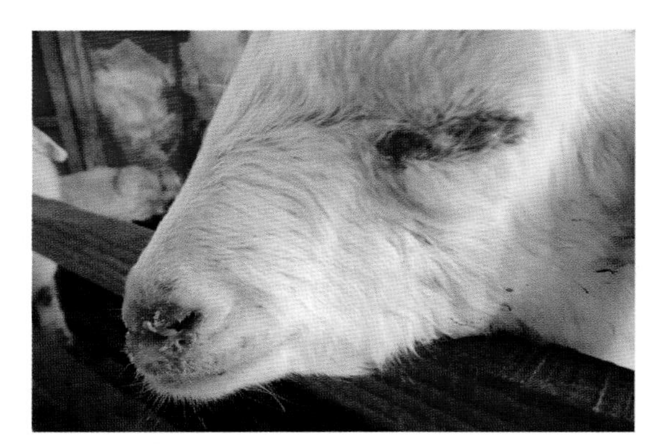

图3-1　眼鼻部分泌物增多（窦永喜提供）

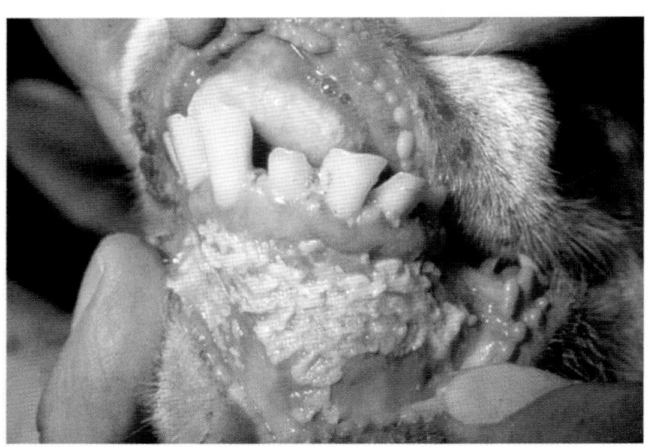

图3-2　口腔黏膜坏死脱落（窦永喜提供）

图3-3　腹泻（窦永喜提供）

图3-4　衰竭死亡（窦永喜提供）

图3-5　尸体脱水、尾部污秽（窦永喜提供）

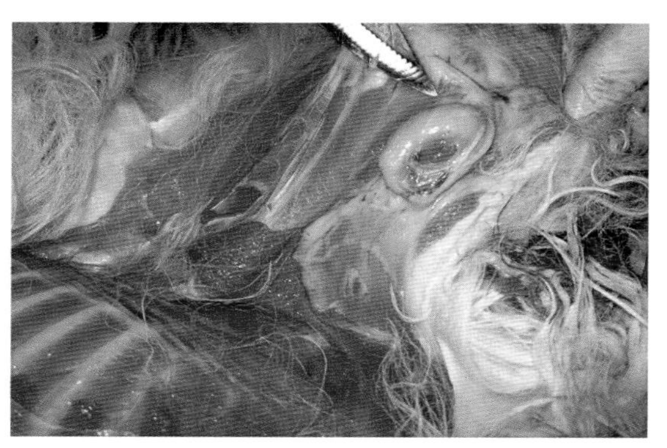

图3-6　腹股沟淋巴结肿大（窦永喜提供）

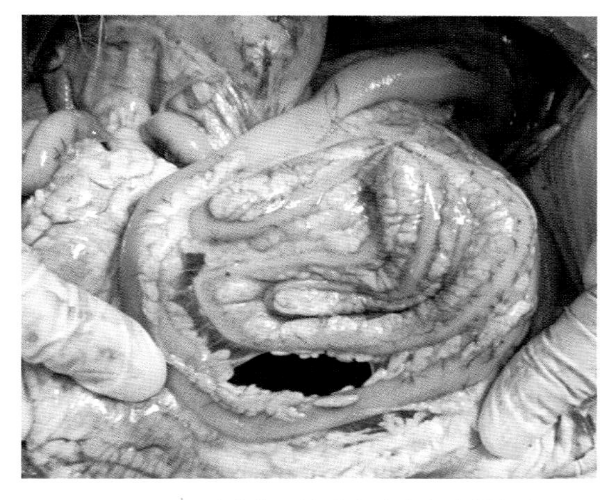

图 3-7　肠系膜淋巴结肿大（窦永喜提供）

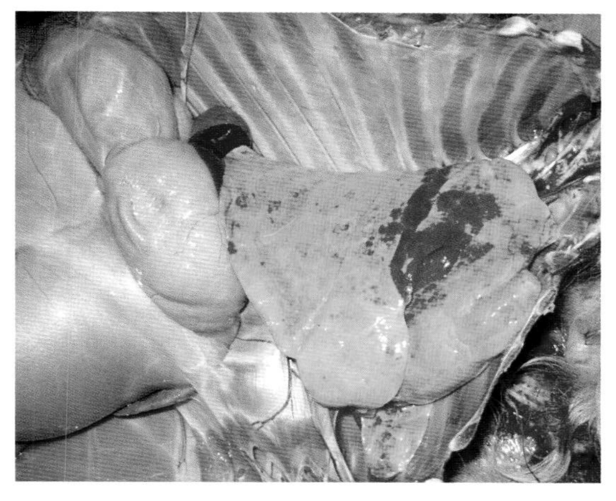

图 3-8　肺淤血、出血（窦永喜提供）

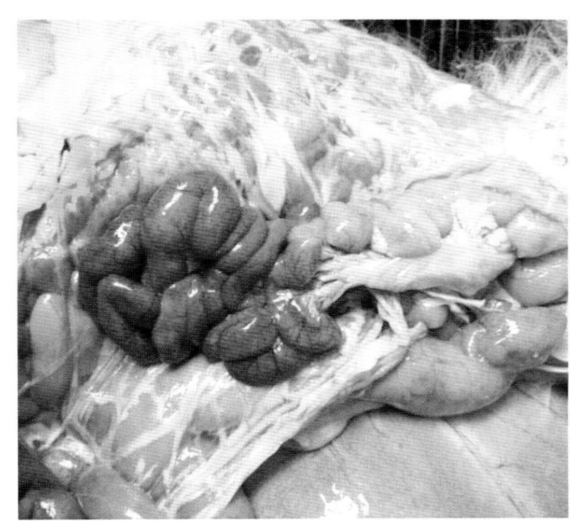

图 3-9　肠管出血（窦永喜提供）

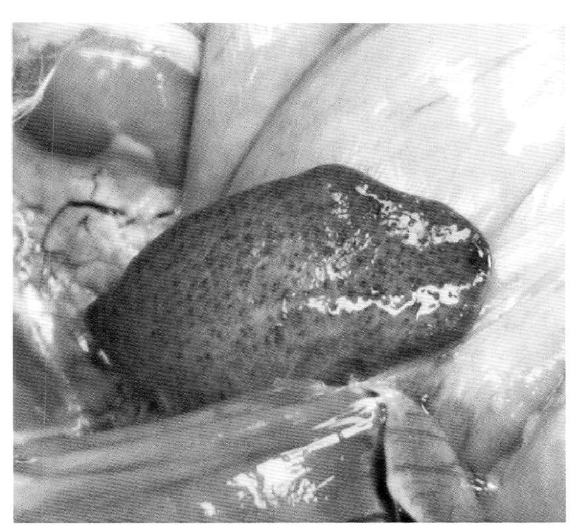

图 3-10　脾肿大并坏死（窦永喜提供）

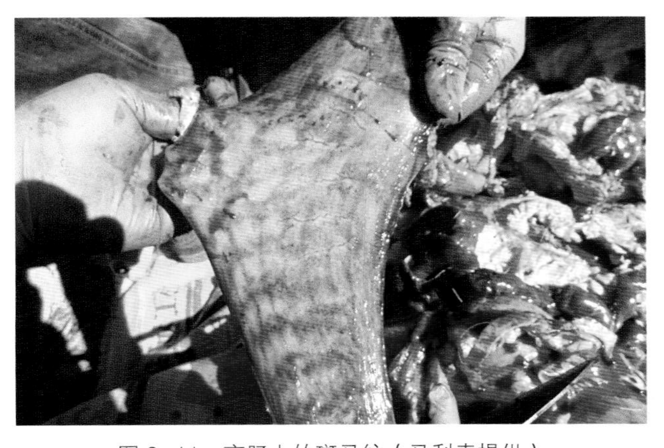

图 3-11　盲肠上的斑马纹（马利青提供）

（五）防控措施

1. 疫苗接种可有效预防该病

目前，临床使用的疫苗为小反刍兽疫病毒弱毒疫苗，免疫保护期达 2 年以上，能交叉保护各个群毒株的攻击感染，但热稳定性差，运输和注射时应特别注意。

2. 发生疫情后

立即启动动物疫病防控应急响应机制，按规定依法执行隔离、封锁、扑杀、消毒、紧急免疫等措施，力求把疫情控制在最小范围内消灭，避免疫情扩散，将损失降到最低。

（中国农业科学院兰州兽医研究所　窦永喜，才学鹏）

二、口蹄疫（Foot-and-mouth disease，FMD）

（一）临床症状

潜伏期一般 2~3 天，最长为 21 天。病羊体温升高到 40~41 ℃，食欲减退，流涎，1~2 天后在唇内、齿龈、舌面等部位出现米粒、黄豆甚至蚕豆大小的水泡，或仅在硬腭和舌面出现水泡且很快破裂。绵羊舌上水泡较为少见，仅在蹄部出现豆粒大小的水泡，须仔细检查才能发现。如无继发感染，成年羊在 10~14 天内康复，死亡率 5% 以下；羔羊死亡率较高，有时可达 70% 以上，主要因出血性胃肠炎和心肌炎而死。

（二）剖检变化

特征病变是在皮肤和皮肤型黏膜形成水泡和烂斑。绵羊的水泡仅发生于齿龈，较小，发生与消失都快，舌多不受害，但蹄部水泡明显，有时可导致蹄壳脱落。与绵羊不同，山羊蹄部水泡少见，但口黏膜（除舌外）可见米粒或黄豆大小水泡，迅速破裂成为红色烂斑；其次可见咽背、下颌等淋巴结肿大。死亡羔羊心脏变化明显，主要表现心内、外膜出血，心包腔积液，心肌柔软，心肌表面和切面散在灰白和灰黄色条纹，俗称“虎斑心”。

（三）诊断要点

口蹄疫发病急、传播快、发病率高，发烧，在口腔和 / 或蹄部等有明显水泡类病变；虽然全年可发病，以冬春多发；该病应注意与小反刍兽疫、羊传染性脓泡、蓝舌病等相鉴别。小反刍兽疫眼鼻分泌物多、腹泻且死亡率高，羊传染性脓泡主要在羔羊口唇部出现增生病变，蓝舌病乳房和蹄冠出现炎症但无水泡病变。

（四）病例参考

病羊口腔黏膜包括舌面、齿龈出现水泡及水泡破裂后的溃疡和烂斑；羊蹄部水泡及水泡破裂后的溃疡和烂斑等临床症状详见图 3-12、图 3-13、图 3-14、图 3-15、图 3-16、图 3-17 和图 3-18。

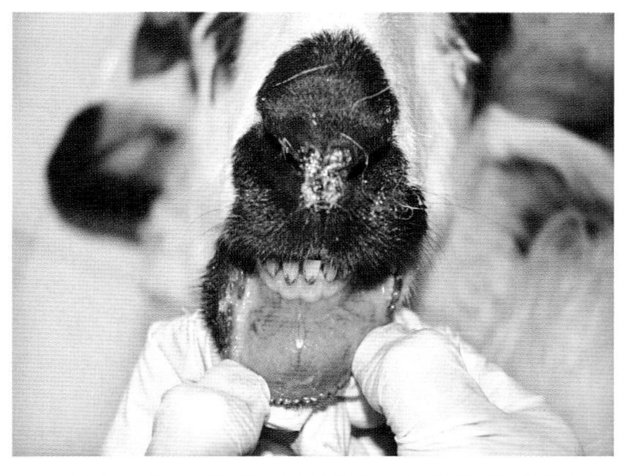

图 3-12　病羊泡沫状鼻液，唇部黏膜出现水泡和溃烂（王超英提供）

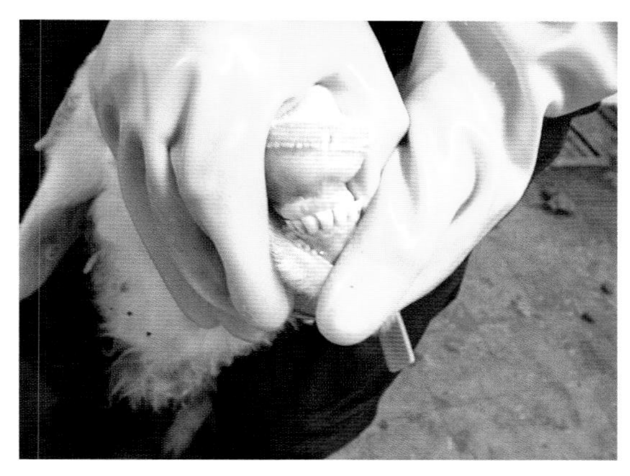

图 3-13　齿龈水泡（李冬提供）

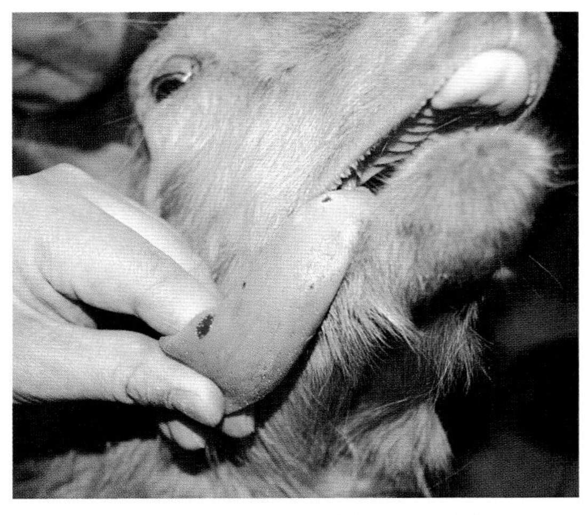

图 3-14　羊舌黏膜水泡和溃烂（王超英提供）

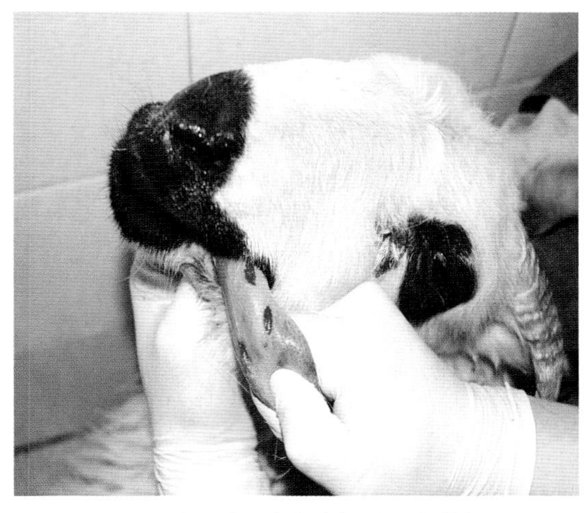

图 3-15　羊舌黏膜水泡溃烂（王超英提供）

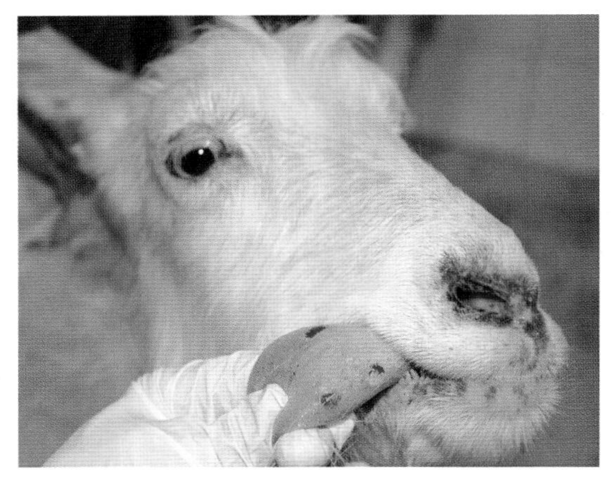

图 3-16　舌黏膜水疱溃烂，鼻镜及唇部无水泡和溃烂（王超英提供）

图 3-17　蹄部水泡（李冬提供）

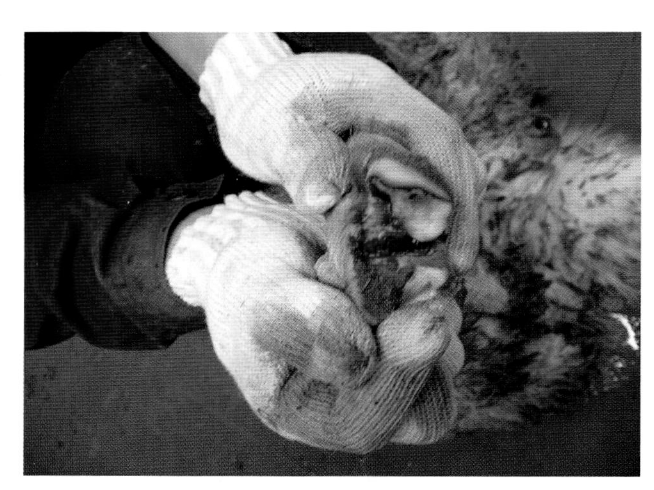

图 3-18　蹄部水泡破裂后溃疡出血（李冬提供）

（五）防控技术

1. 免疫预防

疫苗接种是防控该病的最有效措施。口蹄疫病毒有 7 个型，常见的有 O 型、亚洲 I 型和 A 型，各型又分不同的亚型与毒株，疫苗应与流行毒株相匹配。免疫后必须佩戴免疫标识，建立完整的免疫档案。免疫密度要求 100%，免疫后应做血清抗体监测，群体免疫抗体合格率应在 70% 以上。口蹄疫疫苗免疫期一般为半年。

2. 一旦发生口蹄疫

应及时上报疫情，划定疫点、疫区和受威胁区，实施隔离和封锁措施，严格执行扑杀措施。严格进行检疫、消毒等预防措施，严禁从有口蹄疫国家或地区购进动物、动物产品、饲料、生物制品等。被污染的环境应严格、彻底的消毒。对疫区和受威胁区未发病动物进行紧急免疫接种，一般应用与当地流行毒株同型的病毒灭活疫苗进行免疫接种。

（中国农业科学院兰州兽医研究所 窦永喜，才学鹏）

三、羊梭类疾病（Clostridial Disease of Sheep）

（一）羊快疫（Bradsot）

快疫是主要发生于绵羊的急性、致死性疾病，以突然发病、很快死亡、真胃发生出血性炎症损害为特征。

该病常发生于英伦三岛、冰岛和挪威的山地牧区，散发于波兰、澳大利亚、西西里岛、美国等。自 1953 年以来，我国的一些地区也有该病的报告，是一种重要绵羊传染病。

1. 病原

腐败梭菌（*Clostridium septicum*）是两端钝圆、革兰氏染色阳性的厌气大杆菌，在动物体内外均能产生芽胞，不形成荚膜，有周身鞭毛。当取病羊的血液或脏器抹片镜检时，常能发现单在、二联、偶成短链的粗大杆菌，有的菌体的中央或偏端形成卵圆形膨大的芽胞，也有表现为不分节长丝状或分节的链条，这在动物腹膜上尤其在肝被膜的触片更易发现，此特征具有重要的诊断意义。

该菌所产生的外毒素具有致死性、溶血性和皮肤坏死性。毒素使消化道黏膜（特别是真胃黏膜）发生坏死和炎症，并经血液循环主要作用于心，血管系统，致冠状循环和肺循环血压升高，而全身血压下降的休克性质的变化，使羊很快死亡。

一般消毒药均能杀死腐败梭菌的繁殖体，但其芽胞抵抗力很强，必须用强力的消毒药如 2% 漂白粉、3%~5% 氢氧化钠进行消毒。

2. 流行病学

绵羊对羊快疫最易感，以 0.5~1.5 岁、营养中等的羊只多发。羔羊和成年羊的发病率较低（0.8%~1.3%）。鹿也可发生快疫。

我国羊快疫常流行于低洼牧场，熟耕地和沼泽地区，转移到高地放牧，发病率则显著降低。

病的传染途径是经消化道。但以细菌培养物人工感染绵羊未能引起该病。健康羊与病羊接触也不感染。可见，需要某些因素结合病原菌才能致病。这些因素可能是秋、冬和初春天气变化太大、内寄生虫、食冰冻饲料，食入较低的干草使肠胃道黏膜松弛时，细菌才能侵入致病。

3. 病状

病突然而发，短期死亡，一般发现症状时已达频死期，详见图 3-19 所示。间有呈下列症状如衰弱、磨牙、呼吸困难和昏迷。有时还呈泡状唾涎，腹痛和臌气，喉和舌肿胀，口鼻和生殖道流出红色液体，排泄物稀清。

图 3-19　羊因快疫致死的病例

4. 病理变化

最特征性的变化是真胃黏膜（尤其是胃底和幽门部）发生弥漫性严重的出血性炎，间出现糜烂和溃疡。同样的变化有时见于十二指肠，空肠和回肠呈急性卡他，大多数病例体腔和心包积液。心内外膜，肠道和肺脏浆膜下点状出血，全身淋巴结（特别是咽后和颈部）呈浆液出血性炎。心肌柔软，色灰黄，状似煮过。肺充血和水肿。肝肿大，质软、色变黄褐，常有坏死灶，中心呈黄色，外有暗红色晕环，胆囊多肿胀。

5. 诊断

由于该病缺乏特征症状，生前诊断比较困难，死后可根据胃的特殊变化进行诊断，确诊有赖于病原学检查。肝被膜触片染色镜检，常有不分节长丝状的腐败梭菌。分离培养必须于死后取材，该菌在鲜血平板上长成薄沙状是其特点。根据资料应测定其毒力，由羊快疫死分离出的腐败梭菌，取 24 小时肝块肉汤培养物肌肉注射，对白鼠的最小致死量 1/50~1/400 毫升，豚鼠 1/10~1/400 毫升，24 小时内死亡，肝触片的特征表现和还原该菌可获确诊。

该病易与羊肠毒血症、猝疽、炭疽等病相混淆，应注意鉴别。

6. 防治

在该病常发地区，每年定期（春季）进行预防接种。“羊快疫、猝疽、肠毒血症三联苗”一律皮下或肌肉注射 5~10 毫升（半岁以下 5~8 毫升，半岁以上 8~10 毫升）或“羊快疫、猝疽、肠毒血症、羔羊痢疾、黑疫五联菌苗”，一律皮下注射 5 毫升，免疫期 6~9 个月。

当牧场发生该病时，可采取以下措施。

（1）隔离病羊。病程稍长者可使用抗生素和磺胺药治疗。

（2）消毒。尸体和排泄物在消毒后深埋，用 20% 漂白粉或 3% 烧碱液消毒病菌污染的棚圈、饲料、饮水和用具。

（3）接种疫苗。未发病的羊只用菌苗进行紧急预防接种，转移到高燥地区放牧，加强饲养管理、防止受寒感冒、避免羊只采食冷冻饲料，早晨出牧不要太早，可收到减少和停止发病的效果。

（二）羊肠毒血症（Enterotoxaemia）

肠毒血症（髓样肾病，过食症）是绵羊的一种急性致死性毒血症。由从小肠吸收 D 型魏氏梭菌的毒素引起。其临床症状类似羊快疫，故又称“类快疫”。死后肾组织软化，故俗称“软肾病”。

该病最先在新西兰和澳大利亚（1932）发现。20 世纪 50 年代以来，我国一些地区也有发生。

1. 病因

魏氏梭菌（*Clostridium welchii*）又称产气荚膜杆菌（*C. perfringens*），广泛存在于土壤，经常从肠内容物分离得到。病畜的小肠存在大量的细菌及其毒素，业已证明过食或高标准饲料易于引起该病。饲喂培养物有时也可引起该病。

该菌是革兰氏阳性的厌气性粗大杆菌，无鞭毛，在动物体内能形成荚膜，能产生芽胞但不可看到。在肠内容物的涂抹片，一般可以见到大量细菌，菌体周围常有一个荚膜样的阴晕。用含血琼脂培养，第一次几乎便可获得纯粹的生长。有时却需要用肉汤继代，甚至要把培养物加热至 80℃；20min 才能分离到纯培养。

魏氏梭菌共分 A、B、C、D、E 和 F 六个型，其中：D 型引起羊肠毒血症；C 型引起羊猝疽、仔猪红痢和出血性肠毒血症；B 型引起羔羊痢疾。

该菌能产生强烈的外毒素，目前已知将近有 15 种毒素。每型魏氏梭菌产生一种主要毒素，一种或几种次要毒素。B 型和 C 型主要产生具有坏死和致死作用的 β 毒素；D 型主要产生具有高度致死作用的 ε 毒素。

2. 流行病学

该病绵羊发生的较多，以 2~12 个月大的肥胖羊多发。病多为散发，除绵羊外，犊牛、山羊和驹也有发生。

该病的传染途径是消化道。细菌的分布虽很广泛，在正常情况下，细菌缓慢增殖，产生少量 ε 毒素，并随蠕动随内容物排出体外。发病需有一定的条件，特别是过食和高标准饲料，即与饲养管理有密切关系。细菌可能存在于正常绵羊的肠道，只有在肠道内的环境适合于细菌的生长和产生毒素才能致病。春末夏初，秋末和多雨季节，羊只因采食大量多汁嫩草或过食精料，瘤胃里正常分解纤维素的菌群一时不能适应，饲料发酵产酸，使瘤胃的 pH 值降低到 4.0 以下，此时大量未消化的淀粉颗粒经真胃进入小肠，导致 D 型魏氏梭菌迅速繁殖和产生大量 ε 原毒素，经胰蛋白酶致活后变为 ε 毒素，当羊只吸收了致死量的毒素，致休克而死亡。

总之，羊肠毒血症的发生和发展与下列因素有密切联系：

① 过食；

② 高蛋白质饲料过多，降低胃的 pH 值，致细菌迅速生长繁殖；

③淀粉粒从胃进入小肠；

④ 肠内具有适宜的环境；

⑤ 小肠的渗透性增高；

⑥ 吸收了致死量的毒素。

3. 症状

不同年龄的绵羊都可能突然死亡，有时见到病羊向空中跳跃，跌倒于地发生痉挛，数分钟内死亡。病程较长着则表现神经（大脑）症状。头向后仰或侧晃，后者还有圈行。间有头下垂，紧靠围栏或其他静物，流涎，兴奋之后可能发生昏迷。继有腹泻，通常在 3~4 小时内静静的死去。有些病例随之复发。体温可能增高 1~2℃，特别是出现神经症状和痉挛的病畜。

尿中含糖量增加从正常的 1mmol/L 高至 6mmol/L 和高血糖（从正常的 40~65mmol/L 至 360mmol/L），一般认为是急性病的特征，具有诊断意义，病情缓慢者无此变化。

4. 病理变化

突然死亡的动物可能无任何损害。间有很多出血，其特征为大的斑豆发生在内脏腹膜，膈膜和腹肌。心外膜和心内膜（二尖瓣周围）呈小点出血。胸腺常出血。回肠的某些部位发红（出血性肠炎），故又称“血肠子病”，心包常有积液。

病死的羔羊经常可发现肾皮质发生解体，其程度随死亡时间而异。如死后即剖检，肾的损害常有一些变性变化。但死后数小时肾变软，如将被膜去除，实质可被水冲去，遗留

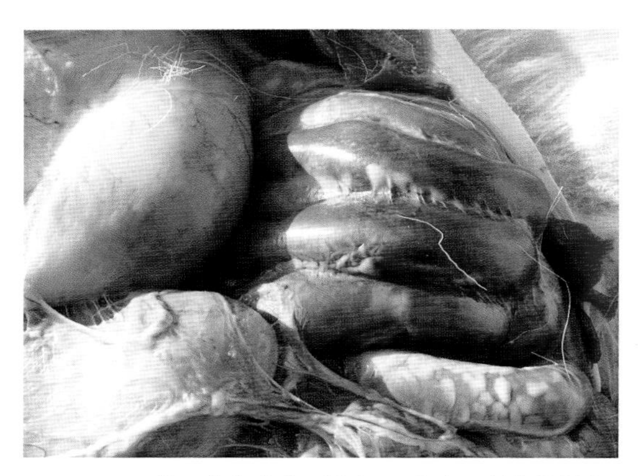

图 3-20　羊肠毒血症典型的红肠子（马利青提供）

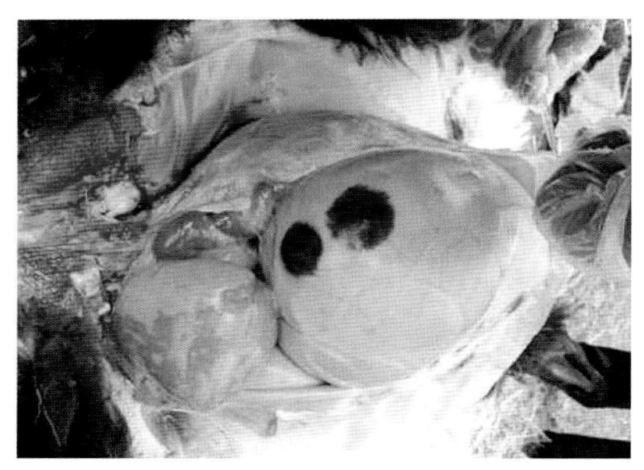

图 3-21　瘤胃壁上的出血斑（陆艳提供）

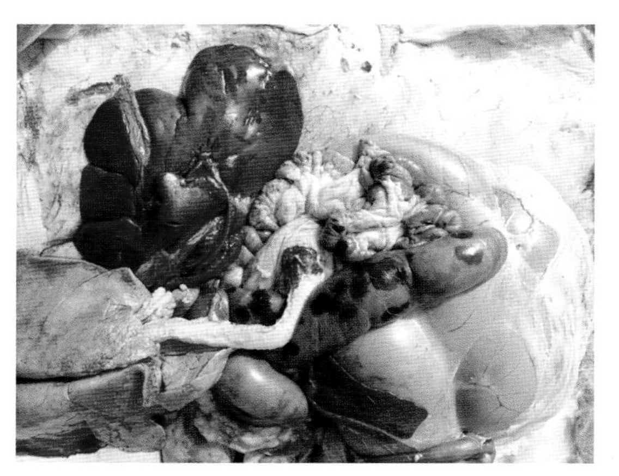

图 3-22　大肠上的出血斑（陆艳提供）

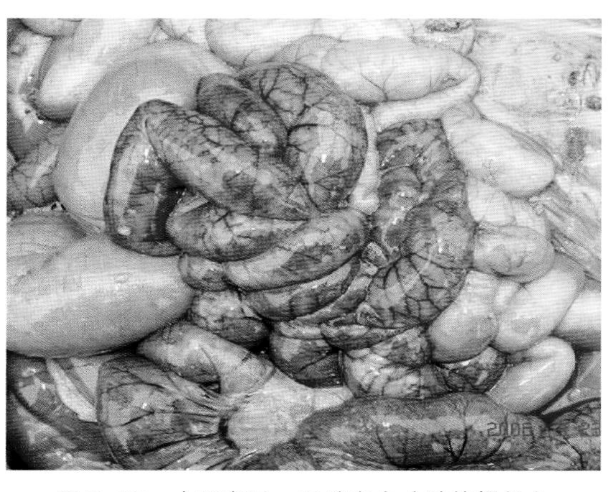

图 3-23　小肠充盈，肠壁充血（陆艳提供）

一块白色小管，因此称为髓样肾病或软肾病，这可能是毒素的坏死作用。可是年龄较大的绵羊，这种变化并不常见。

其胃肠道变化详见图 3-20、图 3-21、图 3-22 和图 3-23。

5. 诊断

如有饲料丰富而健康情况良好的羔羊突然死亡的病史，同时剖析发现心包积液和肾变性，死后数小时变髓样，以及有尿糖，常可以初步诊断为该病。确诊该病需从：

① 肠道内发现大量魏氏梭菌；

② 小肠内析出 ε 毒素；

③ 肾脏和其他实质脏器内发现 D 型魏氏梭菌；

④ 尿内发现葡糖糖，进行综合诊断。

鉴别诊断：

（1）羊猝疽。肠内容物内含 C 型魏氏梭菌毒素，可以毒素中和试验区别之。

（2）羊快疫。兼有菌血症，可从血液中分离出病死菌，肝被膜触片呈线条样长链。而肠毒血症无此特征。

（3）炭疽。流行区的其他动物可同时发病，有明显的体温反应，黏膜发绀，天然孔出血，脾异常肿大，镜检血液涂片可见具有荚膜的炭疽杆菌。

6. 防制

为了防止该病的发生，一方面要加强饲养管理，特别要注意不使幼畜食过饱（精料）和突换饲料，牧区夏初应少抢青（必要时出牧前先喂以干草）；另一方面接种菌苗以利保护。

药物治疗常无大效，初期重复使用抗毒素常有一定的疗效。

（三）羊猝疽（Struck）

猝疽（Struck 意突然打击）是绵羊和羔羊的一种急性致死病，是由于从肠道吸收 C 型魏氏梭菌毒素所致，又称 C 型肠毒血症，病的特征是病程极为迅速和肠炎，有的是溃疡性肠炎。

我国也有该病流行，而且认为是一种混合传染（猝疽和快疫），多发生于低洼地带。除绵羊外，山羊也有感染。不同地区的发病年龄似有差异，如内蒙古感染最多的是 1 岁半的羊，而青海省则以数周至数月大的羊为最多。

流行初期常表现为最急性，表现委顿，厌食，四肢分开，背扛起和头向上叩。行走时后躯摇摆。常喜卧伏，头颈向后弯，磨牙、不安和表现腹痛，眼畏光，流泪和结膜充血，呼吸急速，口鼻流出泡沫，间呈红色，随后呼吸愈困难，痉挛倒地，不久死亡，病程常为 2~6 小时。

在流行后期多表现为急性，病羊食欲减少，行走不稳，排粪困难，常卧地，牙关紧闭，惊厥，心跳加快，一般体温不升高。病程约为 24 小时，少数可达数日。

一般病变为肠炎，特别是十二指肠和空肠。有的肠内容物含血，小肠里还有溃疡。肠系膜淋巴结常呈充血和出血。心外膜和胸腺常有出血，体腔和心包积液。有时呈急性腹膜炎或真胃炎。病羊刚死时骨骼肌表现正常，但在死后 8 小时内，细菌在骨骼肌内增殖，使肌间隔积聚血样液体，肌肉出血有气性裂孔。

由于病程短促，而又无特异的临床症状和病理变化，因此生前诊断异常困难。剖检见糜烂性和溃疡性肠炎，体腔和心包积液可初步诊断。为了确诊必须进行细菌学检查和毒素测定。

一般常来不及医治病羊即已倒毙。如病程较长和能及时发现，可试用抗生素，如磺胺类药物。

在流行区使用菌苗有良好效果，接种绵羊约有 8 个月的免疫力。

（四）羔羊痢疾（Lamb dysentery）

羔羊痢疾是初生羔羊的一种急性毒血症，可发生致死性腹泻。主要病变在肠道，一般为卡他性肠炎，间有出血性肠炎，黏膜坏死和溃疡。病原随地区而异，我国一般以 B 型为主，还有可能由于 D 型和 C 所致。

1. 流行病学

在产羔季节的初期病不常见，至中期发病率可达最高点。年龄与发病率有密切关系。2~3 天龄最易感，也可发生于出生后 12 小时，7 日龄以上发病仅属个别，传染途径主要是消化道也可能通过脐带创伤感染。母羊可能是带菌者，乳头被有菌的土壤和粪便所污染，通过羔羊吮乳进入羔羊消化道。

该病常发生于受限制的和不良的卫生环境。病的发生与外界不良因素有关。如母羊在妊娠期间饲料不足，所产的羔羊身体瘦弱，易于感染；再如哺乳不当，羔羊饥饱不均；产羔期间气候寒冷，气温骤变，羔羊易受凉；接羔卫生和消毒工作差，易促使该病传播和流行。纯种羊较杂种土种羊羔更为易感。

2. 病状

潜伏期为 1~2 天。初期精神委顿，孤立一隅，头下垂，背拱起，不想哺乳或部分病例呈腹胀。体温、呼吸、脉搏没有显著变化。不久发生不同程度的腹泻，排泄物如粥样或水样。色绿、黄、黄绿或灰白，恶臭。后期有血，甚至便血，排便时里急后重，哀鸣，有时大便失禁。常于 24 小时内死亡。

有些病羊症状较轻，除腹泻外，其他无大变化，这种病例可能自愈。

有些呈剧烈型，表现均异常委顿、不哺乳，四肢发软、卧地不起、呼吸迫促，黏膜发绀，口吐泡沫，但无腹泻。体温在常度下。常发生痉挛而死。病程数小时至十余小时。

3. 病理变化

有诊断意义的是肠壁有出血性溃疡，但此乃并非必有的损害，多数急性无腹泻病例可能无显著变化。

肠道损害一般在小肠，特别是回肠。一般为卡他性肠炎，间有出血性肠炎，可能有稀疏的直径为 3 mm 左右的深溃疡。肠系膜淋巴结肿大，质松、充血，间或出血。肝肺、脑膜和脑脊髓常充血。

4. 诊断

依据流行病学，临床症状和病理变化常可以作初步诊断。为了与沙门氏杆菌、大肠杆菌和肠球菌引起的初生羔羊下痢相区别，确定病原菌和毒素的存在，则有必要进行细菌学检查和毒素鉴定。

5. 防治

为了预防该病，首先必须注意羊群的饲养管理，例如，准备足够的妊娠母羊的冬季饲料，牧区要新建产羔和育幼的棚圈，注意保暖以防羔羊受冻，调整产羔季节、调换羊种、牧场或产羔场所。及时（上冻前）做好产羔棚圈和用具的消毒工作。吃足初乳，合理哺乳，避免饥饿不均。常发地区，每年秋季注射羊厌气菌病五联苗，产羔前 2~3 周对怀孕母羊再接种一次，羔羊可通过初乳获得免疫。羔羊出生后 12 小时内灌服土霉素 0.12~0.2 克，每天一次，连服 3 天，有一定的预防效果。

一旦发病，应随时隔离病羔。搬圈是有效的，能减少该病发生。病羔治疗可用土霉素 0.2~0.3 克，加水灌服，每日两次。或磺胺胍 0.5 克，鞣酸蛋白 0.2 克，次硝酸铋 0.2 克，重碳酸钠 0.2 克，或再加喃呋西林 0.1~0.2 克，加水灌服，每日三次。中药房如增减承气汤，增减乌梅汤或加味的头翁汤也有一定的疗效。

（五）羊黑疫（Black disease）

羊黑疫，又名传染性坏死性肝炎，是由 B 型诺维氏梭菌（亦称水肿梭菌）引起的绵羊和山羊的一种急性高度致死性毒血症。其特征是皮下血管充血（尸体皮肤发紫）和肝脏坏死病灶。

1. 病原

诺维氏梭菌（*C.novyi*）是革兰氏阳性大杆菌，肝脏该菌共分 A、B、C、D 四型，A 型致人和家畜的气性坏疽，B 型致绵羊黑疫，C 型致牛的骨髓炎，D 型致牛的血尿症。

该菌能产生大量的外毒素，将细菌注射于豚鼠肌肉中可引起死亡，除注射部位有出血性水肿之外，腹部皮下组织呈胶冻样水肿。

这种病理变化极为特征，具有很大的诊断意义。

该菌存在于土壤和人畜的消化道。羊只采食后由胃肠壁经门脉进入肝脏，当肝脏被肝片吸虫损害，潜在的芽孢便迅速繁殖产生毒素而致病。

2. 流行病学

1 岁以内的绵羊很少发病，一般见于 2~4 岁且限于有肝片吸虫寄生的绵、山羊。

该病经消化道或创伤感染，舍饲（少见）家畜感染可发生于任何时间，但牧场感染在夏季达到最高峰。放牧的绵羊一般是散发性病，但有时因创伤感染如剪毛、断尾、去势、分娩等则可能形成地方性流行。

3. 症状

死亡突然发生，早期可能表现委顿，离群滞后，以后卧倒，短期死亡。死前常无挣扎的现象。

4. 病理变化

病死羊皮下血管充血，兼有广泛的水肿，如尸体存放较久，致使皮下呈黑色固有黑疫之称。死亡不久剖析的腹腔，心包常有澄清、淡黄色液体。如时间过久，则为血色。皮下层出血呈黑紫色，详见图 3-24 和图 3-25 所示。

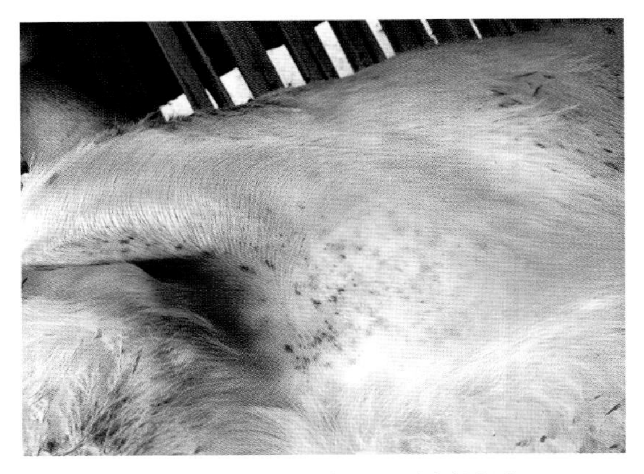
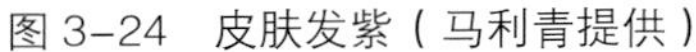
图 3-24　皮肤发紫（马利青提供）

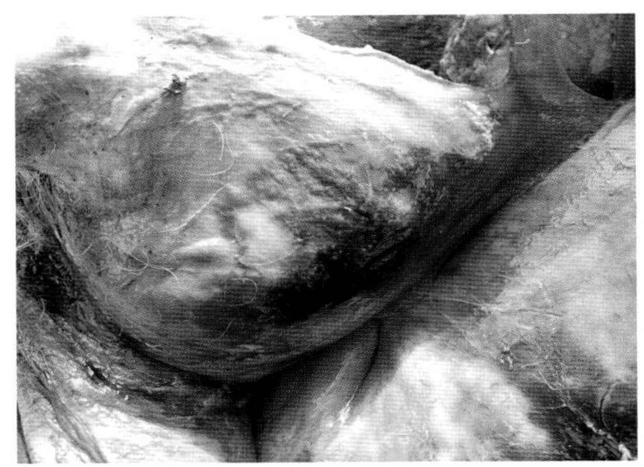
图 3-25　皮下淤血，呈黑紫色（张卫忠提供）

肝脏充血肿胀，可看到或摸到一至多个凝固性坏死灶，色灰白，质紧密，无臭气，直径 1~3 cm，常呈圆形，周围为鲜红的充血带。这种特殊肝脏坏死显然不同于肝片吸虫的圆形出血区。肝片吸虫形成的虫道详见图 3-26 所示。

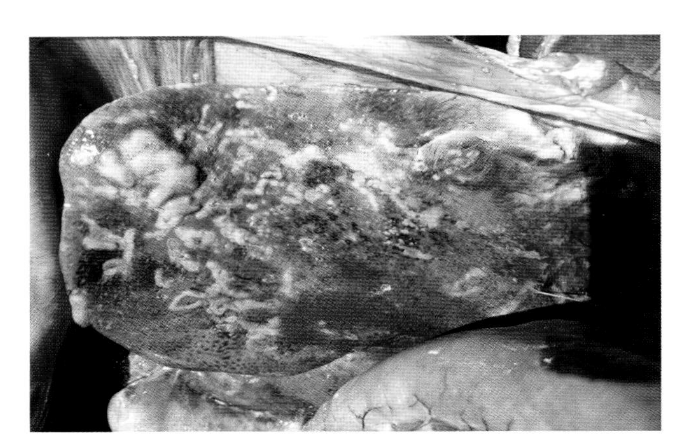
图 3-26　典型的羊黑疫肝脏肝片吸虫虫道（马利青提供）

此外，可见真胃黏膜块状出血，小肠（尤为十二指肠）严重充血、左心室心内膜下常呈出血。

5. 诊断

在肝片吸虫流行的地区，发现急死或昏睡状态下死亡的病羊，皮下的病理变化和肝脏的特殊坏死具有特征性，年龄与病的发生常有一定的联系。凡此，均有助于诊断。必要时借助于实验室检查进一步确诊。

黑疫一般不易与急性肝片吸虫病区别。如系单纯的肝片吸虫病，病程则较长，腹水较多。

B 型诺维氏梭菌在组织片及纯培养后的显微镜下形态详见图 3-27 和图 3-28 所示。

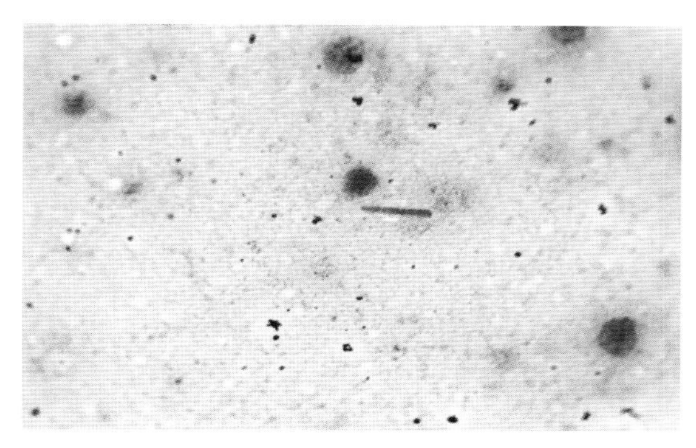

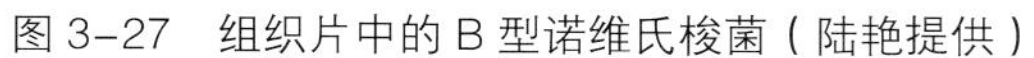

图 3-27　组织片中的 B 型诺维氏梭菌（陆艳提供）

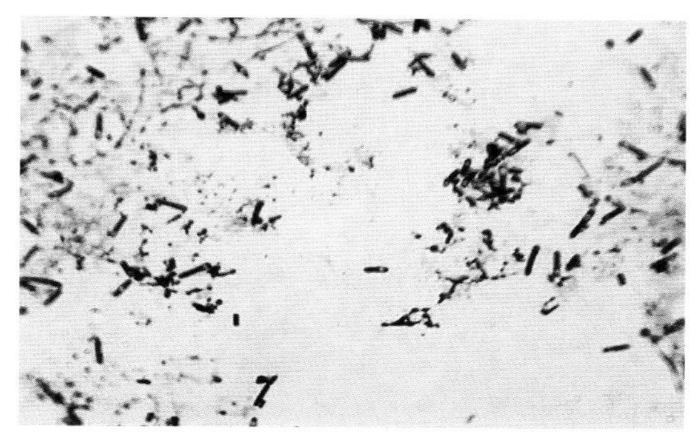

图 3-28　纯培养后的 B 型诺维氏梭菌（陆艳提供）

6. 防控

防控措施主要是消灭肝片吸虫和菌苗接种。要避免在沼泽地在放牧和做好驱除肝片吸虫的工作。用羊厌气菌病五联苗给绵羊肌注 5 毫升，对该病可获一年免疫力，发现该病时应将羊群移至高燥地区。

四、流产类疾病（Abortion diseases）

（一）布氏杆菌病（Brucellosis）

1. 临床症状

羊发生布病后，主要是以母羊发生流产以及公羊发生睾丸炎和附睾炎且触之局部发热、有痛感为主要特征；其临床症状主要表现详见图 3-29、图 3-30 和图 3-31。

图 3-29　患羊睾丸肿大，间质炎（马利青提供）

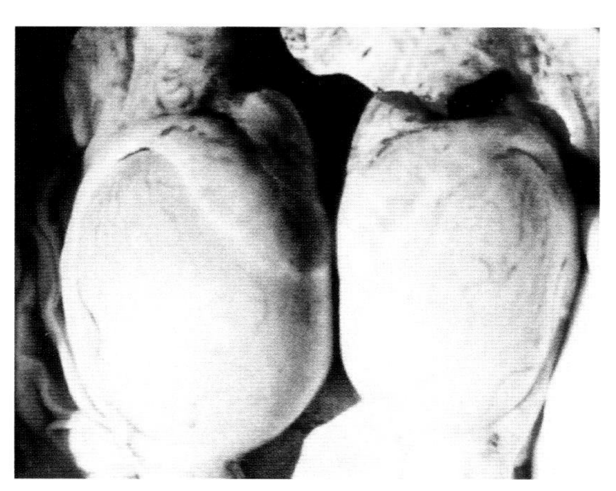

图 3-30　患布病的公羊睾丸大小不对称（马利青提供）

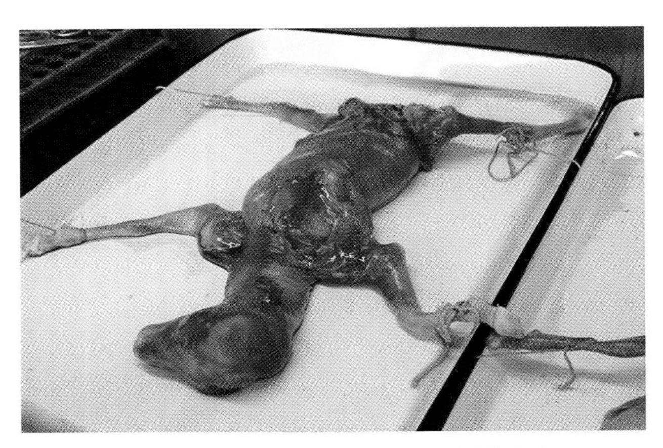

图 3-31　妊娠后期流产病例（马利青提供）

该病潜伏期为 14~180 天，母羊发生流产多集中在妊娠后的 3~4 个月，流产前 2~3 天，患羊体温升高，精神沉郁，食欲减退或废绝，阴唇红肿，流出黄色黏液或带血的黏性分泌物；流产时，胎儿多为弱胎或死胎；流产后，阴道持续排出黏液或脓性分泌物，容易引发慢性型子宫内膜炎，以后发情则屡配不孕；个别病羊伴有慢性关节炎或关节滑膜炎，跛行，重症病例可呈后躯麻痹，卧地不起；乳山羊早期会出现乳房炎，触之有小的硬结节，乳汁内有小的凝块。

2. 剖检变化

剖检可见，胎膜呈淡黄色的胶冻样浸润，有出血点，有些部位覆盖有纤维素絮状脓液；胎儿病理变化主要表现在胃肠内有白色或淡黄色絮状物，胎儿和新生羔羊可发生肺炎；在胃肠、膀胱的黏膜和浆膜上有点状或带状出血点或出血斑；皮下和肌肉发生浆液性浸润；淋巴结、脾脏、肝脏肿胀，肝脏中出现坏死灶；脐带肥厚，呈浆液性浸润；个别病羊还有卡他性或化脓性的子宫内膜炎、卵巢炎及输卵管炎；公羊发病时，精囊有出血点和坏死灶，睾丸或附睾内有炎性坏死和化脓灶，个别病例整个睾丸都可发生坏死，慢性型病例，可见睾丸和附睾的结缔组织增生，后期睾丸萎缩。

3. 诊断要点

妊娠母羊第 1 次发生该病，则表现为流产后有胎衣滞留，随后又发生子宫内膜炎，屡配不孕；个别羊只可发生关节炎、关节滑膜炎；公羊睾丸或附睾内有炎性坏死和化脓灶，配种能力下降；有的种公羊也发生关节炎或腱鞘炎等，出现上述症状可初步诊断为羊布氏杆菌病，确诊需做血清学诊断，其中以平板凝集试验和试管凝集试验为准。

血清学诊断方法主要有虎红平板凝集试验（RBPT）、试管凝集试验（SAT）、全乳环状试验（MRT）、补体结合试验（CFT）；病原学诊断包括显微镜检查：采集流产胎衣、绒毛膜水肿液、肝、脾、淋巴结、胎儿胃内容物等组织，制成抹片，用柯兹罗夫斯基染色法染色，镜检，布鲁氏菌为红色球杆状小杆菌，而其他菌为蓝色。布氏杆菌病的 RBPT 和试管凝集试验操作判定详见图 3-32 和图 3-33 所示。

细菌分离培养：新鲜病料可用选择性培养基培养，进行菌落特征检查和单价特异性抗血清凝集试验，为使防治措施有更好的针对性，还需做种型鉴定；如病料被污染或含菌极

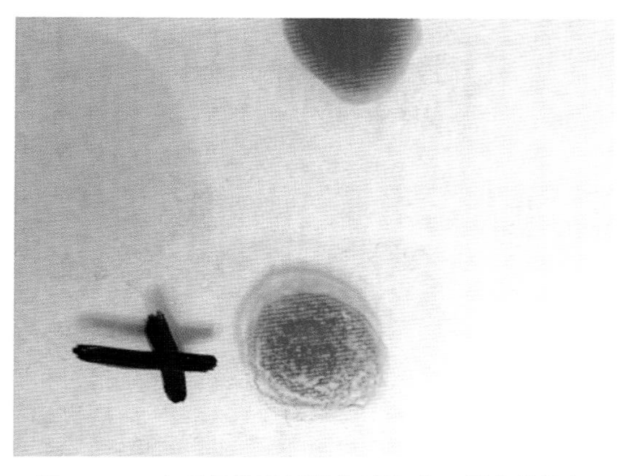

图 3–32 布氏杆菌平板凝集试验（马利青提供）

图 3–33 布氏杆菌病的试管凝集试验操作（马利青提供）

少时，可将病料用生理盐水稀释 5~10 倍，健康豚鼠腹腔内注射 0.1~0.3 mL/ 只；如果病料腐败时，可接种于豚鼠的股内侧皮下；接种后 4~8 周，将豚鼠扑杀，从肝、脾分离培养布鲁氏杆菌。

4. 防治措施

加强饲养管理：认真清扫羊舍内外的粪便及异物，定期更换垫草，将清扫出的粪便及异物堆放在指定的地方进行消毒和发酵处理；认真执行消毒制度，对圈舍内外用 3% 的火碱溶液、20% 石灰乳进行消毒，并在饲料及水源地用 10% 漂白粉、3% 来苏儿、百毒杀等消毒液轮换消毒；同时，加强妊娠母羊及新生羔羊的营养和护理，注意通风和保暖，保持圈舍干燥卫生。

坚持全进全出的饲养制度：坚持全进全出的饲养制度，若需引进绵羊或山羊，必须进行严格的隔离检疫，不仅要在产地进行认真检疫、复检，还要在引入后，进行隔离饲养、检疫，待一切正常后，方可混入饲养，以防止将病羊带入；一旦检出阳性或疑似羊，必须进行无害化处理。

做好无害化处理工作：一旦发生该病后，必须立即进行隔离，对病羊进行淘汰，对尸体、胎衣和流产胎儿进行焚烧处理；要及时清扫圈舍内外的粪便及异物，将粪便等堆放在指定区域并进行彻底消毒和发酵处理，对圈舍、过道、场内外等用 4% 的火碱溶液、20% 石灰乳进行消毒，并做好饲养工具清洗和彻底消毒工作。

做好免疫接种工作：可用干燥布鲁菌猪型二号（S2）菌苗，进行免疫接种，该疫苗对绵羊和山羊均有一定的免疫效果，免疫时用生理盐水将疫苗稀释成每毫升含 50 亿个菌，肌肉注射 1 mL。

饲养人员每年要定期进行健康检查，发现患有布病的应调离岗位，及时治疗；接羔人员和疫苗免疫人员要做好个人防护，戴好手套、口罩，处理完毕后使用消毒液清洗手、衣服及可能被污染的部位；布病实验室研究人员要在生物安全柜、P3 实验室严格按着相关的 SOP 程序进行。

加强检疫，引种时检疫，引入后隔离观察 1 个月，确认健康后方能合群；羊定期预防注射，疫苗有布鲁氏菌牛 19 号弱毒菌苗、冻干布鲁氏菌羊 5 号弱毒菌苗；或猪 2 号弱毒苗，免疫期 1 年；严格消毒，对病畜污染的圈舍、运动场、饲槽等消毒；乳汁煮沸消毒；粪便发酵处理；用健康公畜的精液人工授精或配种，及时淘汰阳性母畜。

（青海省畜牧兽医科学院　马利青供稿）

（二）衣原体（Chlamydiales）

1. 临床症状

羊衣原体病症候复杂，危害严重的主要有羊地方流行性流产、羊衣原体性肺炎、羊衣原体肠道感染、羔羊衣原体性结膜炎、多发性关节炎等几种疫病。

（1）羊地方流行性流产。是由流产嗜性衣原体（*Chlamydophila abortus*）感染妊娠绵羊或山羊引起的以发热、流产、早产、死产或弱产为特征的地方流行性传染病。该病可感染人，引起孕妇流产、结膜炎、肺炎、脑脊髓炎等。冬季和春季是该病的高发期。妊娠各个时期都可发生流产，但以中、后期流产最多，头胎羊及 1~1.5 岁羊多发。临床表现体温升高到 40℃以上，食欲明显下降，起卧不安，顾腹，阴道流出少量黏液性或脓性红色分泌物，一般无臭味，如果继发感染其他病原，症状加重，并且阴道排出物呈白色，气味恶臭。出现症状后 1~3 天，发生流产，死产或产下生命力弱的羊羔，弱羔一般在产下 2~5 天即死亡。流产羊排出出血坏死性胎衣。患病母羊常发生胎衣不下或滞留，有的继发子宫内膜炎。

（2）羊衣原体性肺炎。也称为羊地方流行性肺炎，是一种慢性接触性呼吸道病，以区域流行性经过的间质性肺炎为其主要特征。该病一般感染羔羊。临床表现，突然体温升高并咳嗽，精神抑郁，食欲下降，喜卧地，放牧时离群落伍，出现结膜炎和鼻卡他，鼻孔流出浆液性或浆液纤维素性鼻液；气候正常时，症状可能逐渐缓和或消失；天气异常，降温，饲养管理不当，症状会加重，病羔呼吸困难，流脓性鼻液，常以窒息死亡而告终。

（3）羊衣原体肠道感染。也称为羊衣原体性肠炎。该病一般呈地方流行性、慢性经过，亚临床感染比较普遍，可从其肠道内容物、病变肠道黏膜分离出衣原体。该病的潜伏期长短不一，羔羊比较敏感，如果气候正常，饲养管理细致，无新引进的羊，可能很少发病，反之发病则频繁。主要表现体温升高到 40℃以上，腹泻，不食或减食，精神抑郁，脉搏加快，有的发生结膜炎，流泪，脱水，迅速消瘦，治疗不及时多以死亡告终。

（4）羊衣原体性结膜炎。该病也称传染性结膜炎、传染性角膜结膜炎，各种年龄的羊均可感染，但哺乳期羔羊更易感。该病的潜伏期一般在 2 周左右，结膜炎常为单侧性。临床可见患眼眼睑肿胀，畏光流泪，眼眶周围粘有浆液性或浆液脓性分泌物。有的眼睑高度充血、外翻，眼球被肿胀的瞬膜遮盖，炎症发展，会波及角膜引起角膜炎。

（5）多发性关节炎。潜伏期 10~20 天，病初精神沉郁，行动无力，放牧时落伍，多个关节感染，则不能行走而卧地。急性期体温往往升高，患关节肿胀，触诊皮肤发热、拒摸躲闪，跛行，弓背站立，健肢负重。羔羊罹病因行动困难，不能自如吃母乳，很快消瘦。

2. 剖检变化

流产常发生在妊娠后期，胎羔较大，外表多数洁净，少数体表有一层易脱落的土黄色覆盖物。体表有出血斑。脐部和头部等处明显水肿，胸腔和腹腔积有多量红色渗出液。有的有心包积液。有的脑膜出血。肝脾营养不良，气管黏膜有淤斑，心肺浆膜下出血。绒毛叶部分或全部坏死，绒毛尿囊膜胶冻状水肿，呈革状增厚，出血，上有小结节并布有蛋花样黄色覆盖物。胎羔胎盘子叶变性坏死。组织学检查，绒毛膜上皮细胞内有衣原体包涵体，间质坏死，白细胞增多；母羊子宫、子宫颈及阴道黏膜发炎，其黏膜上皮细胞及固有层白细胞增多，有包涵体；血管周围有广泛的细胞浸润，出现“袖套”现象。子宫内膜有衣原体包涵体，白细胞增多，坏死。

羊衣原体性肺炎，病初呼吸道黏膜有卡他性炎症，鼻黏膜淋巴细胞和白细胞浸润。肺脏发生实变，病灶呈灰红色或深红色。小叶有间质性肺炎、支气管周围炎和血管周炎，气管和支气管有明显的淋巴细胞浸润，细支气管出现“袖套”现象。呼吸道淋巴结肿大。肝脏表面出现坏死灶和枯氏细胞增生。脾脏网状细胞增生。心肌营养不良。病程延长，肺脏肉变加重，肺叶间质水肿。

3. 诊断要点

由于羊衣原体病缺乏特有的临床症状和病理变化，所以该病的确诊，取决于实验室诊断。常见的也可以引起羊流产的病原有布鲁氏菌、沙门氏菌、弯杆菌、立克次氏体、弓形虫、支原体、真菌等。鉴别要点如下：

羊布鲁氏菌病：不育率高，且子宫炎发生率高。可依据血清学和细菌学检查排除该病。

羊副伤寒性流产：常因出现脓毒败血症，流产多发生在妊娠的初期，且母羊的死亡率高，羊地方性流产一般发生在妊娠后期，一般不会发生母羊死亡。但两病常混合感染，可以同时分离到沙门氏菌和衣原体。用血清学方法亦可做出初步诊断。

羊弯杆菌病：弯杆菌有特征的形态，通过细菌学检查很容易鉴别。但是羊可混合感染衣原体病和弯杆菌病，用血清学方法检查应查出两种抗体。

羊立克次体病：除了引起流产外，母羊常发生肺炎，表现出呼吸道症状。通过变态反应、病原分离鉴定可以作出鉴别。

羊弓形虫病：通过血清学和细菌学检查排除该病。

羊霉菌毒素中毒：流产胎羔腐败、膨胀，羊水变黑，胎盘坏死。从流产胎衣分离不到病原。

附件：羊衣原体病的实验室诊断包括

1. 病原学诊断

（1）涂片镜检。当羊群的临床病史和流产胎盘病变的特征符合羊地方性流产时，可以从感染的绒毛膜采样涂片染色，在显微镜下进行病原初步检查。

（2）分离培养。

① 细胞分离法：用于衣原体分离培养的常用细胞系有 BGM、McCoy、Hela、Vero 和

L 细胞系。使用含 5%~10% 胎牛血清和对衣原体无抑制作用的抗生素（链霉素、卡那霉素、庆大霉素和两性霉素 B 等）的标准组织培养液培养细胞长成单层，然后用于接种病料匀浆，进行衣原体分离。

② 鸡胚分离法：将接种物匀浆 0.5mL 接种于发育良好的 6~7 日龄鸡胚卵黄囊内，37~39℃孵育。在正常情况下，接种后 3~10 天内鸡胚死亡，如果不死，再盲传 2~3 代。

（3）电子显微镜观察。样品中衣原体分纯后，用电子显微镜对其进行超微结构观察，也是进行病原学诊断和鉴定的重要途径之一。

（4）其他方法。

① 免疫荧光染色法（FAT）：用荧光素标记衣原体特异性抗体，给被检组织涂片染色，荧光标记抗体与衣原体发生反应，在荧光显微镜下，可见绿色荧光出现，如果涂片中无衣原体存在，则不会产生绿色荧光。

② 酶链免疫吸附实验（ELISA）：用 ELISA 检查衣原体脂多糖（LPS）抗原（群反应性抗原），能检出所有衣原体种。但是衣原体 LPS 同某些革兰氏阴性菌具有相同表位，会发生交叉反应而出现假阳性结果。如果用特异性 MAbs 研制成 ELISA 试剂盒，可以避免假阳性反应。

③ PCR：鹦鹉热衣原体种特异性（*Species-specific*）PCR，用于检测衣原体的 MOMP 基因区中的靶序列，或用套式 PCR 扩增，可以提高敏感度。

2. 血清学诊断

（1）补体结合试验（CFT）。是一种特异性强的经典血清学方法，用于衣原体病的定性诊断。家畜发生流产一般体温升高，伴有菌血症，应在流产发生时及 3 周后采双份血清，进行 CF 抗体检测，发现补体结合抗体升高，可确诊。

（2）ELISA。本方法比 CF 法快速、敏感，容易操作。

（3）间接血凝试验（IHA）。本方法操作简单，灵敏性和特异性强，适用于大面积普查。

3. 病例参考

其临床特征及诊断要点详见图 3-34 至图 3-40 所示。

图 3-34　胎膜充血、出血（邱昌庆提供）

图 3-35　流产、产死羔（邱昌庆提供）

流产胎儿及其他排泄物要进行无害化处理，流产的场地也应严格消毒。死于该病或疑为该病的尸体，要严格处理，以防污染环境或被猫及其他动物吞食。弓形虫疫苗研究已取得一定的进展，目前已有弱毒虫苗、分泌代谢抗原及基因工程疫苗的方面研究报道。

对急性病例可应用磺胺类药物，与抗菌增效剂联合使用效果更好，也可使用四环素族抗生素和螺旋霉素等，上述药物通常不能杀灭包囊内的慢殖子。

磺胺嘧啶加甲氧苄氨嘧啶：前者每千克体重 70 毫克，后者按每千克体重 14 毫克，每天 2 次口服连用 3~4 天。

磺胺甲氧吡嗪加甲氧苄氨嘧啶：前者剂量为每千克体重 30 毫克，后者剂量为每千克体重 10 毫克，每日 1 次口服连用 3~4 天。

磺胺 -6- 甲氧嘧啶：按每千克体重 60~100 毫克；或配合甲氧苄氨嘧啶（每千克体重 14 毫克），每日 1 次口服连用 4 次。

（中国农业科学院兰州兽医研究所　张德林供稿）

（四）绵羊胎儿弯曲菌性流产（Abortion due to fetal vibriosis in sheep）

此病旧称胎儿弧菌病，为绵羊的一种散发性流行病。其特征为胎膜发炎及坏死，引起绵羊胎儿死亡和早产。损失率高达 50 %~65.7%。

1. 病原和病的传播

病原为绵羊胎儿弯曲菌（Ⅵ *ibrio fetus*）。该菌对链霉素、红霉素和四环素族抗生素均敏感，但对杆菌肽、多黏菌素 B 具有抵抗力。对于干燥、阳光和一般消毒剂都敏感，58℃经 5min 即可将其杀死。菌体很小，弯曲成逗点状或 S 状。

在健康羊群中，引进带菌的母羊时，即可受到传染。与病羊交配的公羊，亦为重要的传染媒介。一旦羊群中开始发生流产，健羊会因接触被病羊排出物污染的饲料、饮水或牧地而发生传染，所以这些受感染的羊只，也会跟着发生流产，而且使疾病继续发生传播。

2. 症状

病羊精神不振，步伐僵硬。流产前 2~3 天常从阴门流出带血的黏液，阴唇显著肿胀。流产通常发生在预产期之前 4~6 周。流产可以从怀孕的早期开始，以后继续在羊群中蔓延，直至整个产羔时期。流产的绵羊胎儿通常都是新鲜而没有变化的，有时候也可能发生分解。有的达到预产期而产出活绵羊胎儿但常因绵羊胎儿衰弱而迅速死亡。母羊在流产以后，常从子宫排出黏液，因而影响健康，使病羊消瘦。少数母羊可因子叶发生坏死而死亡。流产过一次的母羊，以后继续繁殖时不再流产。

3. 剖检

因为绵羊胎儿弯曲菌积聚于胎膜及母羊胎盘之间的血管内，扰乱绵羊胎儿的营养，故绵羊胎儿不久即发生死亡。同时由于绵羊胎儿在死后很久才能从子宫内排出，故很容易招致腐败菌的侵入。在没有腐败菌作用的情况下，绵羊胎儿皮下组织均有水肿，浆膜上有小点出血，浆膜腔内含有大量血色液体，肝脏可能剧烈肿胀，有时有很多灰色坏死。此种病灶容易破裂，而使血液流入腹腔。

4. 诊断

除根据病史，症状和剖检以外，可用凝集试验进行诊断。其凝集价为 1∶40 至 1∶640，亦有更高者。不定反应的凝集价为 1∶20。血清诊断有时并不能令人满意，故确定诊断，最好是根据实验室对细菌的检查。实验室检查时可以利用胎膜，也可以利用绵羊胎儿。

5. 预防

尚无有效疫苗。

① 在确定诊断以后，应迅速隔离所有流产母羊，至少隔离 3~4 周，以防止扩大传染。

② 对流产出的绵羊胎儿和胎膜加以销毁，以免污染饲料和饮水。

③ 带菌羊为重要的传播媒介，已受传染的羊群不应再作为育种繁殖群；健康羊群更要严防引进患弯曲菌病的母羊。

6. 治疗

① 在严重损失的羊群中，对于尚未流产和分娩的母羊，最好采用抗生素进行治疗。庆大霉素、强力霉素，均有良好疗效。

② 流产后子宫发炎的羊，可用 0.5% 温来苏儿或 1% 的胶体银溶液灌洗子宫，每日 1~2 次，直到炎性产物完全消失为止。对于外阴部及其附近，可用 2% 的来苏儿或 2∶1 000 的高锰酸钾溶液洗涤。

五、链球菌病（Streptococcosis）

（一）临床症状

人工感染的潜伏期 3~10 天。病羊体温升高至 41℃，呼吸困难，精神不振，食欲低下以至废绝，反刍停止。眼结膜充血、流泪，常见流出脓性分泌物。口流涎水，并混有泡沫。鼻孔流出浆液性脓性分泌物。咽喉肿胀，颌下淋巴结肿大，部分病例可见眼睑、口唇、面颊以及乳房部位肿胀。妊娠羊可发生流产。病羊死前有磨牙、呻吟和抽搐现象。最急性病例 24 小时内死亡，病程一般 2~3 天，很少能延长到 5 天。

（二）剖检变化

以败血性变化为主，尸僵不显著或者不明显。淋巴结出血、肿大，鼻、咽喉、气管黏膜出血，肺脏水肿、气肿，肺实质出血、肝变，呈大叶性肺炎症状，有时可见有坏死灶。大网膜、肠系膜有出血点。胃肠黏膜肿胀，有的部分脱落。皱胃内容物干如石灰，幽门出血和充血肠管充满气体，十二指肠内容物变为橙黄色。肺脏常与胸壁粘连。肝脏肿大，表面有少量出血点。胆囊肿大 2~4 倍胆汁外渗。肾脏质地变脆、变软，肿胀、梗死，被膜不易剥离。膀胱内膜出血。各脏器浆膜面常覆有黏稠、丝状的纤维素样物质。

（三）诊断要点

诊断：

① 现场诊断：依据发病季节、临床症状、剖检变化，可以作出初步诊断。

② 实验室诊断：采取心血或脏器组织涂片、染色镜检，可发现带有荚膜、多呈双球状、偶见3~5个菌体相连成短链为调整的病原体存在。也可将肝脏、脾脏、淋巴结等病料组织制成生理盐水悬液，给家兔腹腔注射，若为链球菌病，则家兔常在24小时内死亡。取材料涂片、染色镜检，可发现上述典型形态的细菌。同时，也可进行病原的分离鉴定。血清学检查可采用凝集试验、沉淀试验定群和定型，也可用荧光抗体试验快速诊断该病。

③ 类症鉴别：应与炭疽、羊梭菌性痢疾、绵羊巴氏杆菌病相鉴别。炭疽病羊缺少大叶性肺炎症状，病原形态不同；羊梭菌性痢疾无高热和全身广泛出血变化，病原形态有差别；绵羊巴氏杆菌病与羊链球菌病在临床症状和病理变化上很相似，但病原形态不同，前者为革兰氏阴性菌。

（四）病例参考

其临床病例详见图3-49至图3-57所示。

（五）防治措施

预防：疫区每年发病季节到来之前，使用羊链球菌氢氧化铝甲醛苗作预防注射，做好夏、秋抓膘，冬、春保膘防寒工作。发病后，及时隔离病羊，粪便堆积发酵处理。羊圈可用1%有效氯的漂白粉、10%石灰乳、3%来苏儿水等消毒液消毒。在该病流行区，病羊群要固定草场、牧场放牧。抗羊链球菌血清有良好的预防效果。

图3-49 肺部不规则的点状出血（马利青提供）

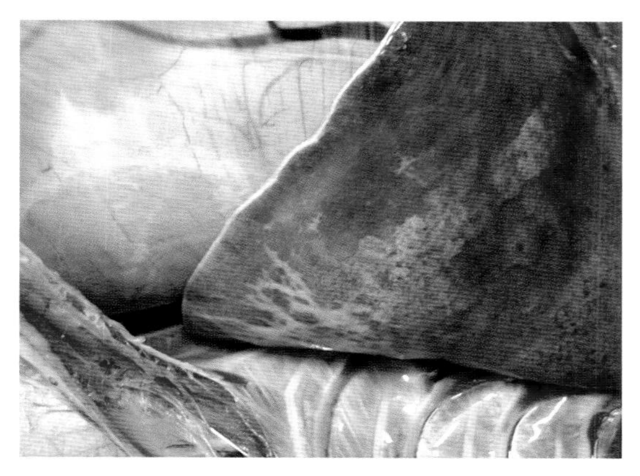

图3-50 肺部大理石样变（马利青提供）

图 3-51　肺部有多样渗出液（马利青提供）

图 3-52　肾脏水肿，有点状出血点（马利青提供）

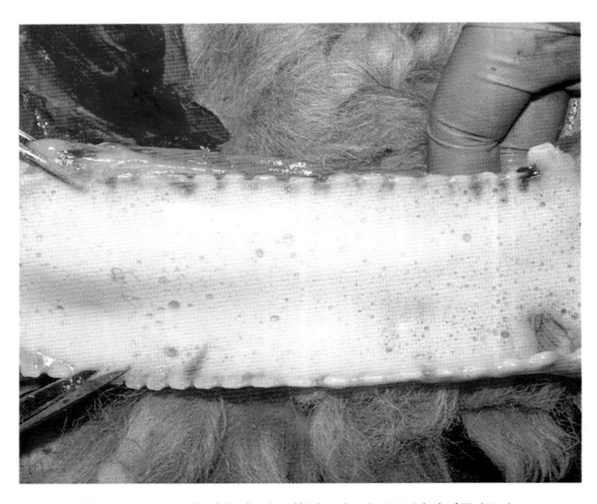
图 3-53　气管中充满泡沫（马利青提供）

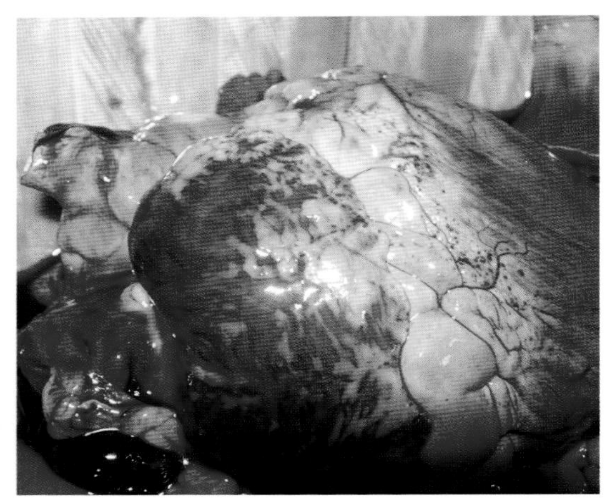
图 3-54　心脏冠状脂肪出血点（陆艳提供）

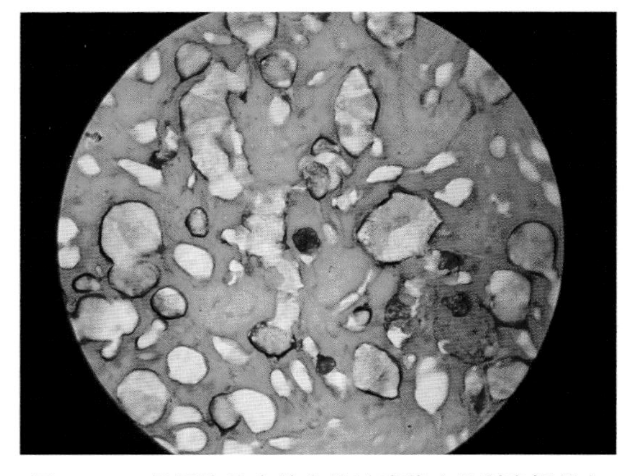
图 3-55　组织涂片中散在的链球菌（马利青提供）

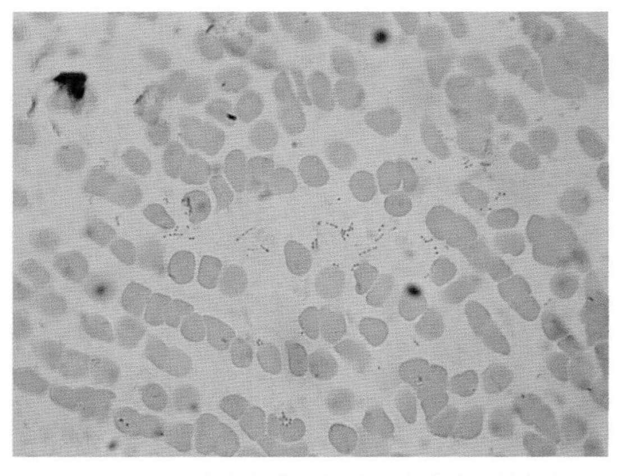
图 3-56　组织涂片中成链状的链球菌（陆艳提供）

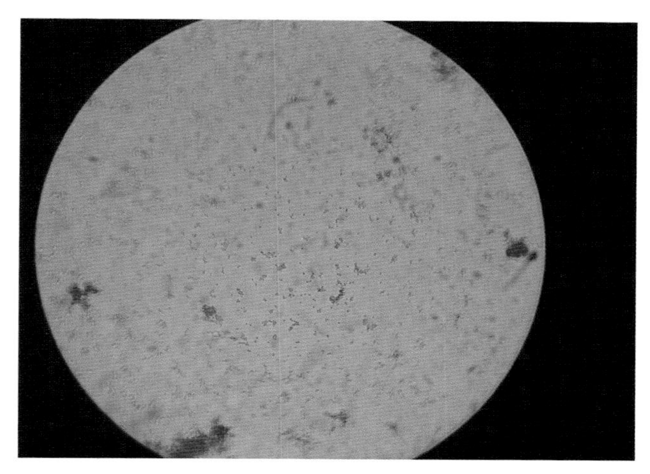

图 3-57　纯化后的链球菌形态（陆艳提供）

治疗：早期应用青霉素、氨苄青霉素、阿莫西林或磺胺类药物治疗。青霉素每次 80 万 ~160 万单位，每日肌肉注射 2 次，连用 2~3 天；20% 磺胺嘧啶钠 5~10 毫升，每日肌肉注射 2 次或磺胺嘧啶每次 5~6 g（小羊减半），每日内服 1~3 次，连用 2~3 天。

（青海省畜牧兽医科学院　陆　艳　马利青供稿）

六、羊痘（Sheep Pox）

（一）临床症状

潜伏期一般为 6~8 天，长的达 16 天；体温骤升至 41~42℃；皮肤黏膜出现痘疹，全身均可能发生痘疹，特别是在口唇、尾根、乳房等少毛或无毛的部位最易发现。痘疹开始为红斑，1~2 天后形成痘疹。

痘疹有两种变化，一种逐渐变为水泡，如无继发感染，则结痂脱落，如有继发感染，则形成脓疮；另一种直接结痂脱落，痂皮脱后留下疤痕。易感羊群，感染率 75%~100%，死亡率 10%~58%。

（二）剖检变化

全身皮肤痘疹是最为显著的临床剖检变化。

呼吸系统：咽喉、气管、支气管和肺脏表面出现大小不一的痘斑，有时在咽喉、气管、可见痘斑破溃形成溃疡，而在肺脏可见有大片的肝变区，还可观察到紫红色或黄色圆形痘斑，直径 0.3~0.5 厘米，心外膜有大头针大小的出血点和较大的出血斑。

消化系统：唇、舌、瘤胃和皱胃黏膜上有大量白色的痘斑，质地坚硬。有时痘斑破溃形成溃疡，在痘疹集中部位皮下可见到不规整的斑点状出血或黄色胶冻样渗出物。真胃、十二指肠、回肠黏膜呈出血性炎症，肠系膜淋巴结水肿。

全身淋巴结，特别是颌下淋巴结、肺门淋巴结高度肿胀，切面多汁，有时可见周边出血；肾脏有多发性灰白色结节出现。

（三）诊断要点

临床诊断：典型的感染会引起牲畜明显的临床症状，根据这些特征可对羊痘病作出初步诊断。

病原诊断方法：病毒的分离鉴定、电子显微镜观察和聚合酶链式反应（PCR）。

血清学方法：琼脂糖凝胶免疫扩散试验、间接荧光抗体试验、病毒中和试验、重组 P32 蛋白作为抗原的 ELISA 方法。

（四）病例参考

期临床病例详见图 3-58 至图 3-63 所示。

（五）防治措施

尚无特效治疗方法。主要以预防为主，对症治疗为辅，特别应注意控制继发感染。

饲养管理：羊圈内要经常清扫，定期消毒，通风良好，阳光充足，经常保持干燥。保证羊吃饱喝足。检疫：新引入的羊要隔离 21 天，经观察和检疫后证明完全健康的方可与

图 3-58　口唇及面部疱疹（李呈明提供）

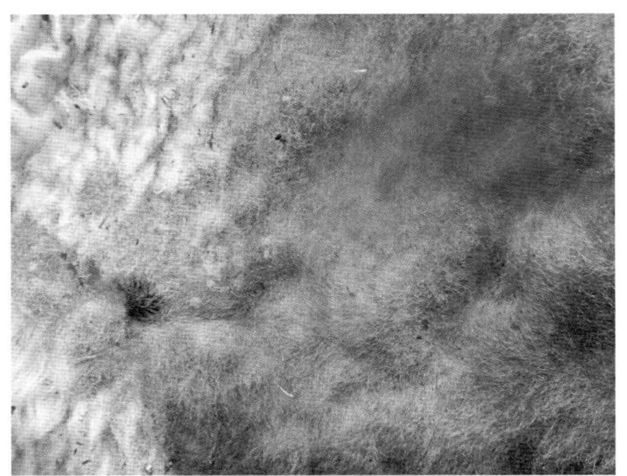

图 3-59　皮肤痘疹（李呈明提供）

图 3-60　皮肤黏膜出现的疱疹状痘疹（李呈明提供）

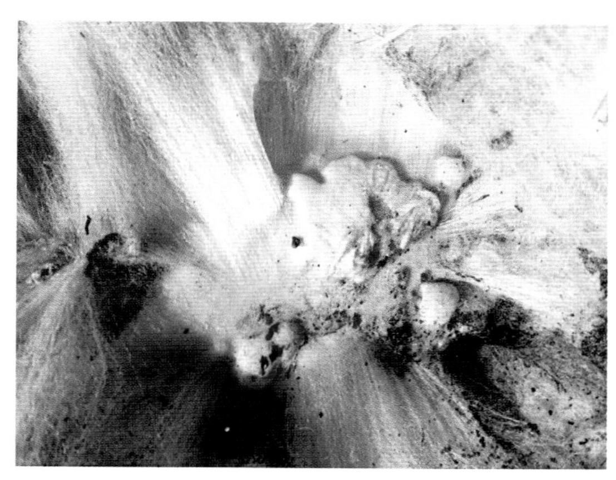

图 3-61　毛丛中的疱疹状痘疹（李呈明提供）

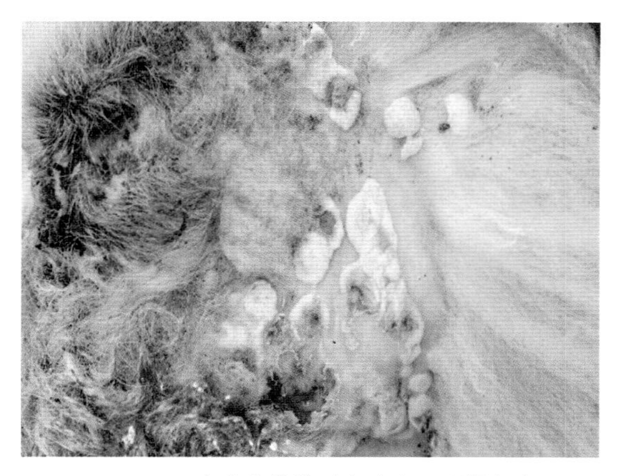

图 3-62　疱疹变化的过程（李呈明提供）

图 3-63　痊愈后患部已结痂（李呈明提供）

原有的羊群混养，不从疫区购羊。

预防接种：羊痘鸡胚化弱毒疫苗：鸡胚苗的特征：它对绵羊的毒力显著地减弱，并且保持了优良的免疫原性。在尾内面或腋下无毛部皮内接种 0.5 mL，接种后第 4 天部分羊就可以产生免疫力，至第 6 天可全部获得坚强免疫力。免疫期可持续 1~1.5 年。羊痘组织细胞苗：对绵羊完全无害，注射动物不扩散该病，因产生免疫力快，可用于紧急接种，已广泛使用，免疫期＞ 1 年。

（青海省畜牧兽医科学院　王光华　马利青供稿）

七、胸膜肺炎（Pleuropneumonia）

（一）羊的非典型性肺炎（Atypical Pneumonia of Sheep and Goats）

1. 临床症状

山羊和绵羊的非典型性肺炎，又被称为羊增生性间质性肺炎，是由绵羊肺炎支原体（*M. ovipneumoniae*）引起的肺炎，在我国常被简称为羊支原体性肺炎。绵羊肺炎支原体可感染所有年龄范围的绵羊和山羊，与性别无关，但3月龄以下羔羊易感，发病率高，但死亡率低，非疫区首次感染死亡率可升高，患病羊可耐过，但增重缓慢，影响生产效率。成年重病羊，多是羔羊期患病而没有治愈的病例。

绵羊肺炎支原体病在临床上主要表现为呼吸道症状。病羊咳嗽、呼吸急促、不爱运动、喘气，流清鼻液。后期因并发感染而流脓性鼻液，食欲减少。羔羊则生长缓慢。体温通常39~40℃。单纯绵羊肺炎支原体感染听诊肺部有轻度啰音，以后则加重，湿性咳嗽，喷嚏，鼻腔有清亮分泌物，5~10周后可导致严重的肺部损伤。

2. 剖检变化

剖检病变局限在肺脏，呈双侧性实变，常常是尖叶先发病，以后蔓延至心叶、中间叶和膈叶前沿。实变区域与健康肺组织界限明显，呈肉红色或暗红色，其余肺区为淡红色或深红色。有并发症者，胸腔器官有不同程度的粘连，并见肺局灶性脓肿、纤维素炎、化脓性心包炎、心外膜粗糙、心肌出血、胸腔积液、气管流出带泡沫的黏液、肺淋巴结肿大等。肺组织切片观察见支气管上皮细胞和肺泡细胞增生，管腔内有脱落的上皮细胞、淋巴细胞及少量中性细胞。血管和小支气管周围有大量淋巴样细胞积累，形成“管套”。肺实变区的肺泡和毛细血管往往形成大面积的融合性病灶。融合区周围轻度水肿，有淋巴细胞和巨噬细胞侵润，血管充盈。

3. 诊断要点

根据临床症状如病羊咳嗽、呼吸急促、喘气、流清鼻液等并结合病史进行初步诊断，但常需要进行剖检以与绵羊溶血性曼氏杆菌病进行区别，山羊还应与山羊传染性胸膜肺炎进行区别。该病发病羊剖检典型病变是肺脏实质病变，常常是尖叶先发病，以后蔓延至心叶、中间叶和膈叶前沿，实变区域与健康肺组织界限明显，呈肉红色或暗红色。若有其他细菌并发症者，还可见胸腔内肺与胸壁粘连，肺局灶性脓肿、纤维素炎、化脓性心包炎、心外膜粗糙、心肌出血、胸腔积液、气管流出带泡沫的黏液、肺淋巴结肿大。

4. 病例参考

其临床病例详见图3-64至图3-70。

图 3-64　自然感染山羊鼻腔白色分泌物（逯忠新提供）

图 3-65　人工感染山羊鼻腔非脓性分泌物（逯忠新提供）

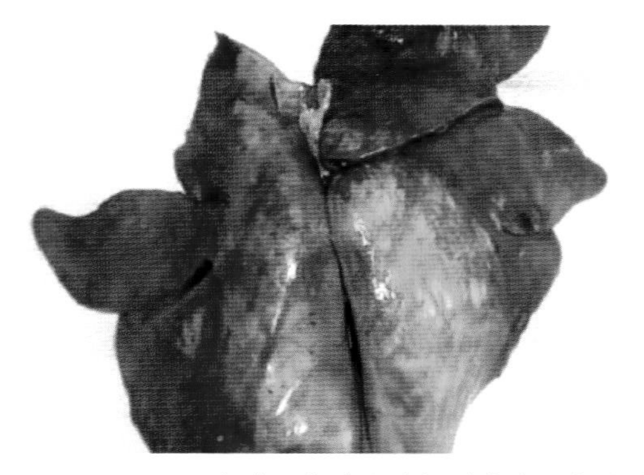

图 3-66　尖叶、心叶和中间叶实变，与非病变区界限明显（逯忠新提供）

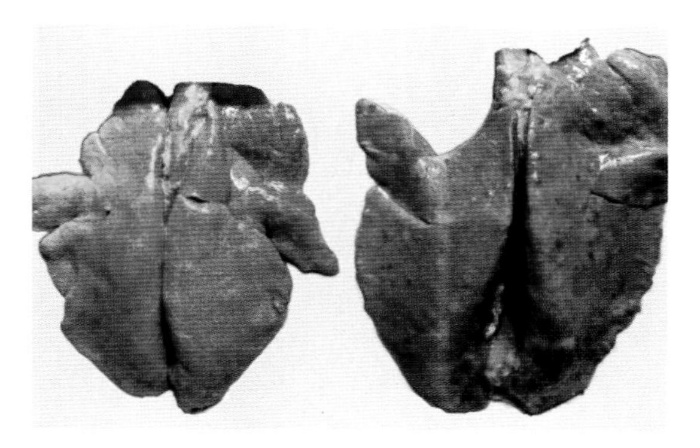

图 3-67　左为正常肺，右肺肿大、表面不光滑有局灶性脓肿（逯忠新提供）

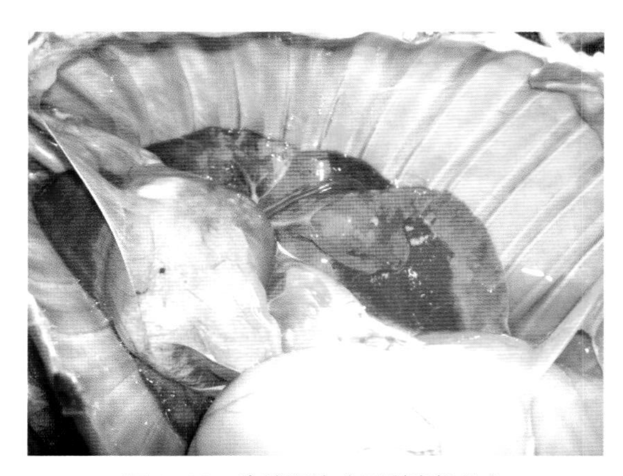

图 3-68　胸腔积液（马利青提供）

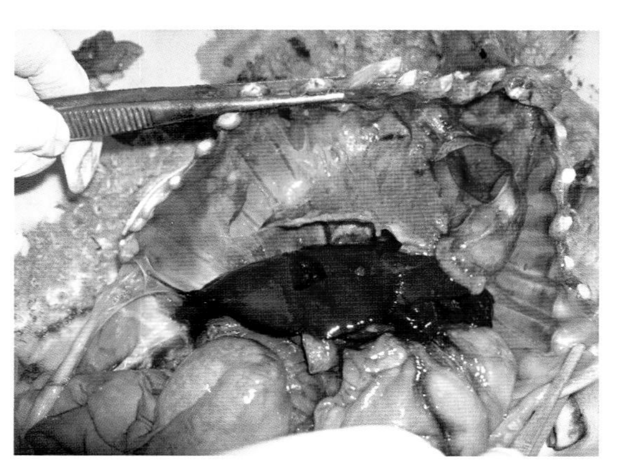

图 3-69　胸腔粘连（逯忠新提供）

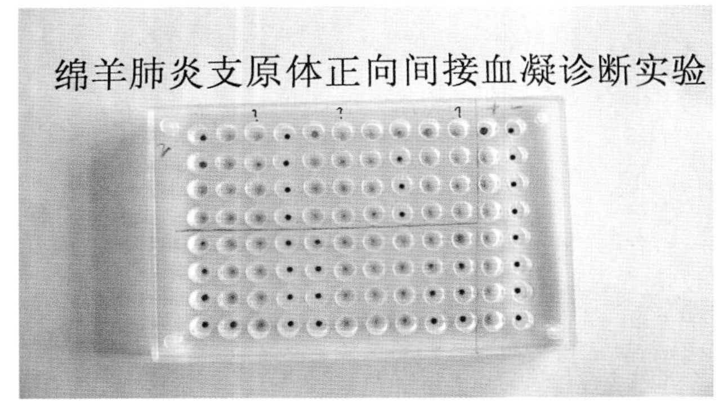

图 3-70　绵羊肺炎支原体间接血凝试验（马利青提供）

5. 防控措施

（1）疫苗预防。我国常用的疫苗为绵羊肺炎支原体灭活疫苗，为乳白色乳剂，用于预防由绵羊肺炎支原体引起的绵羊和山羊霉形体性肺炎。颈侧皮下注射，半岁以下羊每只 2 毫升，成年羊每只 3 毫升，在 2~8 ℃，有效期为 1 年，屠宰前 21 天内禁止使用。免疫期 1 年，保护率 75%~100%。

（2）药物治疗。绵羊肺炎支原体对环丙沙星、单诺沙星、替米考星、泰妙菌素、氧氟沙星和氟苯尼考最为敏感，对泰乐菌素和林可霉素较敏感，而卡那霉素、土霉素、复方制菌磺和四环素为低敏药物，红霉素则无效。喹诺酮类药物和氟苯尼考是防治绵羊肺炎支原体感染的首选药物。

（中国农业科学院兰州兽医研究所　逯忠新　储云峰供稿）

（二）山羊接触传染性胸膜肺炎（Contagious caprine pleuropneum-onia，CCPP）

1. 临床症状

山羊接触传染性胸膜肺炎（CCPP）是由山羊支原体山羊肺炎亚种引起的一种山羊的接触传染性疾病。该病病原体与另外三种支原体关系十分密切；丝状支原体丝状亚种（*M. mycoides subsp. Mycoides*），丝状支原体山羊亚种（*M. mycoides subsp. Capri*）和山羊支原体山羊亚种（*M. capricolum subsp Capricolum*）。但不像真正的 CCPP 病变仅限于胸腔，后三种支原体引起的疾病通常伴随有其他的器官损伤和除胸腔外身体其他部分的病变。

CCPP 的典型病例的特征是极度高热（41~43℃），感染羊群发病率和死亡率都很高，没有年龄和性别差异，而且怀孕的羊容易流产。在高热 2 天后，呼吸症状变的明显：呼吸加速，显得痛苦，有的情况下还发出呼噜声，持续性的剧烈咳嗽，口鼻流出非脓性鼻液。

在最后阶段山羊不能运动，两只前脚分开站立，脖子僵硬前伸，有时候嘴里不断地流出涎液。但临床也常见不表现明显临床症状的慢些感染病例，病羊消瘦、精神沉郁和采食量下降，生长阻滞。

2. 剖检变化

急性期病变为肺和胸膜发生浆液性和纤维素性炎症，肺脏发生严重的浸润和明显的肝变，病肺实变，质硬而没有弹性，部分严重病例肺被一层渗出物包裹。肺小叶出现各期肝变、多色，呈大理石样。肺膜增厚，有的与胸壁粘连，胸腔积有数量不等的淡黄色胸水。慢性病例的肺肝变组织中常有深褐色坏死灶，肺膜结缔组织增生，常有纤维素性附着物使肺与胸壁粘连。部分急性病例的肺脏出血，有出血点或区域性出血。

3. 诊断要点

山羊接触传染性胸膜肺炎临床表现比较复杂，须与其他具有相似临床症状的疾病区分开来。例如，小反刍兽疫，绵羊也同样易感，巴氏杆菌病可引起大范围肺损伤、肺肿大；其他支原体如丝状支原体感染还伴有有乳腺炎、关节炎、角膜炎和败血病综合征等。对于易感山羊群来说，不分年龄与性别，由 Mccp 引起的疾病主要只表现呼吸道症状，不累及其他脏器，肺的组织病理特征为纤维素性渗出和肝样变，但对绵羊和牛群则无影响。与多种病原混合感染出现复杂的临床症状时，需通过实验室诊断技术进行确诊，实验室病原学诊断主要是进行病原分离和 PCR 特异性检测，血清学诊断可用间接血凝方法和免疫胶体金试纸条进行快速诊断。

间接血凝诊断试验详见图 3–71 所示。

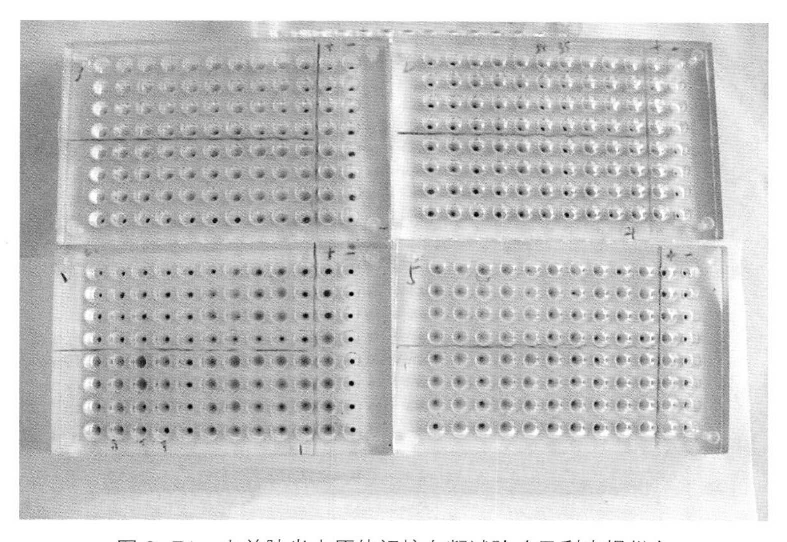

图 3–71 山羊肺炎支原体间接血凝试验（马利青提供）

4. 病例参考

其临床病例详见图 3–72 至图 3–77。

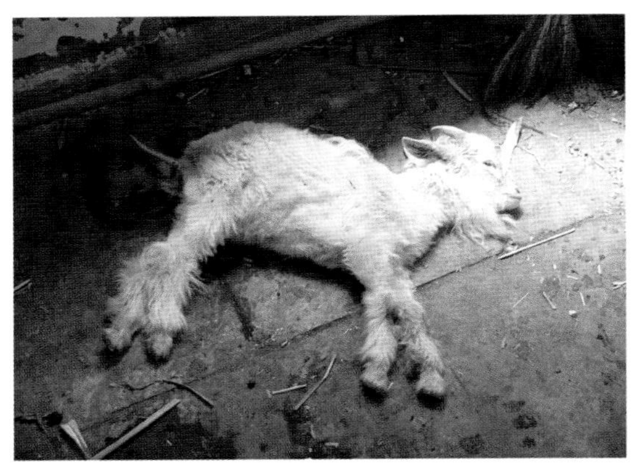
图 3-72　病死羊，脖子伸直（逯忠新提供）

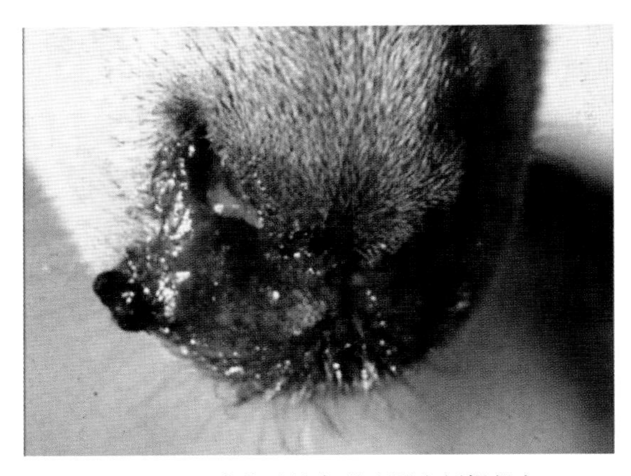
图 3-73　流非脓性鼻涕（逯忠新提供）

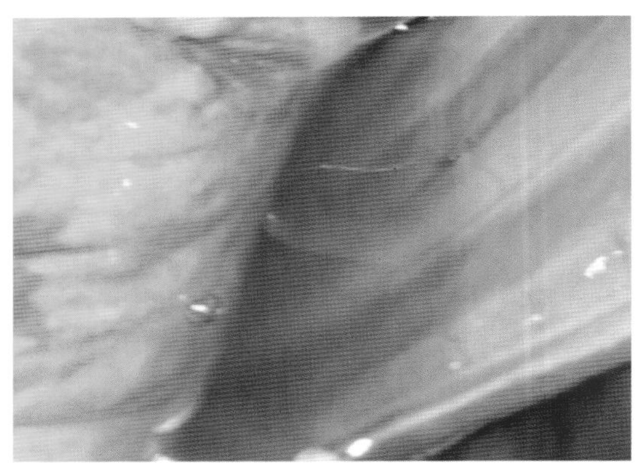
图 3-74　胸腔积液（逯忠新提供）

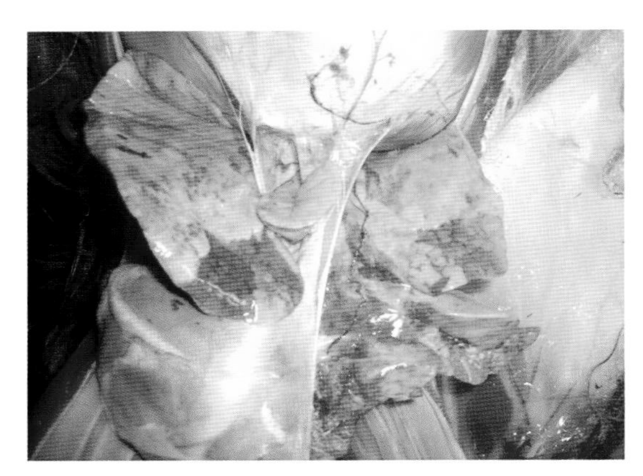
图 3-75　肺脏出血点和区域性出血（逯忠新提供）

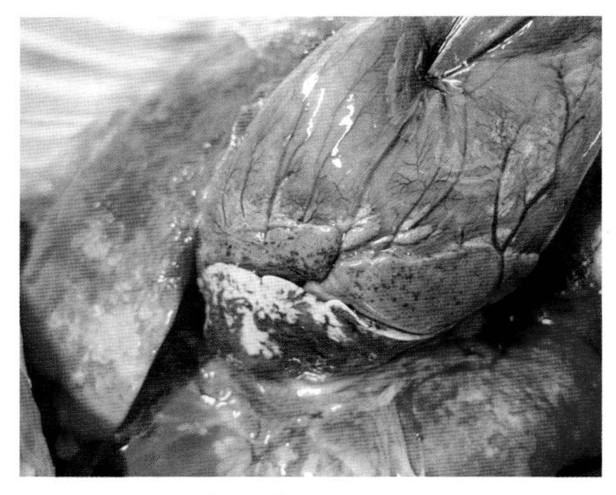
图 3-76　肺脏心耳有出血斑点（逯忠新提供）

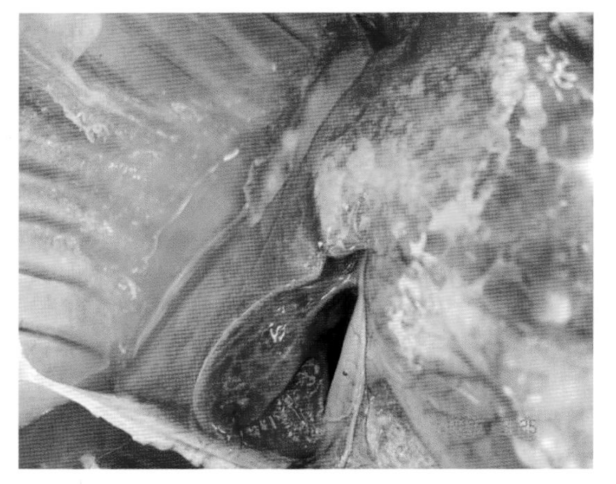
图 3-77　肺脏肝样变（马利青提供）

5. 防控措施

（1）疫苗预防。疫苗接种是最有效的方法，目前国外只有埃塞俄比亚生产一种皂苷灭活疫苗，在非洲部分地区应用，但无临床效力评估数据。中国农业科学院兰州兽医研究所从2009年成功研制一种山羊传染性胸膜肺炎灭活疫苗（M1601株），经过临床试验和试剂应用评估，该疫苗免疫效果好，无副作用，能有效预防该病的发生，免疫持续期6个月以上。

（2）药物治疗。替米考星、支原净等具有较好的临床应用效果，大环内酯类抗生素如红霉素，四环素类如四环素、土霉素，氟苯尼考等也具有一定的效果，但药物治疗不能根除病原体的存在。应通过隔离病羊、消毒、疫苗和药物联合应用等综合防治措施防控该病的发生。

（中国农业科学院兰州兽医研究所　逯忠新　储云峰供稿）

八、羊脓疱性皮炎（Contagious pustular dermatitis）

脓疱性皮炎，俗称“羊口疮”，是羊的一种急性传染病。主要侵害羔羊口腔，以形成丘疹、水泡和脓疱，破裂后形成棕红色痂块为特征。这种病变还可以发生于蹄部和生殖器官。该病存在于世界所有养羊国家，尤其以澳大利亚、美国、英国和新西兰最为严重。我国的青海、甘肃、新疆、西藏、内蒙古、宁夏、陕西、四川和黑龙江等省区*也有发生。

（一）病　原

脓疱性皮炎病毒属于痘病毒科、副痘病毒属。主要存在于疱疹内容物和痂块中。我国学者电镜测得大小为200~300nm×150~200nm，椭圆形，呈编制螺纹结构，病毒粒子在细胞浆内增殖，并能形成包涵体。可用羊的胚胎皮肤细胞或犊牛睾丸细胞培养病毒。该病毒对干燥的抵抗力特别强，干燥的痂块在野外可保持毒力达数月，但太阳光线能于几周内使之灭能。60℃ 30min、10%石灰乳30min、3%氢氧化钠120min能使病毒灭活。

（二）流行病学

自然感染常见于山羊羔和绵羊羔，以1~2月龄的居多，无明显季节性。人也可以感染，是一种饲养羊的职业病，常在手指间或脸部发生丘疹水泡，愈后无疤痕。病羊和带毒羊是传染源。直接接触或间接接触时经皮肤或黏膜的损伤传染。羔羊采食干硬的麦草、芒刺致口腔黏膜受伤造成感染。该病的传染性很强，发病率高达100%，致死率一般约为1%。当继发肺炎和肠炎时可引起大批羔羊死亡。如发生在断乳期，羔羊因采食困难而急剧消瘦，抵抗力下降，往往继发肺炎或肠炎，此时致死率可达10%~80%。

---

* 新疆、西藏、内蒙古、宁夏为各自治区简称。全书同

（三）症　状

潜伏期为 3~8 天。经过 5 个过程：红斑—丘疹—水泡—脓疱—结痂。一般呈良性经过，病程 20 天左右。因发病部位不同，可分为口腔型、蹄型和生殖器型，有时两种类型联合发生。

1. 口腔型

在齿龈黏膜、嘴唇、特别是口角出现散在的小红斑，随后在红斑中出现一针尖大小的丘疹，丘疹变成高粱粒般大时成为水泡，一两天后变成脓疱。不就脓疱脓疱破溃，破损处被一层棕红色的厚痂（增生性桑葚状）所覆盖，于两星期后脱痂，形成新的皮肤而不留疤痕。

2. 蹄型

蹄型可能单独发生，也可能与口腔型同时发生，在蹄冠缘系部和蹄间隙出现类似的变化。

3. 生殖器型

主要在乳房上发生脓疮、烂斑和痂块，此外在阴唇、包皮以及大腿内侧也可能出现病灶。

（四）诊　断

一般根据口角周围有增生性桑葚状痂块的特殊病灶作出诊断，确诊可在实验室对病毒进行分离或分子生物学检测。进行临床诊断时应与羊痘、口蹄疫鉴别。

1. 羊痘

羊痘的痘疹多为全身性，病羊体温升高，全身反应严重。痘疹结节呈圆形，突出于皮肤表面，前胃或第四胃黏膜上往往有结节或溃疡。

2. 口蹄疫

绵羊口腔病变比较少见，偶尔在舌和齿龈上发生水泡，山羊口腔病变较为多见，呈弥漫性口膜炎，水泡发生于硬腭与舌面，死于心肌炎的羔羊具有“虎斑心”的特殊病变。

（五）预防和治疗

该病主要是直接接触传染，新买进的羊只应当隔离 4~6 周，接种过的羊只也应与其他羊只分隔，此外还应避免外伤的发生。进行紧急预防接种是一种有效的应急预防措施，一般在股内侧和耳部用脓疱性皮炎病毒划痕感染可获得免疫力。有条件的地方可用牛睾丸细胞培养的初代病毒预防接种，可以减少该病造成的损失。

其临床病例详见图 3-78 至图 3-81。

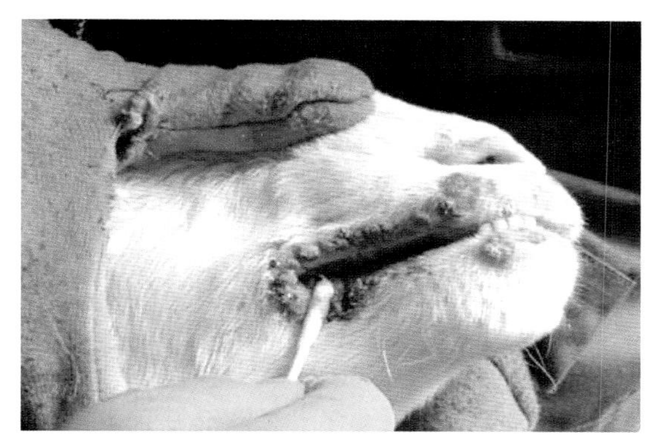

图 3-78　成年羊的羊口疮（马利青提供）

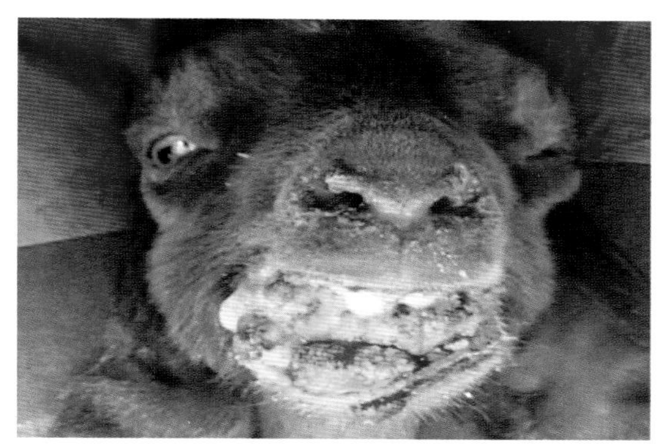

图 3-79　幼年羊的羊口疮（马利青提供）

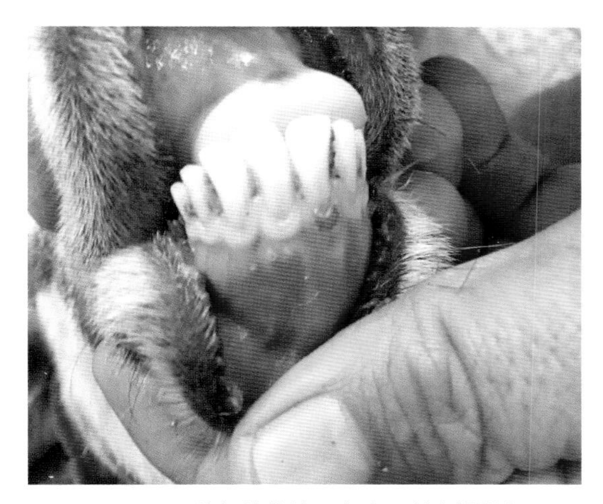

图 3-80　幼年羊的羊口疮（马利青提供）

图 3-81　伴有蹄部病变（马利青提供）

九、肉毒梭菌中毒症（肉毒杆菌病）（Botulism，Botulismus）

该病又称腐肉中毒（*Carrion poisoning*），是由肉毒梭菌所产生的毒素引起的一种中毒性疾病。其特征是唇、舌、咽喉等发生麻痹。当动物摄入肉毒杆菌的芽胞后，可在消化道中繁殖，产生毒素，被机体吸收后即引起全身麻痹，瘫痪。

1897 年比利时 Van Ermengen 氏首先从腊肠中分离出肉毒杆菌，以后被认为是 B 型。1904 年德国 Landmann 氏从沙拉罐头中分离出一株肉毒杆菌，以后确定为 A 型。1922 年 Bengtson 从绿蝇幼虫中分离出 C 型（Cα）。1922 年 Seddon 氏从澳大利亚瘫痪病死牛体中分离出与 Bengtson 氏分离菌类似的肉毒杆菌为 Cβ 型。1927 年，Theiler 等从非洲牛软腰病（Lamsiekte）死牛中分离出 D 型肉毒杆菌。1936 年 Kushnir 和 Bier 氏在俄罗斯的亚速海的鱼中毒例中分离到 E 型肉毒杆菌。1958 年 Moeller 氏和 Scheibel 氏从人中毒中分离到 F 型肉毒杆菌。1970 年 Gimenez 和 Ciccarelli 氏从阿根廷的玉米地中分离出 G 型肉毒杆菌。

（一）病　原

肉毒杆菌也叫肉毒梭状芽胞杆菌（*Clostridium Botulinum*）是革兰氏阳性大杆菌，长4~10 μm，宽 0.6~1.5 μm，C、D 型幼龄培养物为长丝状到短链状，24 小时为单个存在的菌体，48 小时则大部分形成芽胞体，芽胞椭圆略大于菌体，位于菌体偏端，幼龄细菌有周身鞭毛，常规染色所见为稀疏的鞭毛束，电子显微镜下可见鞭毛束，是由多数纤细的鞭毛构成的。

严格厌气。C、D 型在普通培养基上不生长或生长不良。在加有新鲜生肝块的肉肝胃酶消化汤中生长良好，产生气体，有特殊臭味，在新制鲜血平板上生长极为缓慢，培养 7 天可见细小无色、半透明边缘不规则菌落形成，并有溶血环。在 VF 胱氨酸鲜血平板上生长良好。一般 48~72 小时即可生长，菌落 2~8 mm 灰白，边缘不整齐，有溶血环。平板上的细菌能形成芽胞。陈旧的培养基不易生长。C 型能发酵葡萄糖、麦芽糖、杨苷、糊精。

产毒素情况：A、B 型可达 100 万 MLD/mL（小白鼠静注）、C 型 20 万 MLD/mL，D 型 200 万 MLD/mL，E 型不活化 5 万 MLD/mL，F 型 20 MLD/mL，G 型 10 万 MLD/mL。

（二）流行病学

肉毒杆菌的型别与敏感动物及地理分布有一定关系。A 型分布在美洲东部和欧洲，E 型分布美国、加拿大、日本、北欧、俄罗斯。C 型在美国、加拿大引起野禽死亡，C、D 型在美国、南非、澳洲引起牛羊死亡。

我国 A 型较多，以新疆豆制品中毒最多，青海已分离出 A、B、C、D、E 五个类型。中原土壤 B 型较多见。C 型在青海、甘肃、内蒙古、西藏引起牛羊肉毒杆菌病发病及死亡均较多。同时，D 型报道仅二例，一例是东海海泥中分得，一例是从青海绵羊中分得。

最敏感的动物是牛，其次是羊，少数骆驼也发生，此外水貂也发生 C 型肉毒中毒。不分品种、性别、年龄，均易感。秋季发病最多，春夏次之，冬季少发。

牛羊发病的诱因与国外情况相同，都是由于牛羊普遍存在营养缺乏，特别是缺磷和蛋白质，而造成异食癖的发展，寻找尸体，腐肉、尸骨，贪婪地吞食，这些尸体往往是肉毒杆菌中毒，带有大量的芽胞，因而扩大了染病区域。呈地方性流行病。

（三）症　状

病畜体温不高，或略低于正常体温，病初即食欲废绝，流涎或流鼻涕，卧地不起，四肢无力，禽类叫做软颈病，全身肌肉瘫软，腹壁松弛，内脏下垂，腹肋部凹陷，口唇着地，无力抬头，颈常弯向腹部，咽麻痹，舌外伸，吞咽困难，胃肠蠕动迟缓，反刍停止，便秘，呼吸表浅，脉搏微弱，病期 2~3 天，最长达 20 天。

（四）病 变

尸体剖检时，无特征性眼观变化，有时在肝脏上形成坏死灶（图 3-82）。

图 3-82 在肝脏上形成的坏死灶（马利青提供）

（五）诊 断

毒素检查方法：除了根据特殊的麻痹症状以外，应特别注意毒素检查。因为只有通过肉毒梭菌毒素的实验室检查，才能最后得到确诊。检查的方法步骤如下。

1. 分别采取可疑饲料及病死羊只的胃内容物

然后，各加入 1 倍量的无菌蒸馏水或凉开水，磨碎后放室温中静置 1~2 小时，浸出其中毒素。

2. 取浸出液，用滤纸过滤或进行离心沉淀

将得到的清液分为两份，一份加热至 100℃，经 30 分钟灭活，供对照用；另一份不加热灭活，供毒素试验用。

3. 动物试验与结果判定

如用鸡做试验，分别取上述液体注射于两侧眼睑皮下，一侧供试验用，另一侧供对照，注射量均为 0.1~0.2 毫升。如注射 0.5~2 小时后，试验的眼睑发生麻痹，逐渐闭合，试验鸡也于 10 小时之后死亡，而对照的眼睑仍正常，则证明有毒素。如用小鼠做试验，则以试验液体 0.2~0.5 毫升注射于小鼠皮下或腹腔，用对照液体注射其他小鼠，如试验小鼠于 1~2 天内发生麻痹症状死亡，对照小鼠仍健康，则证明有毒素。豚鼠也可供试验用，取试验液体 1~2 毫升给豚鼠注射或口服，同时取对照液体以同样方法和用量接种其他豚鼠。如前者经 3~4 天出现流涎、腹壁松弛和后肢麻痹等症状，最后死亡，而对照豚鼠仍健康，即可做出诊断。

有些病羊的血液中也有较多的毒素，所以在发病以后，也可用其抗凝血液或血清

0.5~1.0 毫升，注射于小鼠皮下，进行同样试验。

病原分离方法：将可疑病料、食物、饲料等 80℃加热 20 分钟，以杀死非芽胞杂菌。以不同的接种量接种数管加新鲜生肝块的 VF 培养基。37℃培养 24~48 小时，抹片观察有无可疑肉毒杆菌的形态，并离心取上清液 0.2 毫升，给小白鼠静脉注射，观察有无瘫软症状。如有大杆菌及毒素，则再以不同量接种传代。有杂菌时继续加热后再培养。一般含杂菌的病料很难用培养菌落的方法分离，因为多数杂菌首先生长，而肉毒杆菌不易在固体培养基上生长。利用加新鲜生肝块的 VF 厌气培养基可以分离纯肉毒杆菌。其病原的分离详见图 3-83 和图 3-84 所示。其特殊染色后显微镜下的菌体形态详见图 3-85 和图 3-86 所示。

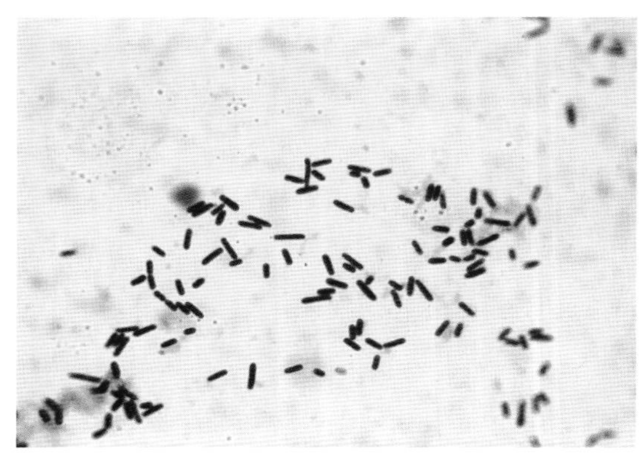
图 3-83　肉毒梭菌 24 小时培养物中的形态（张西云提供）

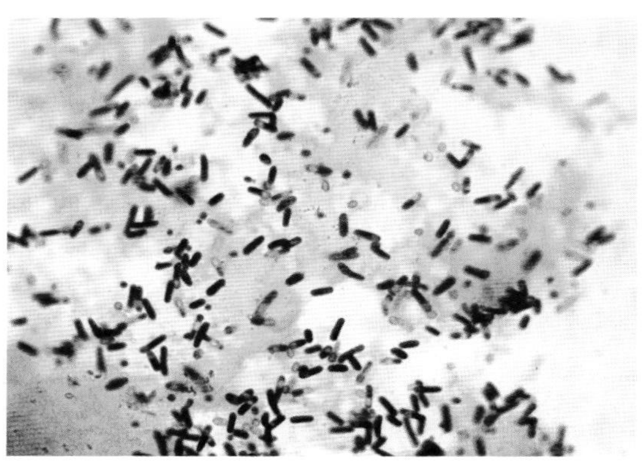
图 3-84　肉毒梭菌 48 小时培养物中的形态（张西云提供）

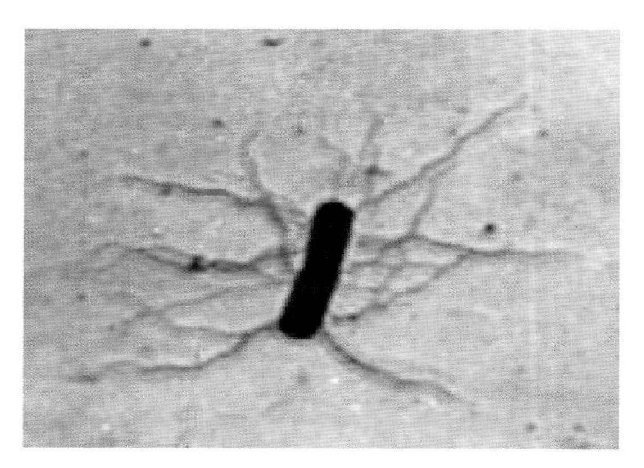
图 3-85　肉毒梭菌周身鞭毛（张生民提供）

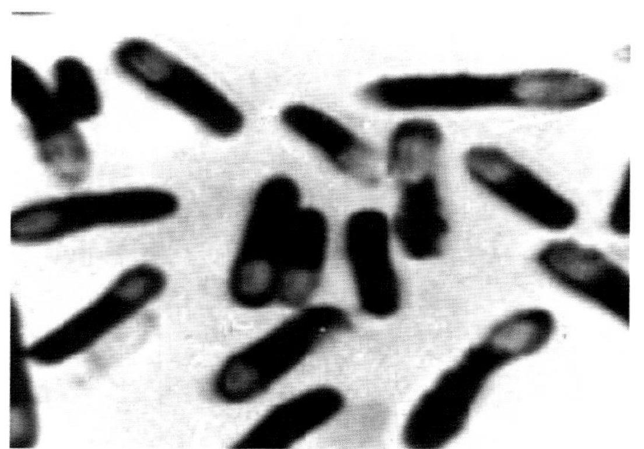
图 3-86　肉毒梭菌偏端芽胞（张生民提供）

（六）预　防

加强计划免疫：在常发病地区，可以进行肉毒梭菌疫苗或类毒素的预防注射，免疫性良好，连续注射 2 年即可预防该病发生。

经常清理草地上的尸体、尸骨，病死动物进行焚烧。

给牛羊补充缺乏的营养素：如磷、蛋白质和盐分，消除异嗜癖。

不用腐败发霉的饲料喂羊，制做青贮饲料时不可混入动物（鼠、兔、鸟类等）尸体。

（七）治　疗

注射大量肉毒梭菌抗毒素，用每毫升含 1 万 IU 的抗毒素血清，静脉或肌肉注射 6 万 ~10 万 IU，可使早期病羊治愈。

采用各种方法帮助排出体内的毒素，例如投服泻剂或皮下注射槟榔素，进行温水灌肠，静脉输液，用胃管灌服普通水。

病的初期，可以静脉注射“九一四”，根据体重大小不同，剂量为 0.3~0.5 克，溶于 10mL 灭菌蒸馏水中应用。

在采用上述方法的同时，还应根据病情变化随时进行对症治疗。

十、溶血梭菌病（细菌性血红蛋白尿症）（Clostridium hemolysis disease）

1926 年美国人 Vawter 和 Records 报道，动物细菌性血红蛋白尿症的病原体是溶血梭菌（*Clostridium hemolyticuum*）。该菌与水肿梭菌（*Clostridum oedematis*）的毒素有密切关系，故 OAkley 和 Warrack 把它称为水肿梭菌 D 型。牛的细菌性血红蛋白尿症分布比较广泛（美国、澳大利亚、新西兰、英国、土耳其、罗马尼亚、古巴），在美国的牛发病地区内可见到绵羊的血红蛋白尿症。细菌性血红蛋白尿症是以黄疸及血尿为特征的疫病，也叫红尿病。

（一）流行情况

红尿病 1926 年发现于美国。此后，澳大利亚、新西兰、英国、土耳其、古巴也有此病。主要引起牛的死亡。在我国该病最早出现于 1969 年，均为零星散发，发病季节为秋末冬初。牛未见发病。该地曾有绵羊肝片吸虫寄生，是羊黑疫常发地区。1971 年张生民等在格尔木乌图美仁地区见到 5 例以血尿和肝坏死为特征的病例。1982 年 6~10 月间，格尔木阿尔顿曲克区阿拉尔大队放牧的 6 群绵羊发生此病，死亡 200 余只，同时该队其他羊群及另外两个大队也有发生，全区共死羊 1 000 余只。2000 年在乌图美仁发病一例，分离出溶血梭菌，此病秋季多发，牛尚未见此病。

（二）病　原

溶血梭菌是该病的病原体，革兰氏阳性大杆菌，有周身鞭毛和偏端芽胞，其形态与生长特性与诺维氏梭菌相同，主要区别是该菌不产生 α 毒素，而产生 β 毒素，毒力较低，人工感染比较困难，需要与氯化钙同时肌肉注射，使局部肌肉坏死，才能使豚鼠发病死亡。

（三）临床症状

该病呈急性经过。病羊精神不振，食欲废绝，反刍停止，呼吸困难。体温升高至41℃左右。皮肤和眼结膜发黄。排出深红色透明尿液。后期昏迷，瘫软无力，卧地不起，多数在 24 小时内死亡。死亡率几乎 100%，治疗困难。剖检肝脏有大片坏死区，从坏死病灶可分离出溶血梭菌。

（四）病理变化

尸僵不全。血液凝固不良。皮下黄染。血液透明度增加。心包液增多。腹水增多，红色透明。肝脏上有大块坏死区，直径多在 10cm 左右，也有更大者。坏死区灰黄色，切面有黑色条纹，质地硬而脆。膀胱中有透明红色尿液。脾不肿大，肾无异常。胃肠道无可视变化。

（五）诊　断

1. 分离培养方法

把死羊各脏器（心、肝、脾、肺、肾）接种于加新鲜无菌生肝块的肉肝胃酶消化汤中，培养 48 小时后镜检，有带芽胞的大杆菌并纯净时保存，有杂菌时即加热 70℃ 30 分钟，取不同量接种数支培养基中进行培养。同时把培养物给豚鼠肌肉注射从局部和肝脏进行培养。

2. 溶血梭菌的特性

（1）培养特性。溶血梭菌均为两端钝圆的大杆菌，液体培养基中生长的细菌，长 4~11 μm，宽 0.6~1.5 μm，单独存在，革兰氏染色阳性。能形成偏端芽胞，芽胞所在处菌体稍膨大，能运动，电镜下观察见周身鞭毛。严格厌气。在一般厌气肉肝汤中不生长或生长不良。在牛肉胃酶消化汤肉汤中生长缓慢，在加有新鲜无菌生肝块（兔）时生长良好，产生气体，有臭味。在胱氨酸鲜血琼脂上厌气培养，一般 3 天后即有菌落生长，菌落呈圆形或不正形，扁平灰白色，边缘不整齐有突起。菌落周围有 2~5mm 的溶血环，菌落大小不一，一般 3 mm 左右。有的菌落弥散生长呈大片状。详见图 3-87 和图 3-88。

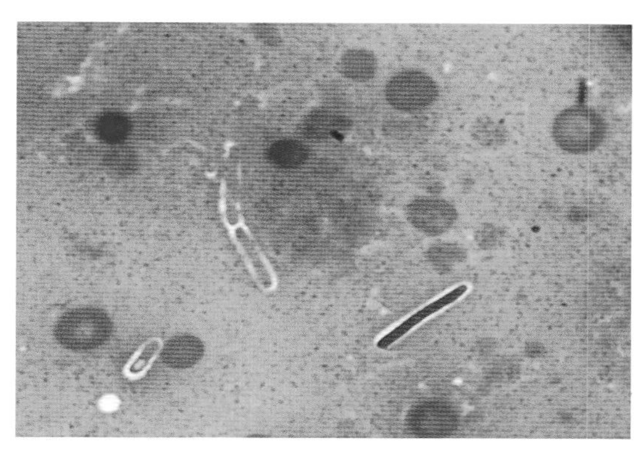

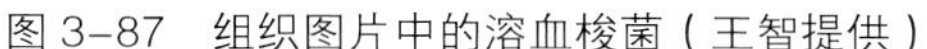

图 3-87　组织图片中的溶血梭菌（王智提供）

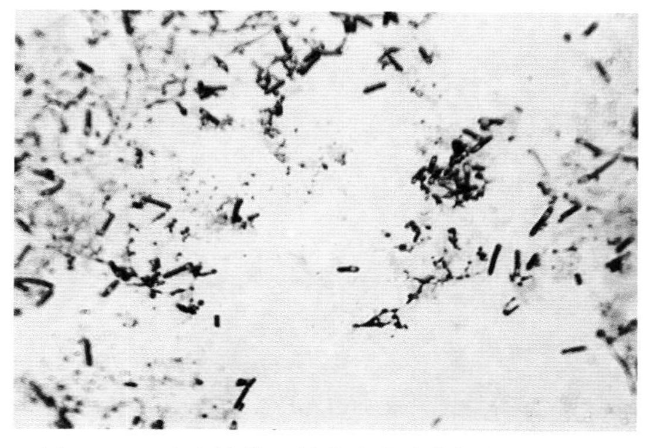

图 3-88　肉毒梭菌及其芽胞（陆艳提供）（马）

（2）生化特性。该菌能发酵葡萄糖、麦芽糖、甘露醇，不发酵乳糖、蔗糖、杨苷、淀粉、糊精，不液化明胶，可凝固牛奶，靛基质试验阳性，可产生硫化氢和卵磷脂酶。

（3）毒力。该菌毒力很弱，一般 0.5~1.0 毫升菌液肌肉注射不能使豚鼠规律性死亡，加等量 5 %$CaCl_2$ 即可致死豚鼠。通过几代后上述剂量可以致死豚鼠。菌种在培养基上传代其形态和毒力极易发生变异。

（4）毒素。溶血梭菌主要特点是产生 B 毒素而不产生 A 毒素。该菌的毒素致死力也很弱，一般 24 小时培养物离心上清液每毫升含 10 个小白鼠最小致死量。小白鼠死后有血尿。毒素不稳定，培养 24 小时以后即逐渐消失。毒素能分解卵黄，溶解绵羊、家兔、小白鼠的红血球，对豚鼠的红血球溶解力差。呈现热冷溶血现象，即 37℃作用 1 小时溶血滴度低，放于 4℃冰箱，数小时后溶血滴度增加。

（六）防　控

细菌性血红蛋白尿症的预防是比较困难的，由于该菌毒力弱而且免疫性低，所以尚无较好的疫苗使用。每 3 个月注射一次菌苗，都不能防止该病的发生。溶血梭菌的类毒素抗原性很差。Claus 氏曾经试用油佐剂菌苗，认为可提高菌体凝集素水平。Lonano 氏用浓缩毒素力加甘氨酸作为保护剂可提高免疫力。Marble 氏认为菌苗效果差的原因是犊牛生后即感染了溶血梭菌，因而失去了对菌苗的敏感性。目前一些国家正在进行该菌苗的研究。

十一、副结核病（Paratuberculosis）

该病又称约翰氏病（*Johne's disease*）为肠道传染病，是一种慢性消耗性疾病。主要发生在成年绵羊，山羊的自然病例非常少。病的主要特征为顽固腹泻，肠道的黏膜增生和形成皱褶性突起。

（一）病原及病的传染

病原为副结核分支杆菌（*Mycobacterium paratuberculosis*）。属分支属（*Mycobacterium*），菌体小；具有抗酸染色特性，与结核杆菌相似。细菌存在于肠黏膜和肠系淋巴结内，随病羊粪便大量排出。一般是随着污染的草料或饮水吞入细菌而受到传染。

（二）症　状

病羊逐渐消瘦，间断性或持续性下痢，体温正常或略高。随着身体的消瘦、衰弱、脱毛、卧地，显出贫血和水肿，多数归于死亡，与寄生虫性胃肠紊乱非常相似。

（三）剖　检

小肠的病变特别明显。小肠黏膜显著肥厚，表面皱褶叠积。皱褶伸向不同的方向，猛看很像脑回的形状。这种特殊变化常见于回肠和盲肠，但也可以向前达到真胃，或向后延至直肠。肠系膜淋巴结坚硬，色苍白、肿大呈索状。

（四）诊　断

当个别绵羊体重减轻，身体消瘦，同时伴有顽固性拉稀时，即有患副结核病的可能。如果真患此病，通常可以由回肠后部的剖检特点，以及由粪便涂片中找到副结核杆菌而得到确诊；最好是用粪便中的黏液块或直肠黏膜的刮取物制作涂片。

受感染的绵羊，通常可用副结核菌素或禽型结核菌素皮内注射法进行诊断。具体方法是用 0.2 毫升注射于颈侧皮内，或尾根皱襞皮内，48 小时后检查结果，凡皮肤局部有弥漫性肿胀、厚度增加 1 倍以上、热而疼痛着，即为阳性。

补体结合试验和酶联免疫吸附试验的诊断效果比副结核菌素更为可靠，阳性病羊的检出率至少可以达到 80%。在实际工作中可同时采用两种方法，能明显提高检出率。

（五）防　治

没有良好的治疗方法，因此必须按照以下方法进行严格预防。

（1）羊副结核病无治疗价值。发病后的治疗措施包括：病羊群用变态反应每年检查 4 次，对出现临床症状或变态反应阳性的病羊及时淘汰；感染严重、经济价值低的一般生产群应立即整群淘汰；对圈舍彻底消毒。常用的消毒剂有漂白粉、火碱、石碳酸等。

（2）将外表健康的母羊及其羊羔放在单独的牧场；对消瘦下痢的羊只进行驱肠胃寄生虫的处理，如果处理无效，应该认为感染了副结核病，立即予以屠宰；这些羊所生的羔羊亦不应进行育肥，施行屠宰，因其已很有可能受到了该病的感染。

（3）当场内牛群患有该病时，应特别注意，以防止由牛传染给羊。

十二、羊大肠杆菌病（Colibacillosis ovium）

大肠杆菌病是由病原性大肠杆菌引起的多种家畜的传染病的总称。常见的有出生仔猪的黄痢、哺乳期的仔猪白痢、断乳前后的猪水肿病、犊牛白痢和绵羊大肠杆菌病等。各种家畜的大肠杆菌病，尤其是出生幼畜，常发生严重腹泻和败血症，从而影响生长及造成死亡，给畜牧业生产带来重大损失。

（一）病　原

大肠埃希氏菌（*Escherichia coli*）是革兰氏阴性、中等大小的杆菌。该菌具有中等程度的抵抗力，常用的消毒剂在数分钟内可将其杀死。

根据O抗原、K抗原和H抗原不同，大肠埃希氏菌可分为不同的血清型。据报道，致家畜大肠杆菌病的病原性大肠杆菌O抗原群有O_1、O_2、O_3、O_6、O_7、O_8、O_9、O_{11}、O_{15}、O_{20}、O_{24}、O_{26}、O_{29}、O_{32}、O_{35}、O_{41}、O_{44}、O_{45}、O_{54}、O_{60}、O_{64}、O_{66}、O_{68}、O_{73}、O_{78}、O_{80}、O_{86}、O_{88}、O_{101}、O_{108}、O_{111}、O_{114}、O_{115}、O_{119}、O_{120}、O_{125}、O_{126}、O_{127}、O_{138}、O_{139}、O_{141}、O_{145}、O_{147}、O_{149}、O_{157}。犊牛和羊大肠杆菌病则以O_{78}群较多。

病原性大肠杆菌的致病性取决于内毒素和肠毒素的作用，小剂量长时间的内毒素作用引起水肿病变，大剂量往往致内毒素休克死亡。肠毒素引起的肠管膨胀，肠壁弛缓、液体积聚而致下痢。而K抗原的附着因子能使细菌附着于小肠黏膜上，防止蠕动和食物的移动而把它带走，所以致病菌能够大量繁殖，为产生肠毒素提供条件，从而增强病原的致病性。

羊大肠杆菌病是成年羊的一种以出血性胃肠炎为特征的急性传染病。是我国广大牧区羊群的常见疾病。

甘肃省及内蒙古的羊大肠杆菌病，是由致病性血清型O_{78}：K_{80}（B）：H-的菌株引起的。该病呈地方性流行，发生于冬春两季。在自然条件下，绵羊和山羊不分年龄和性别均可发病，但以1个月左右的羔羊最易感。该病的发生和流行与天气突变、营养不良、场圈潮湿污秽等有关。

（二）症状与病变

该病几乎都呈急性经过，一般均于24小时内死亡（羔羊仅数小时）。病初体温高到41℃左右，不吃草，反刍停止。呼吸粗厉，心跳加快。随着体温下降，发生腹痛，死前大多数病羊从肛门排出黑色（有的混有血液和气泡）的黏稠粪便，多数无挣扎，静卧而死。其临床病例详见图3-89至图3-91所示。

图 3-89　患大肠杆菌病的患羊（马利青提供）

图 3-90　患大肠杆菌病病死的羔羊（马利青提供）

图 3-91　患羊的粪污染尾巴（马利青提供）

剖检表现败血症和出血性胃肠炎变化：皮肤和筋膜有出血斑点，淋巴结充血出血，肺充血，表面散在出血点，第四胃黏膜肿胀出血，出血性肠炎以盲肠最严重。

（三）诊　断

该病是冬春两季发生的一种急性热性传染病，根据临诊表现和病理剖检可以作出初步诊断。

由于该病的发病季节与羊链球菌病相同，应加以鉴别。羊链球菌病病程稍长，喉头肿大，多流鼻涕而不拉稀，用青霉素治疗可获良效。

药敏试验见图 3-92。

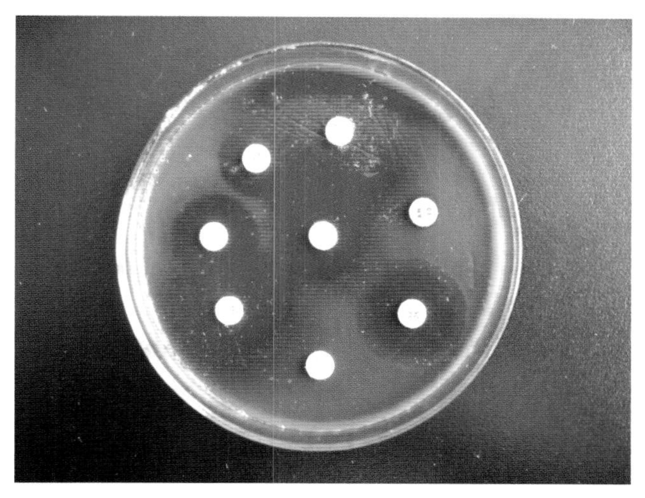

图 3-92　致病性大肠杆菌的药敏试验（陆艳提供）

（四）防　治

紧急预防接种疫苗对该病有明显的作用。成年羊皮下注射 2 毫升，小羊 1 毫升，注射后 14 日产生免疫力可维持半年。

清除羊圈周围的污物，深埋或烧毁死体，防止病羊的粪便、血液等污染环境也很重要。

病羊的治疗可选用庆大霉素、土霉素和四环素。如大羊可用氟苯尼考 0.25~1 克（小羊减半），以温热的葡萄糖生理盐水稀释后静脉注射。同时用氟苯尼考大羊 0.5 克，小羊 0.1 克口服，一般用药一次即可奏效。

十三、炭疽（Anthrax）

炭疽是一种人畜共患的急性传染病，世界各地都有发生，常年可以发病。绵羊比山羊易感，幼畜更易发病。但北非绵羊的抵抗力却特别强。在一定条件下，该病可以呈流行性出现。

（一）病　原

病原体为炭疽杆菌（*Bacillus anthracis*）。菌体大，不能运动。在血液涂片中多为短链，有时单独或成双存在，具有荚膜。在人工培养时，能够形成长链。菌体的游离端钝圆，彼此相接的两端平切，有的稍凹陷，呈竹节状。

该菌繁殖体抵抗力不强，但芽胞的生活力极强，在土壤、污水及羊皮上可以多年不死；在干燥状态下能留存 28~30 年之久。在实践中，常用下列药物进行消毒。20%漂白粉、0.5%过氧乙酸和 10%氢氧化钠作为消毒剂。炭疽杆菌对青霉素、四环素族以及磺胺类药物敏感。

凡低湿地区或常有泛滥的区域，其湿度有利于炭疽杆菌的生存，故土壤有传染性，因此每年放牧时期，羊群常有炭疽病发现。

（二）病的传染

炭疽主要由消化道感染，也可以由呼吸道或皮肤伤口感染。病畜的粪便、内脏、皮毛、骨骼污染土壤、河水、池塘等，都是该病散播的重要原因。飞禽走兽和昆虫常为病的传播媒介。

健康羊只吃了含有炭疽芽胞的牧草和饲料，或者喝了含有芽胞的水，都能受到感染。放牧季节受到传染，是由于土壤内的芽胞被生长的草带上来；尤其是多见于干旱时期，可能是由于牧草生长不好，羊只需要尽量采食，结果不免把草根和土壤同时吃下，以致引起传染。

（三）症　状

根据病程的不同，炭疽可以分为最急性、急性和亚急性 3 种类型。绵羊和山羊患病多为最急性的。

最急性型：往往忽然发现羊尸而不知道死期。如能看到症状，其表现为突然昏迷，行走不稳，磨牙，数分钟即倒毙，很像急性中毒。死前全身打颤，天然孔流血。

急性型：病羊初呈不安状，呼吸困难，行走摇摆，大叫，发高烧，间或身体各部 分发生肿胀。继而鼻孔黏膜发紫，唾液及排泄物呈红色。肛门出血，全身痉挛而死。

亚急性型：其症状与急性型相同，唯表现较为缓和，病程亦较长（2~5 天）。

（四）剖　检

尸体膨胀，尸僵不完全。天然孔有黑红色液体流出。黏膜呈紫红色，常有出血点。有经验者常凭外表观察，即可诊断为炭疽病。由外表可以判断时，即不需解剖，因为一滴血中所含细菌的数量，在适宜情况下可使全群受染，而且解剖以后传染机会更多，解剖人员亦有受传染的可能。如果一定要解剖，必须由有经验的兽医在绝对安全的条件下进行。

剖检所见，一般是结缔组织有胶性浸润和出血，皮下组织有小而圆或大而扁的出血点，表面淋巴结肿胀，切面发红，兼有小点出血，血液呈红黑色漆状，不易凝固。

肺充血而水肿。有时胸腔内有大量血样积水。脾呈急性肿胀，有时很脆弱。肝及肾充血肿胀，质软而脆。在肾有时呈出血性肾炎。心肌松弛，呈灰红色。脑及脑膜充血，脑膜间有扁平的凝血块。肠黏膜肿胀、发红及小点出血。

详见图 3-93 所示。

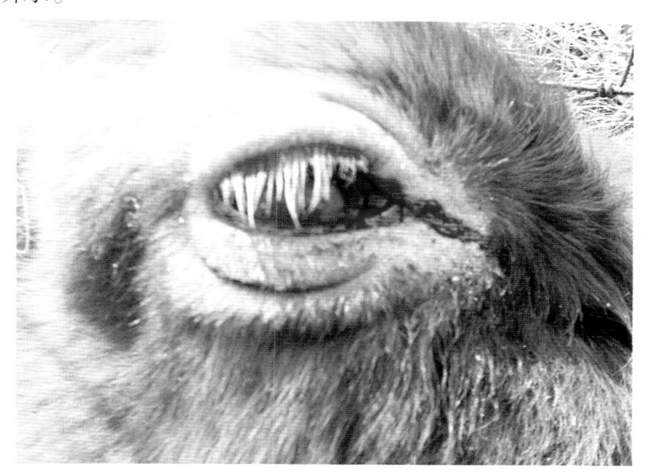

图 3-93 患羊七窍流血（眼部）（马利青提供）

（五）诊 断

除了根据流行病学、症状和剖检特点外，采用细菌检查和沉淀反应的方法，在确诊上具有重要意义。

1. 细菌检查

采取临死前或刚死后羊的耳血管血液少量，涂片，进行荚膜染色，镜检。可见带有荚膜的革兰氏阳性大杆菌，单个或呈短链存在，两菌连接处如竹节状。为了避免扩大传染，采血时要特别小心，不要将血撒在地上。我们曾见一例，解剖羊尸时，完全无肉眼可见之病变，仅由脾脏涂片中发现炭疽杆菌而作出诊断，确定该羊是患最急性炭疽致命的。

2. 沉淀反应诊断

取死羊的血液 5 毫升，或脾、肝约 1 克（局部解剖采取一小块，在研钵中磨成糊状），然后，加入 5~10 倍的生理盐水，煮沸 15~30 分钟，冷却后用滤纸滤过，取透明滤液供检。若为皮张，可剪取不少于 $1cm^2$ 的小块（最好在四肢皮肤各剪去一小块混合在一起），剪碎，加入 10 倍的生理盐水在 8~14℃温度中浸泡 14~40 小时，经滤纸滤过，取透明滤液供检。

将炭疽沉淀素血清加入细玻璃管中，然后用毛细吸管取上述滤液，沿管壁慢慢加在血清的上层，使两者形成接触面，静置切勿摇动。

15 分钟内观察结果，如接触面出现清楚的白色沉淀环（白轮），即可确定为炭疽。

（六）预 防

因为患该病的羊死得很快，不易作到及时医治，故应切实执行“预防为主”的方针，认真做到以下几点。

（1）发现病羊立即隔离，可疑羊也要立刻分出，单独喂养。同时要立即报告当地有关领导机关或畜牧兽医单位。

（2）病死的羊，千万不可剥皮吃肉，必须把尸体和沾有病羊粪、尿、血液的泥土一起烧掉或深埋，上面盖以石灰。搬运尸体时要特别小心，不要把血和尿洒在地上，以免散布细菌。

（3）病羊住过的地方，要立即用20%漂白粉溶液或2%热碱水连续消毒3次（中间间隔1 h），在细菌没有变成芽胞以前就把它杀死。用20%的石灰水刷墙壁，用热碱水浸泡各种用具。病羊的粪便、垫草以及吃剩的草料，都应用火烧掉，不能用来作肥料。

（4）病的来源应该及早断定，如由饲料传染，应即设法调换，危险场地应停止放牧。

（5）进行免疫注射

① 被动免疫：羊群中若已发生炭疽，应给全群羊只注射抗炭疽血清，用量多少应按照瓶签说明。此种免疫法的有效期很短，只能保持1月左右。

② 主动免疫：用无毒炭疽芽胞苗作皮下注射，用量为0.5毫升，但山羊不适用。最好皮下注射炭疽二号苗，可用于山羊和绵羊。用量1毫升。不管是哪种疫苗，1岁以内的羊不注射。在发生炭疽的地区，应把主动免疫视作预防工作中的第一道防线，每年必须定期注射。

（6）管理病羊和收拾病羊尸体的人，要特别小心，从各方面加强个人防护，以免受到感染。

（七）治　疗

（1）应用抗生素青霉素、土霉素、氟苯尼考、链霉素和金霉素都有疗效。最常用的是青霉素，第一次用160万IU，以后每隔4~6小时用80万IU，肌肉内注射；也可以用大剂量青霉素作静脉注射，每日2次，体温下降再继续注射2~3天。

（2）内服或注射磺胺类药物效果与青霉素差不多。每日用量按每千克体重0.1~0.2g/kg体重计算，分3~4次灌服，或分2次肌内注射。

（3）皮下或静脉注射抗炭疽血清。每次用量为50~120毫升。经12小时体温如不下降，可再注射1次。

（4）对皮肤炭疽痈，可在周围皮下注射普鲁卡因青霉素。

十四、绵羊巴氏杆菌病（Ovine pasteurellosis）

绵羊巴氏杆菌病的发生多限于羔羊，吸奶期间更容易感染。其特征为呼吸道黏膜和内脏器官发生出血性炎症，故又称为绵羊出血性败血病。又因其发病多少与船运情况成正比，故以往常称为船运热（*shipping fever*）。

（一）病原和病的传染

病原为多杀性巴氏杆菌（*Pasteurella multocida*）或溶血性巴氏杆菌（*P. hemolytica*）。此菌经常存在于健康羊的呼吸道内，当羊的抵抗力减弱时，即呈现致病作用，引起发病。降低羊抵抗力的因素有以下几种。

（1）感冒。在剪毛以后遇到气候骤变，天气寒冷或长久湿冷时（如牧地低湿或连阴雨）。

（2）营养不良。因饲料品质不良，或经火车、轮船、拖车等的长途转运中，饲料或饮水不足，或者饲养不规律。

（3）羊群在热天移动，或羔羊向丰盛牧场转移。

（4）患有其他疾病。如患内寄生虫病及呼吸道卡他等。

（5）服用驱虫药之后。病的天然传染是通过消化道，病羊的排泄物及分泌物中都有细菌存在，因而都可成为传播媒介。

（二）症 状

最急性：病羊无特殊症状，常突然死亡。

急性：体温增高至41℃以上，食欲减退；精神委顿，腹痛，肌肉震颤，呼吸困难；有蛋白尿。

亚急性：病期为1~3周。病羊衰弱，咳嗽，体温增高，消化紊乱。眼、鼻初流黏性液体，以后变为脓性。除此以外，尚有急性肺炎、胸膜肺炎或肠炎症状。若有肠炎，排泄物初为绿色，渐呈深红色，恶臭。唇黏膜发生溃疡，间有龋齿。病羊消瘦，不久即死亡。

慢性：病羊咳嗽频繁，喘气；眼、鼻有脓性黏液流出，渐变消瘦。腕关节及肘关节肿胀，蹄子有脓性炎症，故常有跛行症状。病羊食欲减少或完全消失，体重显著减轻。

（三）剖 检

最急性：黏膜、浆膜及内脏出血，脾稍肿大，淋巴结急性肿胀。

急性：身体前部皮下结缔组织有出血及胶性浸润。肺淤血，小点状出血和肝变，偶见有黄豆至胡桃大的化脓灶。肠胃黏膜发炎红肿，淋巴结肿大，切面呈湿润的红色。浆膜及肾淋巴结常有小点出血。有时肺有深棕红色肺炎区，肺小叶间结缔组织有浆性浸润。脾正常。心脏有淤血斑。

亚急性：支气管肺炎常限于肺之前部。胸膜或心包上常有纤维蛋白性假膜，胸腔及腹腔有清完或浊黄色液体。气管黏膜发炎红肿，肠道损害不常见。鼻黏膜有红色黏液或纤维蛋白性沉着物。胸腔淋巴结肿胀。

慢性：肺常肝变，呈灰红色，间有许多腐烂点。肺胸膜变厚，且有粘连。有的羊只仅表现极端消瘦和贫血，体内并无损害。详见图3-94和图3-95所示。

图 3–94　患羊肺部大理石样变（马利青提供）

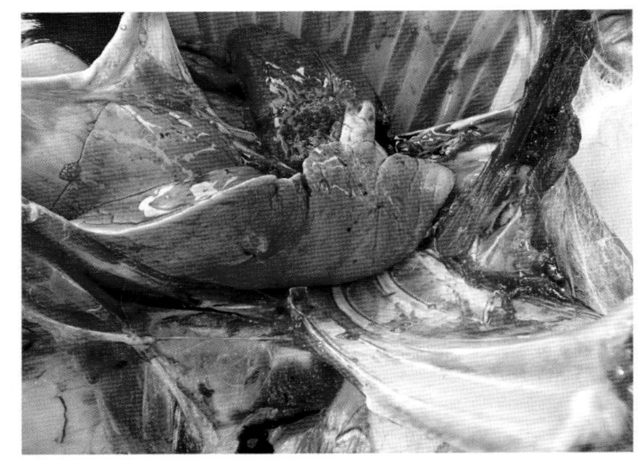

图 3–95　患羊肺部有点状出血（陆艳提供）

（四）诊　断

病灶与其他疾病的出血很相似，如果单纯根据出血来判断，难免造成错误。最好是根据流行病学、特殊症状及剖检特征等来作综合诊断。但最后判定仍须看镜检中有无巴氏杆菌，因此，必要时可采取淋巴结、肝、血液（涂片）及管状骨，送往实验室进行细菌学诊断。详见图 3–96 至图 3–98。

在区别诊断时，应该注意与炭疽、气肿疽和肺炎双球菌败血症相似之处。

（五）预　防

（1）平时作好饲养管理，提高羊的抵抗力；尽量不要到低湿的地方放牧；定期驱除内寄生虫。

（2）常发病地区及受威胁的地区，应定期注射出血性败血病菌苗。

图 3–96　在鲜血培养基上有典型的溶血（马利青提供）

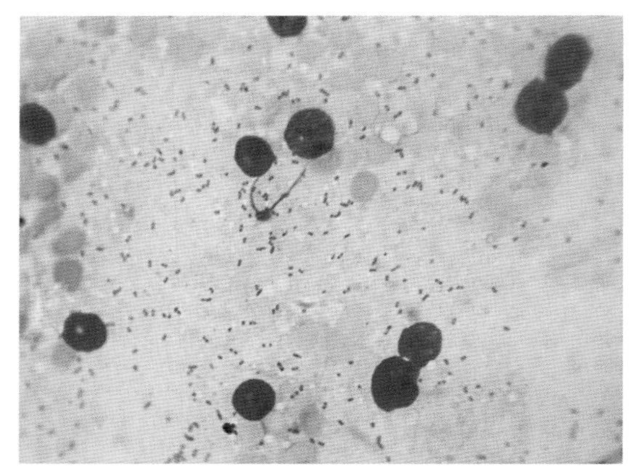

图 3–97　在组织图片中的两极浓染的巴氏杆菌（陆艳提供）

图 3-98　在组织中的巴氏杆菌（陆艳提供）

（3）在向外起运羊只的前 2 周注射出败疫苗。若要急运，可以注射抗出血性败血病血清。在运输途中要避免拥挤，饲养管理应尽量规律。

（4）一旦发病，应立即隔离病羊及可疑病羊，对健羊仔细观察和测温，必要时用血清做紧急接种，2 周之后再注射疫苗。对圈舍、用具等用 10% 漂白粉、20% 石灰水进行消毒。

（六）治　疗

（1）摄生疗法。将病畜隔离于清洁、温暖而通气良好的圈舍，给予大量清水及少量干草，干草中加入少量谷粒及麸皮，保持轻泻作用。不要喂给大量精料。

（2）药物治疗。青霉素、链霉素、土霉素及磺胺噻唑钠均有疗效，除了腹泻血水的严重病例以外，青霉素每次 80 万 ~160 万 IU，土霉素和链霉素每次 0.5~1.0 克，肌肉注射，每日 2 次。磺胺噻唑钠是用 20% 溶液作静脉注射，每次 20~30 毫升，每日 2 次，或者每日按 0.1~0.2g/kg 体重，分 4 次内服，直到体温下降，食欲恢复为止。

（3）血清疗法。早期注射牛、猪、绵羊抗出血性败血病三价血清。用后 24 小时如不见病情好转，可重复注射 1 次。

十五、腐蹄病

（一）腐蹄病

该病是羊、牛、猪、马都能够发生的一种传染病，其特征是局部组织发炎、坏死。因为病菌常侵害蹄部，因而称“腐蹄病”。此病在我国各地都有发生，尤其在西北的广大牧区常呈地方性流行，对羊只的发展危害很大。

1. 病原

有关山羊方面的报道，所有腐蹄病的病例都与感染结节梭形杆菌（*Fusiforrnis nodosus*）有关。牧场的湿度与病的分布有很大关系，全世界的干旱地区很少发生。湿度的影响是能使蹄壳的角质软化，便于细菌的进入，结节梭形杆菌可在受染羊的蹄壳上存在多年，这一点在该病的控制上非常重要。

在羊蹄之外的生存不超过 10 天，在土壤中也不能增殖。因此，唯一的长期传染源乃是 患腐蹄病的羊。其次，涉及的病菌还有坏死梭形杆菌（*Fusiformis necrophorus*）和羊肢腐 蚀螺旋体（*Spirochaeta penortha*）；大多数科学家认为，该病是由坏死梭形杆菌与结节梭 菌共同起作用而引起的。

在未经治疗的病例，一些继发性细菌如化脓棒状杆菌，链球菌、葡萄球菌以及大肠杆菌都可以侵入，而引起严重的灾难性的后果，并导致蛆的侵袭。

2. 病的传染

该病常发生于低湿地带，多见于湿雨季节。细菌通过损伤的皮肤侵入机体。羊只长期拥挤，环境潮湿，相互践踏，都容易使蹄部受到损伤，给细菌的侵入造成有利条件。

泥泞、潮湿而排水不良的草场可以成为疾病暴发的因素，但如草场及泥湿环境没有生活达 14 天的微生物，而且蹄子未被潮湿浸软或没有损伤，仅仅泥湿环境不能造成疾病暴发。

腐蹄病是一种急性传染病，如果不及时控制，可以使羊群中 70% 的受到传染，甚至可传染给正在发育的羔羊。

3. 症状

病初轻度跛行，多为一肢患病。随着疾病的发展，跛行变为严重。如果两前肢患病，病羊往往爬行；后肢患病时，常见病肢伸到腹下。进行蹄部检查时，初期见蹄间隙、蹄匣和蹄冠红肿、发热，有疼痛反应，以后溃烂，挤压时有恶臭的脓液流出。更严重的病例，引起蹄部深层组织坏死，蹄匣脱落，病羊常跪下采食。

有时在绵羊羔引起坏死性口炎，可见鼻、唇、舌、口腔甚至眼部发生结节、水泡，以后变成棕色痂块。有时由于脐带消毒不严，可以发生坏死性脐炎。在极少数情况下，可以引起肝炎或阴唇炎。

病程比较缓慢，多数病羊跛行达数十天甚至数月。由于影响采食，病羊逐渐变为消瘦。如不及时治疗，可能因为继发感染而造成死亡。其临床症状详见图 3-99 至图 3-102。

4. 诊断

在常发病地区，一般根据临床症状（发生部位、坏死组织的恶臭味）和流行特点，即可作出诊断。在初发病地区，为了确诊，可由坏死组织与健康组织交界处用消毒小匙刮取材料，制成涂片，用复红 - 美蓝染色法染色，进行镜检。

如从口腔病变取材，可用黏膜覆盖物及唾液直接涂片。若无镜检条件，可以将病料放在试管内，保存在 25%~30% 灭菌的甘油生理盐水中，送往实验室检查。

复红 - 美蓝染色法：

（1）将涂片自然干燥，用 20 % 福尔马林酒精固定 10 min。

图 3-99　趾关节脓肿（马利青提供）

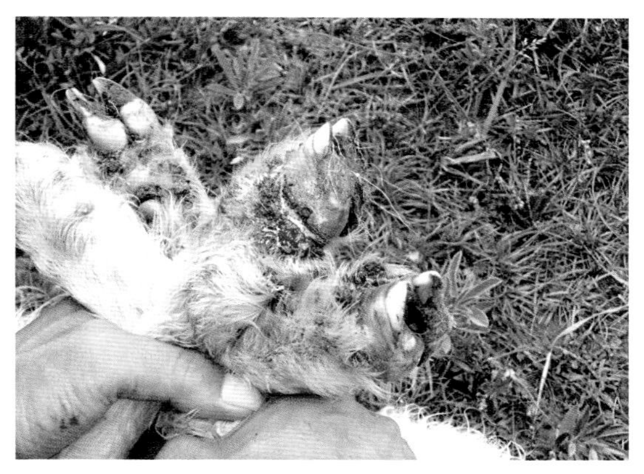

图 3-100　蹄部溃疡（马利青提供）

图 3-101　附关节脓肿（马利青提供）

图 3-102　趾间脓包图（马利青提供）

（2）用复红－蓝溶液染色 30s。复红－美蓝溶液的配制方法为：碱性复红 0.15 克，纯酒精 20.0 毫升，结晶石炭酸 10.0 克，1.2% 美蓝蒸馏水溶液 200.0 毫升，混合均匀，滤过，保存备用。

（3）水洗，镜检（图 3-103 和图 3-104）。

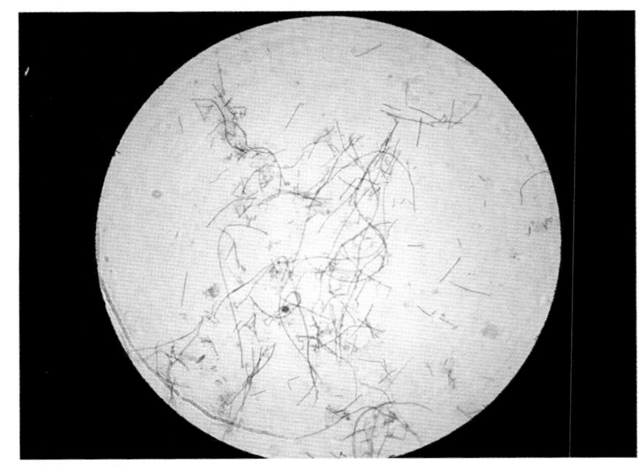

图 3-103　坏死杆菌菌体形态（陆艳提供）

图 3-104　节瘤拟杆菌菌体形态（马利青提供）

5. 预防

（1）消除促进发病的各种因素。

① 加强蹄子护理，经常修蹄，避免用尖硬多荆棘的饲料，及时处理蹄子外伤；

② 注意圈舍卫生，保持清洁干燥，羊群不可过度拥挤；

③ 尽量避免或减少在低洼、潮湿的地区放牧。

（2）当羊群中发现该病时，应及时进行全群检查，将病羊全部隔离开进行治疗。对健康羊全部用 30% 硫酸铜或 10% 福尔马林进行预防性浴蹄。对圈舍要彻底清扫消毒，铲除表层土壤，换成新土。对粪便、坏死组织及污染褥草彻底进行焚烧处理。如果患病羊只较多，应该倒换放牧场和饮水处；选择高燥牧场，改到沙底河道饮水。停止在污染的牧场放牧，至少经过 2 个月以后再利用。药浴现场详见图 3-105 所示。

图 3-105　腐蹄病药浴（扎西塔提供）

（3）注射抗腐蹄病疫苗“Clovax”。最初注射 2 次，间隔 5~6 周。以后每 6 个月注射 1 次。疫苗效果很好，但只有在最好的管理条件下才能达到 100% 的效果。该疫苗亦可用于治疗但其将来的主要作用还是作部分预防措施，最重要的是采取与良好的管理相结合。由于疫苗昂贵，畜主一般只是用于公羊。对死羊或屠宰羊，应先除去坏死组织，然后剥皮，待皮、毛干燥以后方可外运。

6. 治疗

首先进行隔离，保持环境干燥。然后根据疾病发展情况，采取适当治疗措施。

（1）除去患部坏死组织，到出现干净创面时，用食醋、4% 醋酸、1% 高锰酸钾、3% 来苏儿或双氧水冲洗，再用 10% 硫酸铜或 6% 福尔马林进行浴蹄。如为大批发生，可每日用 10 % 龙胆紫或松馏油涂抹患部。

（2）若脓肿部分未破，应切开排脓，然后用 1% 高锰酸钾洗涤，再涂搽浓福尔马林，或撒以高锰酸钾粉。

（3）除去坏死组织后，涂以 10 % 氟苯尼考酒精溶液，也可用青霉素水剂（每毫升生理盐水含 100~200 IU）或油乳剂（每 mL 油含 1 000 IU）局部涂抹。对于严重的病羊，例如，有继发性感染时，在局部用药的同时，应全身用磺胺类药物或抗生素，其中以注射磺胺嘧啶或土霉素效果最好。

（4）在肉芽形成期，可用 1∶10 土霉素、甘油进行治疗；肉芽过度增生时，可涂用 10% 卤碱软膏或撒用卤碱粉。为了防止硬物的刺激，可给病蹄包上绷带。

（5）中药治疗。可选用桃花散或龙骨散撒布患处。

桃花散：陈石灰 500g、大黄 250g。先将大黄放入锅内，加水 1 碗，煮沸 10min，再加入除石灰，搅匀炒干，除去大黄，其余研为细面撒用。有生肌、散血、消肿、定痛之效。

龙骨散：龙骨 30g、枯矾 30g、乳香 24g、乌贼骨 15g，共研为细末撒用，有止痛、去毒、生肌之效。

（二）肝肺坏死杆菌病（Liver-lung necrobacillosis）

该病可发生于各种年龄的绵羊和山羊，特别是 1~4 月龄的羔羊发病较多，死亡率很高。剖检特征为肝脏和肺脏上散布着大量的坏死病灶，是群众俗称“羊烂肝肺病”中的一种。该病引起羊只成批死亡，给养羊业带来的损失很大。

1. 病原

病原为坏死杆菌（*Fusobacteriumn.ecrophrum*），专性厌氧，不形成芽胞，是多形态的革兰氏阴性菌，在组织中生成丝状，产生很强的毒素，易引起凝固性坏死。细菌广泛分布于羊只居住的场所，抵抗力不强，易被一般化学药品杀死。

2. 病的传染

细菌可通过三个途径到达肝脏，进而转移到肺脏和其他器官。

（1）由脐带通过门脉循环侵入肝脏。羔羊可因脐带感染而发病，在肝脏坏死组织抹片上可发现大量坏死杆菌，用肝病变组织接种兔子很容易证实坏死杆菌的存在。我们在 3 日龄死亡羔羊的肝脏上，发现典型的坏死病灶就是一个证明。

（2）为羊口疮的继发感染。陕北羊肝肺坏死杆菌病，大部分是羊传染性脓疱坏死性皮炎（口疮）造成的继发性感染。当羊患口疮时，由唇和口腔损伤处混入唾液中的病毒进入瘤胃，在有损伤的地方，病毒侵入表层细胞，连续产生水疱、小脓疱和溃疡，在固有层引起急性炎症。坏死杆菌为瘤胃中的常在菌，即由此进入黏膜固有层，侵入门静脉到达肝脏。在此产生毒素和杀白细胞素，迅速生长的坏死杆菌能够造成静脉血栓和组织坏死。

（3）是在前胃炎基础上的继发感染。这种情况多发生于肥育期羔羊，由于精料增加过快而引起瘤胃炎 – 肝脓肿综合征（*Rumenitis-liver abscess complex*）。在严重的酸中毒时，前胃中 pH 值达到 3.8~4.3，这个酸度可以引起表皮细胞坏死、起疱和出血，引起固有层发炎，给坏死杆菌造成入侵机会。

3. 症状

羔羊出生后健康状况良好，数天或 1 周内突然不愿吃奶，精神沉郁，不愿走动，并很快死亡。发病死亡最早年龄为生后第 3 天。患病最多的是 4 个月以内的羔羊，成年羊得此病的很少。发病羊群多数患有口疮，具有典型的口疮病变。如有坏死杆菌入侵，病情变得十分复杂。多数表面覆盖一层很厚的灰黄色假膜，下面大面积溃烂，少数舌尖烂掉，门齿脱落。坏死组织不易取下，气味恶臭，病变周围组织肿胀坚硬。病羊口腔多涎，由于疼痛不愿采食，迅速消瘦。一般体温正常，继发感染严重者体温高达 41℃。也有部分病例没有口疮，仅精神委顿，不愿吃奶，行动缓慢或呼吸急促，甚至张口喘气，数日之内发生死亡。其临床症状见图 3-106。

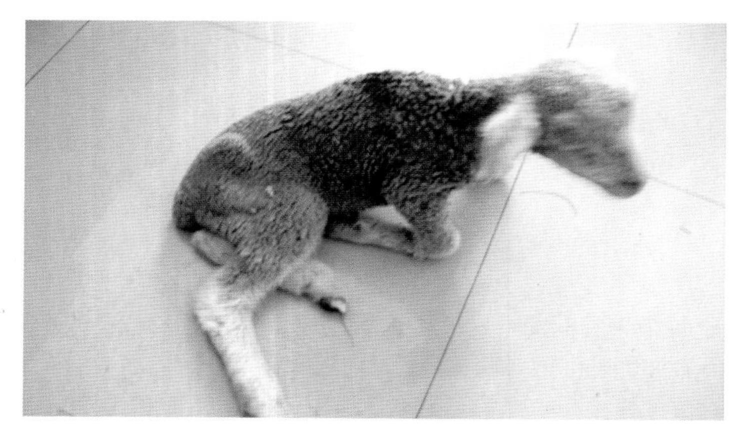
图 3-106　患肝肺坏死杆菌病的羔羊（马利青提供）

4. 剖检

肝脏质地较硬，均匀散布着蚕豆至胡桃大的坏死病灶，颜色灰白，周围有红晕，界限明显。肝脏表面的病变常与腹腔接触的器官发生纤维素性炎症；肺脏变实，有大小不等的白色坏死病灶，有的切面呈脓样或干酪样，有的切面干燥，病变常和胸壁粘连，形成坏死性胸膜炎和心包炎；心脏肌肉散在着米粒大的圆形坏死灶，呈白色；瘤胃常有坏死病灶，分布在食道沟和前腹，其病变似豆腐渣样，周围由高出的上皮包围着；坏死病灶还涉及胸骨、气管及喉头等处。其解剖变化详见图 3-107 和图 3-108。

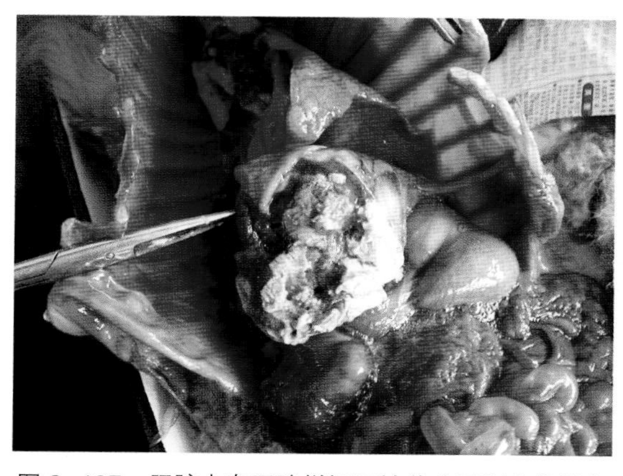
图 3-107　肝脏中有干酪样坏死结节（马利青提供）

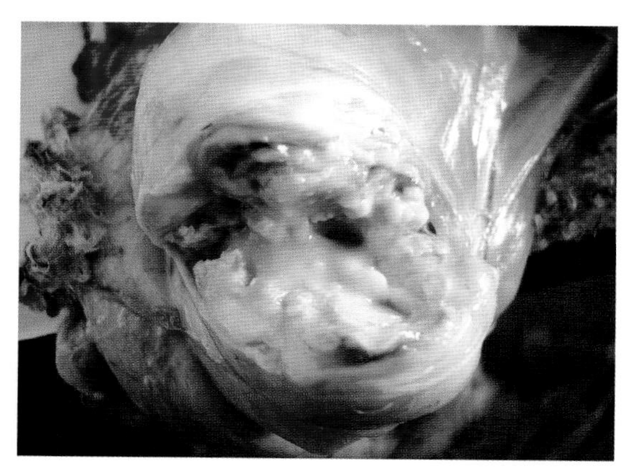
图 3-108　患羊关节腔有脓肿（马利青提供）

5. 诊断

单纯的肝肺坏死杆菌病，由于发病初期症状不很明显，不易作出诊断。根据剖检发现肝肺典型坏死病灶，用病变组织直接涂片，以复红美蓝染色，发现大量淡蓝色、着色不均的长丝状菌，即可作出诊断。必要时可接种兔子，分离细菌进行确诊。其菌落形态和菌体特征详见图 3-109 和图 3-110。

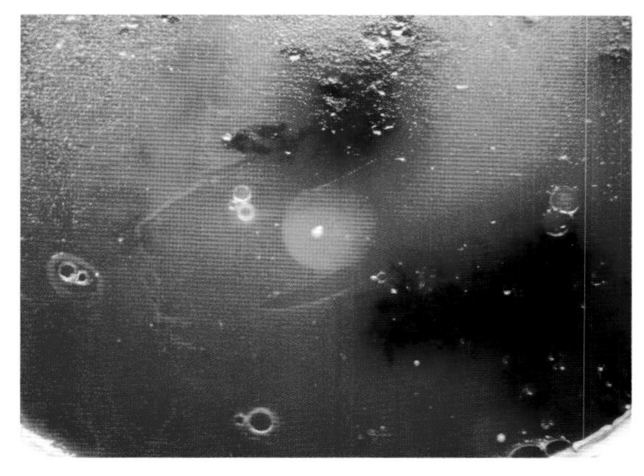

图 3-109　坏死杆菌的菌落形态（马利青提供）

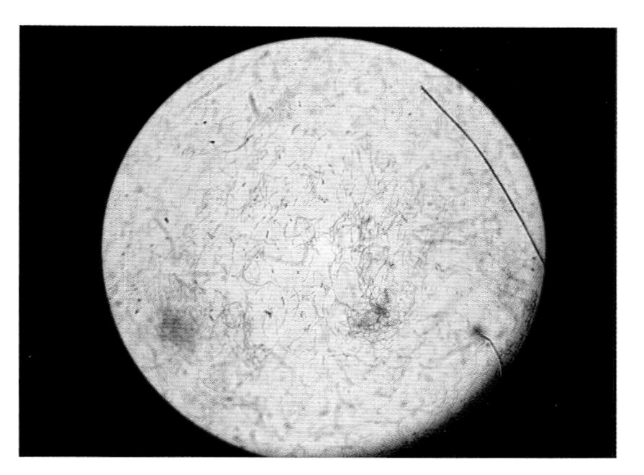

图 3-110　坏死杆菌的菌体形态（马利青提供）

6. 预防

只要严格执行预防措施，肝肺坏死杆菌病是可以防止的。为了预防该病的发生，应该做到以下几点。

（1）在羊只分娩之前，将圈舍打扫干净，进行消毒，垫以清洁新鲜的干草。

（2）羔羊出生后，用碘酊消毒脐带。对群饲羔羊及时接种口疮疫苗。

（3）如果已经发生了口疮，要及时治疗，减少继发感染机会。

陕北发生的羊肝肺坏死杆菌病，多数是口疮的继发感染。只要对患口疮的病羊及时用 5% 碘酊或石炭酸甘油涂搽，就可以预防继发感染。

① 碘酊配方：碘片 5.0 g、碘化钾 10.0 g、75% 酒精 100.0 mL，每日涂搽 1~2 次。

② 石炭酸甘油配方：石炭酸 2 份、甘油 1 份、食盐少量，混匀溶解，每日涂搽 1~2 次。

（4）由粗饲草改变为浓厚饲料时，要逐渐进行，以防前胃炎的发生。

7. 治疗

如果已经发生了肝肺坏死杆菌病（发现体温持续升高），只要用抗生素（如青霉素）或磺胺药及时治疗，可以获得满意效果。

十六、破伤风（Tetanus）

破伤风又名强直症，俗称锁口风，是由破伤风梭菌经伤口感染，在局部繁殖产生外毒素所致的一种人畜共患的急性传染病。病的特征是骨骼肌持续性痉挛和对刺激反射兴奋性增高。

（一）病　原

破伤风梭菌（*Clostridum tetani*）亦称强直梭菌，菌体细长（0.3~0.5 × 4~8 μm），单在芽胞位于一端似网球拍。不形成荚膜。是十个血清型除Ⅵ型菌株无鞭毛，其余九型均为周毛菌。革兰氏染色阳性。

该菌能产生 3 种外毒素；破伤风痉挛毒素作用于神经细胞，引起持续性的强直症状；破伤风溶血毒素能溶解红细胞，引起局部组织坏死，为该菌生长繁殖创造条件，非痉挛毒素对神经末梢有麻痹作用，其他毒性尚不清楚。后两者对破伤风的发生只有微小意义。

破伤风梭菌广泛存在于土壤中，还存在于动物（如马类）的消化道。其繁殖体的抵抗力与其他细菌相似，但芽胞的抵抗力较强，在土壤中可生存数十年，煮沸、5% 石炭酸、10% 漂白粉经 10~15 分钟才被杀死，3% 福尔马林需经 24 小时才被杀死。该菌对青霉素敏感。

（二）流行病学

马属动物最易感，猪、羊、牛次之，犬、猫发病的少见，家禽自然发病者极为罕见。实验动物豚鼠最易感，小白鼠次之。人也很易感。

自然感染通常是由伤口感染了含有破伤风梭菌芽胞的物质而引起。

该病通常表现为散发。幼畜脐带污染或去势、断尾、剪毛也可能造成病发。凡能降低自然抵抗力的外界影响，如受凉、过热及重役等均能促进该病的发生。

（三）发病机理

经伤口感染的破伤风梭菌，在组织的氧化还原电势降低时生长繁殖。破伤风痉挛毒素主要通过外周神经纤微间的空隙传递到中枢神经系统，也可通过淋巴、血液途径到达中枢神经系统。破伤风痉挛毒素对神经细胞有高度的亲和力，与其结合后不易被抗毒素中和。由于毒素对脊髓抑制性突触的封闭作用，抑制性冲动的传递介质的释放受阻，从而阻抑了上、下神经元之间的正常抑制性冲动的传递，结果导致兴奋性异常增高和骨骼肌痉挛。

由于肌肉的强直性痉挛和对刺激的反射兴奋性增高，病畜表现惊恐不安，不能采食和饮水，二便困难，患畜发生脱水和自体中毒以及肺脏机能障碍呼吸困难，最后窒息而死或因误咽而继发异物性肺炎致死亡。

（四）症 状

该病的潜伏期一般为 1~2 周。各种家畜的临床症状不相同。病畜主要的临诊表现是骨骼肌的强直性痉挛儿对刺激反射性增高。肌肉痉挛通常有头部开始，然后波及其余肌群，引起全身的强制性痉挛。其临床症状详见图 3-111 和图 3-112 所示。

图 3-111 患破伤风后的患羊（谢昌元提供）

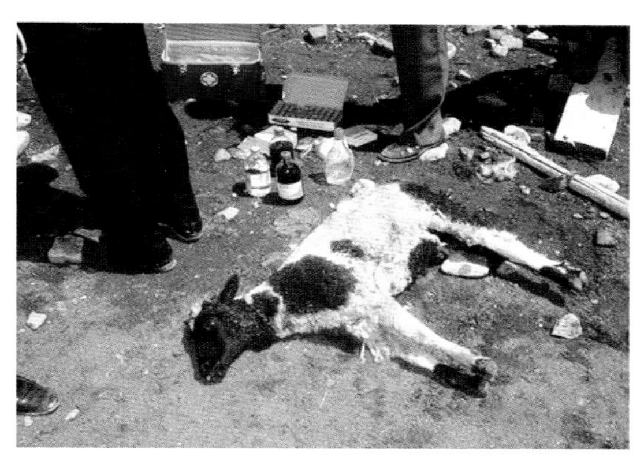

图 3-112 患破伤风后的病死羊（谢昌元提供）

（五）诊 断

根据特殊的临诊症状，如反射兴奋增高，骨骼肌强直，体温正常，神志清醒，并多有创伤史，比较容易诊断。

当临诊诊断难以确诊时，可采取患畜血 0.5 毫升注射小白鼠臀部肌肉，一般在注射 18 小时出现破伤风症状即可确诊。

应注意与马前子中毒的急性肌肉风湿症鉴别，马前子中毒的兴奋性增高的肌肉强直现象与破伤风相似，但痉挛的发生迅速，且是间断性的，而且死亡或痊愈均快。急性肌肉风湿症仅表现局部肌肉僵硬，触之有痛感和肿胀，体温升高 1℃以上，但无对刺激反射兴奋性增高。牙关紧闭，两耳竖立，尾高举，反瞬膜露出等现象，可用水杨酸钠制剂治疗。

（六）治 疗

预防该病主要靠免疫接种和防止外伤。在发病较多的地区，每年定期给家畜用精制破伤风类毒素进行预防接种，大家畜皮下注射 1 毫升，幼畜减半。注射后三周产生免疫力，免疫期为 1 年，第二年再注射一次，免疫期可持续四年。由于该病是经创伤感染的，平时要防治外伤，一旦发生外伤，应注意伤口消毒。在进行去势、断尾和其他外科手术时，应进行无菌操作和加强术后护理。有条件时于手术后注射破伤风抗毒素。破伤风的治疗应采取综合措施，其中包括创伤处理和药物治疗和加强护理。

1. 创伤处理

为消除产生破伤风毒素的源泉，彻底排出脓汁，清除异物和坏死组织，并用消毒药液（如3%过氧化氢、2%高锰酸钾）冲洗，还可用大剂量的青霉素5 000单位/kg体重，进行创伤周围注射。

2. 药物治疗

为了中和尚未与神经组织结合的破伤风毒素，应用破伤风抗毒素50万~80万单位一次静脉注射。以免呼吸麻痹而造成死亡。

中药治疗可选用中成药千金散，或应用浮泽发汗散，处方如下。

浮泽50g、当归50g、羌活50g、麻黄30g 、桂枝30g、防风30g 、荆芥30g、川芎50g、蝉蜕50g 、什麻30g、白芷30g、胡产15g、乌蛇50g。共研磨加水胃管投服，每天一副，第一天加黄酒500 mL以促其发汗，第二天加蜂蜜250g以清肺润肠，一般投药三副，通过发汗利尿，便破伤风毒素从汗解、从尿泄，结合伤口处理和护理，均可痊愈。加强护理：应避免刺激，给于易消化的饲料和充足的饮水甚为重要。重症者宜用吊带吊起以防跌倒，对恢复期病畜予以牵遛可促进进肌肉恢复功能。

十七、绵羊肺腺瘤病（Sheep pulnionary adenomatosis）

绵羊的肺腺癌病是一种在肺脏形成肺腺瘤状结节的缓慢病毒感染。

（一）病　原

绵羊的肺腺瘤病的病原是一种疱疹病毒，在肺泡和细支气管的上皮细胞中繁殖。也可转移到局部（胸腔内）淋巴结内进行繁殖。

（二）流行病学

不同品种和年龄的绵羊均易感，但由于漫长的潜伏期，仅成年羊显示症状。3~4月龄的幼年羊和山羊也可感染。

绵羊肺腺瘤病的主要传播途径是病羊与健康羊接触时经飞沫传染。不良的饲养管理，非全价饲养和缺乏运动可促进该病发生。

（三）临床症状

病羊抑郁、呈腹式呼吸。气喘（负累时加剧），持续咳嗽，由鼻腔流出很多黏脓性分泌物（头下垂时鼻孔滴出），逐渐消瘦，体温正常并始终保持食欲。一般经数周至数年死亡。

第四章　寄生虫病

一、羊寄生虫病防治新技术

（一）羊寄生虫病的发生和流行概况

1. 生态环境

有些牧区具有寄生虫生长、发育、流行的环境，如绦虫的发育需要中间宿主（地螨）的参与；原虫病的发生和流行需要吸血类昆虫的存在；多水、潮湿的牧区有淡水螺、蜗牛、蚂蚁等，易导致吸虫病的发生。也就是说，生态环境中存在的中间宿主是发生羊寄生虫病的条件和因素，因此，消灭环境中的中间宿主可减少某些寄生虫病的发生。我们不要把目光全部放在对病畜的诊疗上，消灭外界环境中的病原，切断病原传染给羊的途径，本身也是在消灭和控制羊疫病，而且是更重要的防控措施。

2. 防治措施

羊寄生虫病的发生与防治措施有关。羊寄生虫病的发生，常常从低感染率向高感染率发展，从小面积发生到大面积发生发展。如果在某种羊寄生虫病发生初期采取有效措施，则可有效控制羊寄生虫病的发生和流行；如果羊寄生虫病已大面积发生，证明该地区环境已受到羊寄生虫的污染，在此种情况下要消灭和控制羊寄生虫病就比较困难了。因此，防治措施不得力，可造成羊寄生虫病的流行。

3. 驱虫时间

对于羊寄生虫病的防治，主要是驱虫治疗；但驱虫治疗的时间是关系到驱虫效果（保护期）的关键。如在羊寄生虫污染区进行羊寄生虫病的治疗，治疗后只能保证羊只 3 天左右的时间羊体内没有寄生虫。因此要选择能保持羊体内较长时间无虫期的驱虫时间。如在冬季进行驱虫，此时外界环境中的感染性寄生虫很少，驱虫后羊不易再感染寄生虫；如在初冬对羊只进行驱虫，驱虫后的保护期就较长。如在转场前对羊进行驱虫，羊进入新草场放牧，感染寄生虫的机会就少一些。如舍饲前进行驱虫，羊只感染寄生虫的机会少，驱虫效果就好。

4. 饲养管理

做好羊的饲养管理工作可减少羊寄生虫病的发生和流行。如保持圈舍干净、卫生、通风，地面干燥；定期清除圈舍内的粪便，可减少寄生虫病的发生；产圈在母羊产前和产后各消毒 1 次；在羊不同的发育阶段（幼畜、成畜、孕畜、种公畜），要按照不同的饲料配方进行饲喂；长草要铡短，羊 4cm 为宜；少喂勤添，先粗后精；不用发霉变质的饲草料饲喂羊。在吸血昆虫流行季节，定期对羊喷洒杀虫剂，可预防原虫病和外寄生虫病的发生；对新购入的羊要隔离饲养 20 天以上，对出现病症的羊要及时的诊断、治疗、免疫、处理等，可减少外来疫病传入的机会。

5. 科普宣传

羊寄生虫病的发生与羊养殖者密切相关。在某种寄生虫病流行地区，要向饲养人员进行科普宣传，要让他们了解当地高感染、高危害寄生虫病的危害，发生原因，防治方法，让他们参与到寄生虫病的防控工作，开展群防群治寄生虫病，只有这样，寄生虫病的防治效果才会更好，否则，就会无法消灭和控制寄生虫病。如有的养殖者用感染有棘球蚴、多头蚴、细颈囊尾蚴、羊囊尾蚴的肌肉（病料）喂狗，狗再传染给羊，实际上他们是在无意识的人工感染这些寄生虫病。如果科普宣传工作到位，就不会发生以上情况。

（二）无病预防原则

羊消化道蠕虫病的发生和流行是由多方面的因素决定的，努力消除诱发寄生虫病的因素，可减少寄生虫病的发生。

对于羊寄生虫病的防治，目前大多都是以治疗为主，没有在预防上下功夫。羊发生寄生虫病后，出现生产性能下降，精神沉郁、体温升高、呼吸困难、消瘦、生长缓慢、拉稀、流产等症状。感染严重的羊只会出现死亡，给养殖者造成极大的经济损失。除此之外，养殖者还要请兽医治病、购买兽药、支付交通费，又是一笔不小的开支，即使对羊进行了治疗，治疗效果往往也不理想，如脑包虫病、肝包虫病等。只对羊寄生虫病进行治疗，不能真正起到减少寄生虫病对牛和羊的危害，也不能减少寄生虫病给养殖者带来的经济损失，因此，对于羊寄生虫病的防治要采取无病预防的原则。

无病预防原则，是指在羊感染初期或动物有可能感染疫病时所采取的治疗或预防措施。无病预防具有以下优点。

① 早期治疗效果好；

② 能尽早减少疫病对动物造成的危害；

③ 能尽早减少疫病对养殖户造成的经济损失。

如：羊的原虫病和外寄生虫病，在发病季节定期喷洒杀虫剂，可预防和减少原虫病和外寄生虫病的发生。

如：羊鼻蝇蛆病，羊感染该病的时间在 7—9 月，感染性蚴虫在羊鼻腔内生长 9~10 个月。如在 11 月后进行所有羊只的预防性治疗，第二年就不会发生羊鼻蝇蛆病。

如：羊的蠕虫病，在该病流行地区开展冬季驱虫、转场前驱虫、舍饲前驱虫和治疗性驱虫等方法，就可减少和控制羊蠕虫病。

如：对新购入的羊隔离 25 天以上，无病后再与当地羊混养；如有病则进行治疗，还可向售羊者索赔经济损失等，同时也可预防外来疫病的传入。

（三）羊蠕虫病驱虫时间的选择

蠕虫病指由吸虫、线虫和绦虫引起的寄生虫病，羊蠕虫病在我国非常普遍，危害十分严重，目前我国普遍采用“春季驱虫和秋季驱虫”的模式防控羊蠕虫病，根据各地的报道和我们的调查，证明这种模式的防控效果不理想，主要原因之一是驱虫时间不合理。

1. 羊适用驱虫法

根据美国新泽西州默沙东公司技术团队编写的《PARASITES of SHEEP》、美国兽医Dressier（1990）的研究报告、刘文道（1992）、肖兵南（1983）、彭毛（1985）、张雁声、王光雷（1985）等的最新研究进展，以及过去对寄生虫病防治方面的经验，认为“春季驱虫”的时间大多在5月底，而寄生虫病对家畜的危害主要在3—4月，因为此时正是家畜最瘦，草料不足，母羊怀孕、带羔的时间，而此时又是寄生虫在体内大量生长繁殖、产卵的时间，由于寄生虫的大量吸血，夺取营养，造成家畜的大批死亡（春乏死亡），“春季驱虫”不能预防寄生虫病的危害；而“秋季驱虫”的时间大多在9月中旬，驱虫后仍有再感染寄生虫的机会，感染的寄生虫会蛰伏在羊的消化道内，在来年3—4月大量繁殖，危害家畜，并产卵，完成寄生虫的传代，导致寄生虫病年年防治年年有的情况。根据许多学者的研究结果，提出了“冬季驱虫、转场前驱虫、舍饲前驱虫和治疗性驱虫”为核心的防治羊寄生虫病的“适用驱虫法”，其理论依据可概括为以下几方面。

（1）自然净化原理。根据严寒（0℃以下）和酷暑（40℃以上）对自然界中虫卵和幼虫有杀灭作用的特点，外界环境中的虫卵和感染性幼虫在25℃左右为最佳生长温度，0℃或40℃停止发育，0℃以下时，温度越低，虫卵和感染性幼虫存活时间越短；40℃以上时，温度越高，虫卵和感染性幼虫存活时间越短。如感染性幼虫 -22~-10℃时，12小时死亡；40℃ 8天、50℃ 0.5小时死亡。大自然的自然净化作用（严冬、酷暑）可部分削减环境中的感染性虫卵和幼虫。

（2）寄生虫在冬季主要寄生在羊体内发育的特点。

（3）根据我国西北地区有转场放牧的特点（冬草场、春秋牧场、夏草场）。

（4）根据寄生虫有发育史主循环和侧循环的特点。

（5）根据寄生虫病要预防为主，减少危害的原则。

2. 春季驱虫和秋季驱虫存在的问题

（1）春季驱虫和秋季驱虫的时间各含3个月的时间段，具体什么时间驱虫最好，基层兽医人员和农牧民不清楚，驱虫效果也不好。

（2）春季驱虫和秋季驱虫只起到治疗作用。投药后把寄生虫驱出，但没有预防性驱虫的功效。

（3）春季驱虫没有起到寄生虫病的预防作用。家畜蠕虫病对家畜的危害主要在3—4月（春乏死亡），而我们目前的春季驱虫时间在5月底（剪毛时间），因此，春季驱虫没有预防春乏死亡的作用。

（4）春、秋驱虫只起到治疗作用，保护期短，只有6天。刘志强、王光雷（2014）试验：丙硫苯咪唑在投药后6~8小时达到高峰，持续到72小时；伊维菌素0.5小时达到高峰，12小时后为0；吡喹酮0.5小时达到高峰，持续到72小时。也就是说，春、秋驱虫只能保证家畜1年中6天处于无虫状态，其他359天中家畜仍处在感染和传播寄生虫病的状态，致使寄生虫病年年防治年年有。

（5）春、秋驱虫污染环境。驱虫药只对虫体有效，对虫卵无效。驱虫后粪便中的虫卵和成虫体内的少数虫卵仍可污染环境，引起家畜再次感染寄生虫病。

3. 羊适用驱虫法的优点

（1）冬季驱虫。a. 可全部驱出秋末初冬感染的所有幼虫和少量残存的成虫。b. 驱出体外的成虫、幼虫和虫卵在低温状态下很快死亡，不可能发育为感染性幼虫，不造成环境污染，起到无害化驱虫的目的。c. 驱虫后的羊只在相当长的一段时间内不会再感染虫体，或感染量极少，寄生虫夏天在草上，冬天在草根下，这就可有效地保护羊只越冬度春。d. 减少春乏死亡。e. 驱虫后，家畜不易再感染寄生虫，切断寄生虫的发育史，起到净化作用。

（2）转场前驱虫的优点。a. 转场前驱过虫的羊只体内没有寄生虫，到新牧场放牧不会对新草场造成污染。b. 由于新草场在放牧前已经过一个严冬或一个炎热的夏天，草场中的感染性幼虫在高温和低温不利条件下会大量死亡，草场得到自然净化，羊只再感染的机会相对较低，可保持较长时间的低荷虫量。c. 春季、夏季和秋季驱虫时，应在圈舍内进行，驱虫后圈养 1~2 天，并将粪便清除后堆放，生物热发酵杀死虫卵，防止虫卵污染草场。

（3）舍饲前驱虫的优点。为了提高饲料利用率，减少寄生虫病的危害，在舍饲前对羊只进行驱虫，以减少寄生虫对家畜的危害；对驱虫后的粪便应及时清除，单独堆放，杀灭虫卵，达到无害驱虫的目的。

（4）治疗性优点。对有条件保证驱虫后不（少）接触病原的情况下，给予驱虫，可减少寄生虫对家畜的危害，并保证羊体内较长时间无虫期。

（四）常见寄生虫病的科学防治方法

1. 羊消化道蠕虫病的防治

寄生在消化道内的吸虫、绦虫、线虫，种类很多，常呈混合感染。寄生虫吸血、吸收动物营养、破坏组织器官、引发炎症，造成羊只生长缓慢、消瘦、贫血、拉稀，最后衰竭死亡。

防治：根据各地实际情况，选择冬季驱虫、转场前驱虫、舍饲前驱虫或治疗性驱虫。根据诊断盒的诊断结果，无虫就不必投药；如果有寄生虫，最好选择广谱药或特效药进行驱虫，以便达到驱虫后能保持羊体内较长时间的无虫期。

注意：不要采用春季驱虫和秋季驱虫；不要采用未经诊断寄生虫病，就凭借想象购买驱虫药进行驱虫，因为不同的寄生虫病要用不同的药物进行治疗。为了了解驱虫效果，还可在驱虫后 3~5 天，对驱虫后的羊采取粪样进行检查。

2. 三绦蚴病的防治

三绦蚴病指寄生在羊肝脏和肺脏上的棘球蚴，寄生在羊脑内的多头蚴和寄生在羊腹腔内的细颈囊尾蚴。

三绦蚴的成虫分别为细粒棘球绦虫、多头多头绦虫和泡状带绦虫，寄生在犬、狼、狐等肉食动物的小肠内。

生活史：成虫寄生在肉食动物的小肠内→虫体排卵，卵与粪便一起排出体外→污染环境→羊、人等多种动物误食虫卵后受到感染→虫卵在羊、人等动物体内发育为三绦蚴→肉食动物食入三绦蚴后，在体内发育为成虫。

防治：

（1）加强对羊的集中屠宰管理，发现感染有病原的脏器要集中深埋、焚烧或无害化处理；对非正常死亡的羊尸体和三绦蚴病原，切勿乱丢，要深埋，焚烧、防止被狗或其他野生动物食用后传播该病。

（2）在人和家畜感染率高发区，要对家犬和牧犬挂牌登记，每年 8 次驱虫，保持高密度和高强度；对野犬进行捕杀。驱虫时要拴养 2 天，对驱出的粪便要集中深埋。驱虫药品为吡喹酮药饵。可用氢溴酸槟榔碱进行诊断性驱虫。

（3）开展科普工作，要让第一线的养殖者知道三绦蚴病的危害、传播方式、预防方法，让他们参与三绦蚴病和犬绦虫病的防治工作，只有这样，才能有效防治三绦蚴病和犬绦虫病。

注意：加强科普宣传，开展群防群治，是减少三绦蚴病和犬绦虫病的关键措施。

3. 羊疥癣的防治

疥癣是危害细羊毛业发展的重大寄生虫病，传染性很强。

病原：病原为痒螨和疥螨，寄生在皮肤内和毛根处。

症状：患羊出现掉毛，皮肤炎症；由于奇痒，患羊不停啃咬患部；食欲下降，消瘦，春季发生大批死亡。患畜一般在 12 月至来年 4 月期间发病，此间的虫体特别活跃，在皮肤内掘洞，吞食组织，大量增繁。5—11 月停滞发育，虫体潜伏在羊的皮肤皱折及阳光照射不到的地方，患畜出现自愈。如不治疗，来年继续发病。

由新疆畜牧科学院兽医研究所研发的动物粪便虫卵和肺丝虫诊断试剂盒详见图 4-1 至图 4-6。

（新疆畜牧科学院兽医研究所　王光雷供稿）

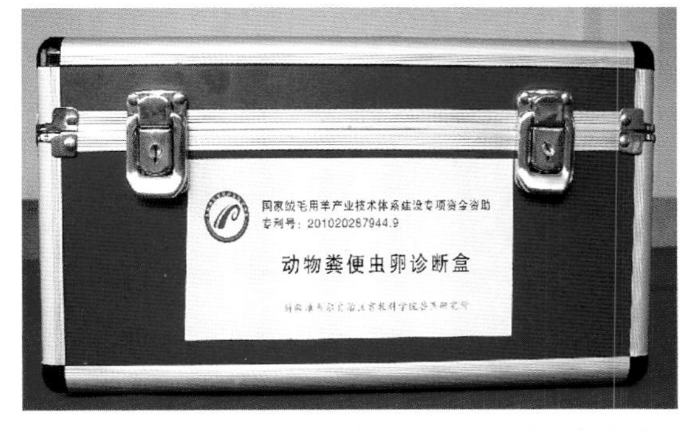

图 4-1　动物粪便虫卵诊断盒外观（王光雷提供）

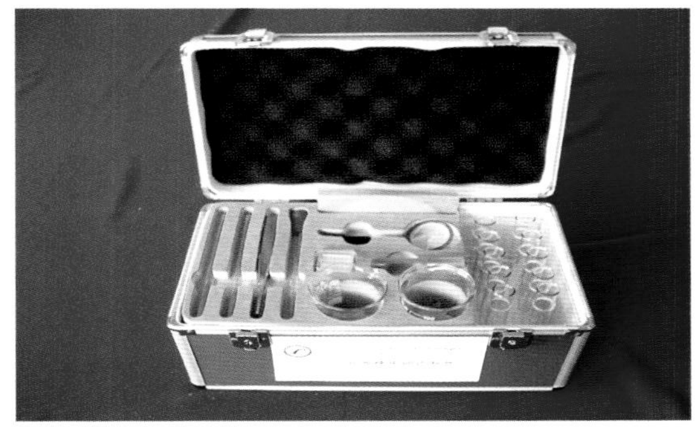
图 4-2　打开盒盖后外观（王光雷提供）

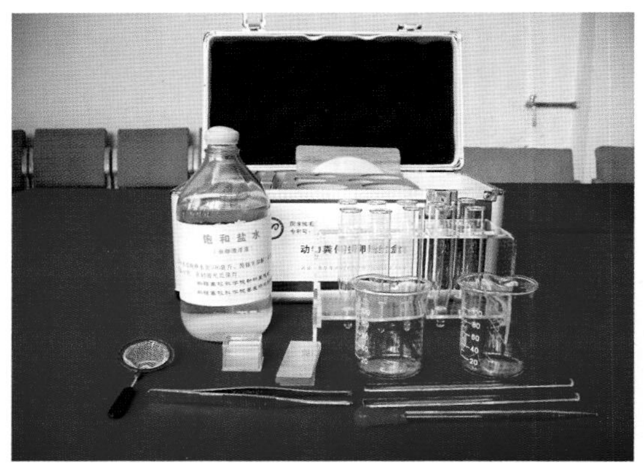

图 4-3　取出诊断用具后外观（王光雷提供）

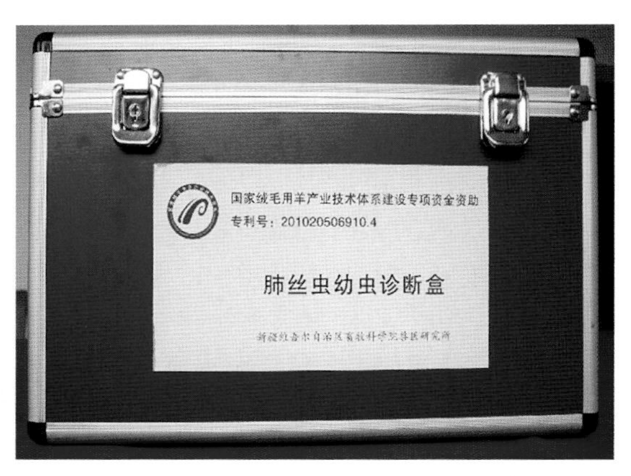

图 4-4　肺丝虫幼虫诊断盒外观（王光雷提供）

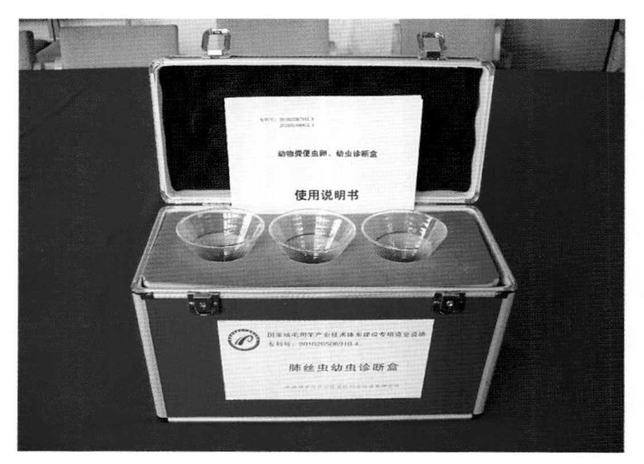

图 4-5　打开盒盖后外观（王光雷提供）

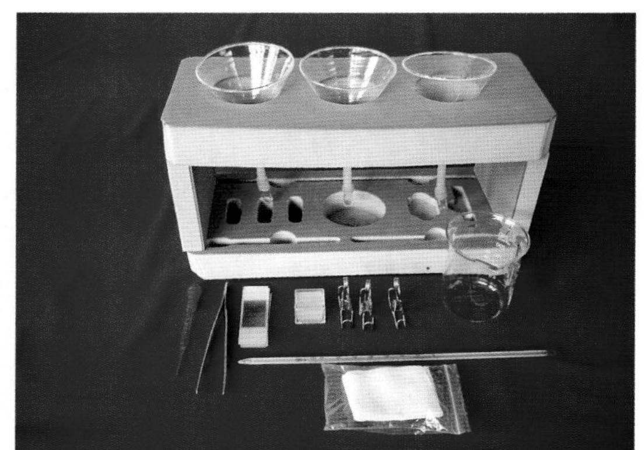

图 4-6　取出诊断用具后外观（王光雷提供）

二、绦虫蚴病

绦虫蚴病是绦虫的幼虫期寄生在羊和其他动物（中间宿主）的内脏器官或其他组织中而引起的疾病。绦虫蚴外形为囊状，羊的绦虫蚴病常见有 3 种：多头蚴病、棘球蚴病及细颈囊尾蚴病。

（一）多头蚴病（脑包虫病，晕倒病）（Coenurosis）

多头蚴病俗称脑包虫病或晕倒病（ *Sturdy*，*gid*），是牧区常见的一种疾病，在农区也不少见。容易侵袭 1~2 岁的绵羊及山羊，绵羊比山羊更为多见。因为多头蚴又称脑包虫，故所引起的疾病又称为脑包虫病。

1. 病原及其形态特征

病原为多头蚴。多头蚴是犬多头绦虫（*Taenia multiceps*）的幼虫，外形为囊状，多寄生在羊的脑子里，有时也可寄生于椎管内。长成的多头蚴呈囊状，白色，外部包以薄膜，内部充满透明液体，直径可达 5cm 以上。薄膜的内壁有许多头节（原头蚴），数目可达 100~250 个，呈白色颗粒状。直径为 2~3mm，每一个头节上有四个吸盘和一个额嘴，上有两排小钩。其结构详见图 4-7 和图 4-8。

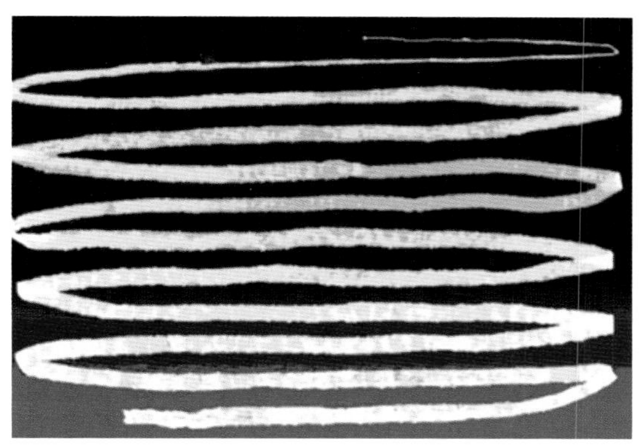

图 4-7　犬类动物小肠的多头绦虫（郭志宏提供）

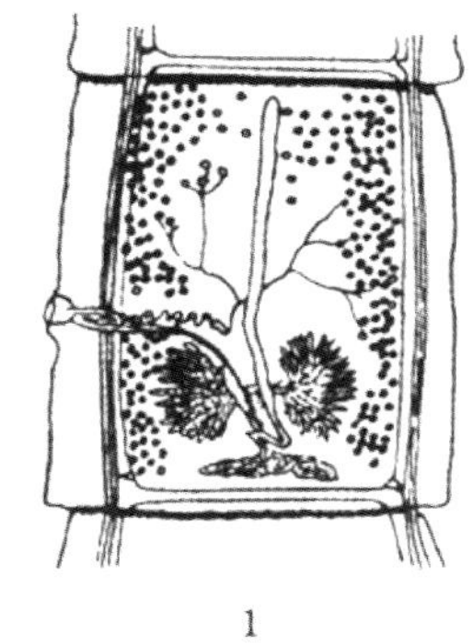

图 4-8　多头绦虫成节（1）和孕节（2）（郭志宏提供）

2. 生活史

（1）犬（或其他肉食兽）多头绦虫的卵或含卵体节，随着粪便排出体外。

（2）健羊随食物或饮水吞入虫卵以后，即受到感染。卵内的六钩蚴，在羊的肠管中逸出，并穿透肠黏膜进入血液循环，顺血流而达到身体各部。只有进入中枢神经系统的发育良好，进到其他各部的不久即死亡。

（3）六钩蚴进入脑以后慢慢发育成多头蚴，在脑或脊髓的表面经过 7—8 个月，完全长成为成熟的幼虫，此时囊的大小为豌豆至鸡蛋大，数目由一个到数个不等。多的可达到 30 个。寄生部位普通为大脑上面或二大脑半球之间，偶尔可见于脑侧室或小脑中。由于囊的体积逐渐增大，压迫脑，因而使脑萎缩、失去机能。偶尔多头蚴见于椎管中，则压迫脊髓，使一侧或两侧后肢发生进行性麻痹。

（4）犬或其他肉食兽如果吞食了多头蚴，则受到感染。多头蚴在犬类动物肠道中进行发育，经 41~73 天发育为成熟的多头绦虫。详见图 4-9 至图 4-12。

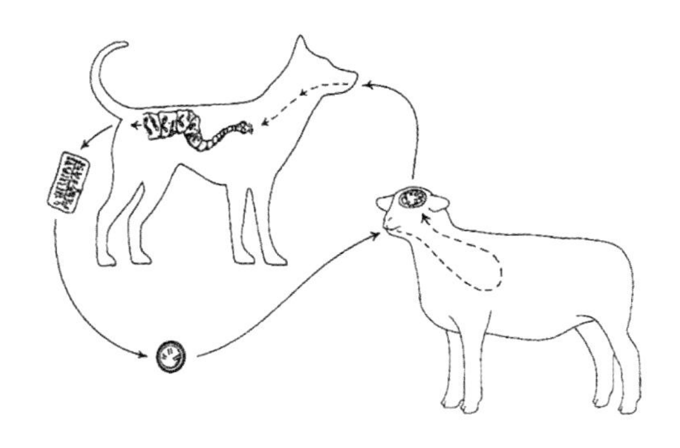

图 4-9　多头绦虫的生活史（郭志宏提供）

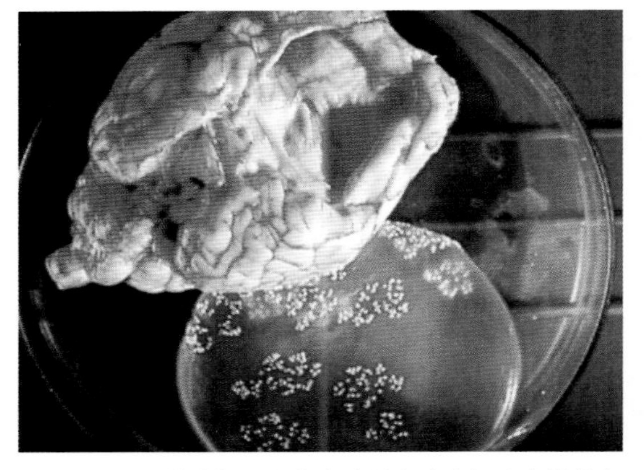
图 4–10　从羊脑部取出的多头蚴包囊（郭志宏提供）

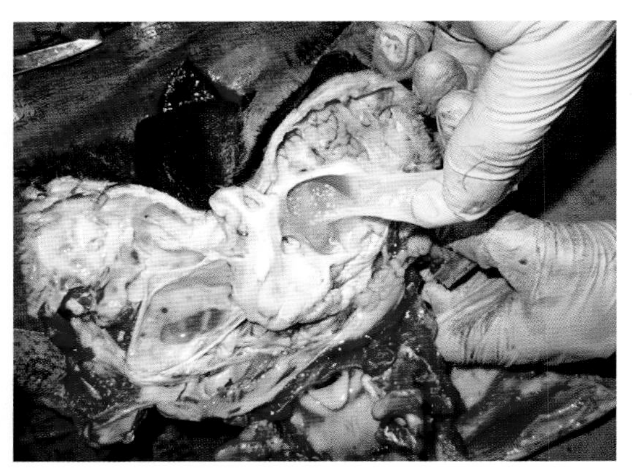
图 4–11　绵羊脑部寄生的多头蚴（郭志宏提供）

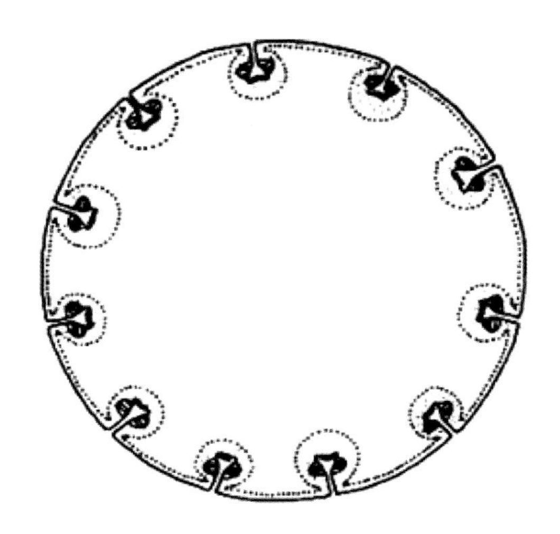
图 4–12　多头蚴头节寄生模式（郭志宏提供）

3. 症状

羊的多头蚴病临床表现多呈慢性和急性型。

感染初期由于病原体转入脑部，引起局部发炎，病羊显出脑膜炎或脑炎症状，此时病羊体温升高，脉搏呼吸加快，有时强烈兴奋，有时沉郁，离群落后，长时间躺卧，部分病羊在 5~7 天因急性脑膜炎而死亡。详见图 4–13 所示。

耐过急性不死的病羊转为慢性，在一定时期内不显症状，在此期间多头蚴继续发育长大，在 6~8 周内患羊呈现视神经乳头瘀血。再经 2~6 个月，病羊精神沉郁，停止采食，因寄生部位的不同表现出下列各种症状。

（1）寄生在大脑半球的侧面时，病羊常把头偏向一侧，向着寄生的一侧转圈子。病情越重的，转的圈子越小。有时患部对侧的眼睛失明。

（2）寄生在大脑额叶时，羊头低向胸部，走路时膝部抬高，或沿直线前行。碰到障碍物而不能再走时，即把头顶在障碍物上，站立不动。

（3）寄生在大脑枕叶时，头向后仰。

图 4-13　末期出现站立不稳，倒地瘫痪至死亡（马利青提供）

（4）寄生在脑室内时，病羊向后退行。

（5）寄生在小脑内时，病羊神经过敏易于疲倦，步态僵硬，最后瘫痪。

（6）寄生在脑的表面时，颅骨可因受到压力变为薄而软，甚至发生穿孔。

（7）寄生在腰部脊髓内时，后肢、直肠及膀胱发生麻痹。同时食欲无常，身体消瘦，最后因贫血和体力不能支持发生死亡。病到末期时，食欲完全消失，最后因消瘦及神经中枢受损害而死亡，死亡率高达 97%。

4. 剖检

急性死亡的羊见有脑膜炎和脑炎病变，还可见到六钩蚴在脑膜中移行时留下的弯曲伤痕。慢性期的病例则可在脑、脊髓的不同部位发现 1 个或数个大小不等的囊状多头蚴；在病变或虫体相接的颅骨处，骨质松软、变薄，甚至穿孔，致使皮肤向表面隆起；病灶周围脑组织或较远的部位发炎，有时可见萎缩变性和钙化的多头蚴。

5. 诊断

因该病患羊表现出一系列特异神经症状，容易确诊。但应注意与莫尼茨绦虫病、羊鼻蝇蛆病及其他脑病的神经症状相区别，这些病不会有头骨变薄、变软和皮肤隆起等现象。

当颅骨因受压迫变软时，可以用手按压出多头蚴存在的部位，柔软部位存在于所转圆圈的内侧。有时可发现柔软部对侧的肌内或腿发生麻痹。一般的寄生部位是向左转在左侧，向右转在右侧，抬头运动在大脑前部，低头运动可能在小脑部。如果寄生在颅后窝，将眼蒙住，便跌倒在地，若一直蒙住眼睛，就不能站起来。

实验室诊断可用变态反应诊断法，即用多头蚴的囊壁及原头蚴制成乳剂变应原，注入羊的眼睑内；如果是患羊，于注射 1 小时后皮肤出现直径 1.75~4.2cm 的肥厚肿大，并保持 6 小时左右。

6. 预防

（1）防止犬感染绦虫。应把死于该病的羊头割掉、深埋，或用火烧掉。这是最有效的预防办法。

（2）广泛进行宣传，国外也有感染人的报道。向群众进行预防感染的教育。

（3）每年给牧羊的犬用吡喹酮 5~10mg/kg 进行驱绦虫工作。这样可以避免羊群采食犬的绦虫卵，是防止羊只感染的有效方法。

7. 治疗

（1）肉用羊应在身体情况良好时进行屠杀。

（2）采用手术疗法。如寄生于脑的表面而能够触诊到多头蚴时，可用外科手术取出。但如部位难以确定，或存在于脑部较深处时，手术结果不良。经过手术得到痊愈的，往往都是部位确定，存在于浅部，以及营养较好的幼羊。

手术方法有两种。

① 圆锯术：能摸到骨软化区域时，即在该处进行。否则，即在角基和角中心的内缘后部约 1cm 处施行。为了避免损伤静脉窦而造成手术失败，应由中线一侧切开硬脑膜。大静脉窦有两条：矢状窦位于大脑纵轴上，横窦位于大小脑之间，操作时必须特别注意，要在严密消毒情况下按以下步骤进行手术：在术部皮肤上作一个十字形切口或“U”形切口，将皮肤揭开。用圆锯（或小外科刀）除去露出的颅骨一块，不可损伤硬脑膜。看到多头蚴之后，以镊子慢慢牵引出来。或在羊吸气以后，用手堵住羊口及鼻孔，不让呼气，使脑内压力增大，可让羊吸入第二口气，再堵一次羊口及鼻孔。亦可先刺破囊虫，徐徐抽出其中液体，以免因脑子压力骤减而引起休克；亦可在看见白色囊虫以后，翻转羊体，让四蹄朝天，然后保定头的人迅速使羊嘴朝天，创口朝地。让脑包虫慢慢从开口内滑出来。如果看不到脑包虫，可以插入细胶皮管，沿脑回向同围探索，用注射器多次吸抽，常可将虫囊吸在胶皮管口上，然后抽回胶管，即可拉出脑包虫。给寄生部位喷洒 3~5mL 含有青霉素的生理盐水，盖上硬脑膜及骨膜，缝合皮肤，并以火棉胶或绷带保护术区。

②穿刺术：即不用圆锯去除骨片，是将骨暴露出以后，用最小号套管针或带有探条的针头对准术部，向后刺入颅骨，然后抽出套针（或探条），如已刺入虫囊，套管内有液体流出。此时可用注射器，将针插入套管内抽净液体，并将囊吸入套管内，与套管同时取出。公羊的额窦较大，穿颅时必须穿过此窦，应注意有第二次较大的阻力。但有时由于多头蚴引起的膨胀可使双壁接触而让窦腔闭合。在作穿刺的过程中应该考虑到这些情况，才容易成功。

（3）采用药物疗法：药物治疗可用吡喹酮，病羊按 50mg/kg 体重连用 5 天；或按 70mg/kg 体重连用 3 天。早期治疗可取得 80% 左右的疗效。

（二）棘球蚴病（囊虫病，肝包虫病）（Echinococcosis，Hydatidosis，Hydatid cyst，Hydatid disease）

棘球蚴病也叫囊虫病或包虫病，俗称肝包虫病。所有哺乳动物都可受到棘球蚴的感染而发生棘球蚴病。绵羊和山羊都是中间宿主。它不但侵害家畜，而且使人畜遭受侵袭后，引起严重的病害。因此，该病是一种人畜共患的绦虫蚴病，它不仅危害畜牧业，而且对公共卫生有很大影响。羊只发生该病以后，可使幼羊发育缓慢，成年羊的毛、肉、奶的数量减少，质量降低，患病的肝脏和肺脏大批废弃，因而造成严重的经济损失。

1. 病原及其形态特征

病原为棘球蚴（*Echinococcus*）。棘球蚴是犬细粒棘球绦虫（*Echinococcus granulosus*）的幼虫期。

成虫（细粒棘球绦虫）。寄生在犬、狼及狐狸的小肠里，虫体很小，全长 2~8cm，由 3 个或 4 个节片组成，头节上具有额嘴和 4 个吸盘，额嘴上有许多小钩，最后的体节为孕卵节片，内含 400~800 个虫卵。其成虫详见图 4-14 至图 4-16 所示。

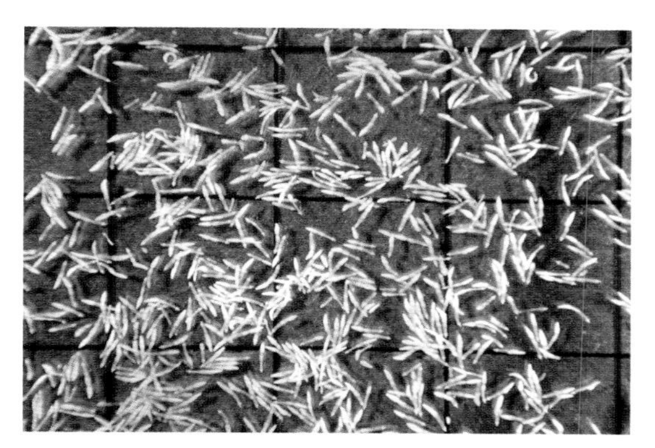

图 4-14 细粒棘球绦虫成虫（郭志宏提供）

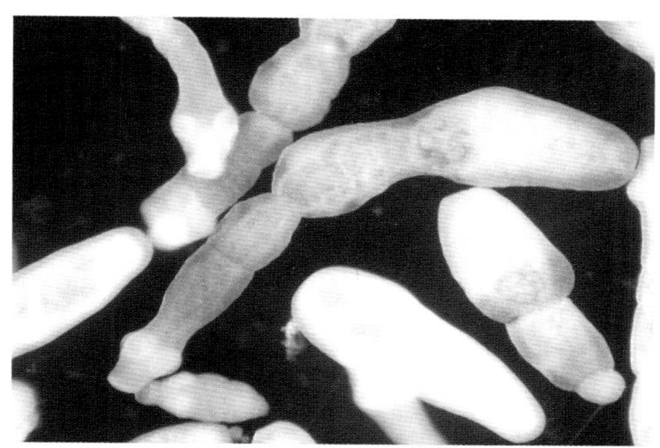

图 4-15 放大后的成虫（郭志宏提供）

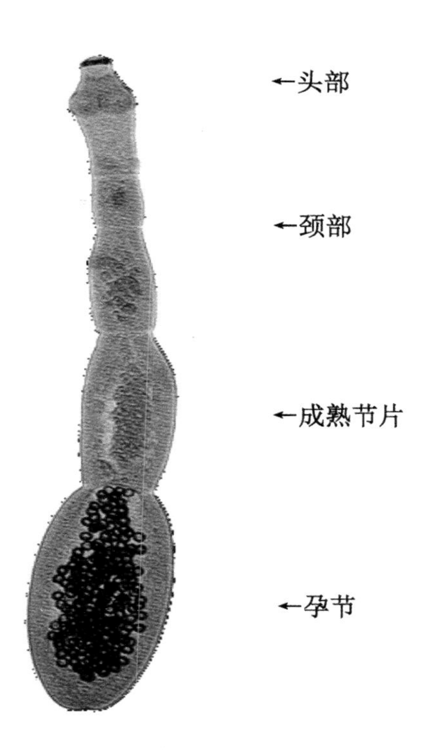

图 4-16 成虫组成（郭志宏提供）

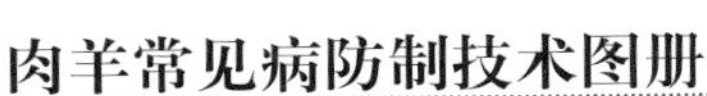

幼虫：棘球蚴寄生于绵羊及山羊的肝脏、肺脏以及其他器官，它的形态是多种多样的，大小也很不一致，从豆粒大到人头大，也有更大的。

棘球蚴分为单房型和多房型两种：

单房型的特点是囊内含有液体，是宿主感染虫卵后包囊向进行性发展的结果。囊壁由3层构成：外层是较厚的角质层；中层是肌内层，含肌内纤维；内层最薄，叫生发层，长有许多头节和生发囊。

多房型的特点是体积较小，由许多连续的小囊构成，囊内没有液体，也没有头节。是宿主感染虫卵后，受机体的免疫力等的影响，包囊向退行性发展的结果。一般常见于牛体，不能形成原头节，无感染力。

其临床及显微结构详见图4-17至图4-20所示。

图4-17 羊肺部和肝脏上寄生的棘球蚴（郭志宏提供）

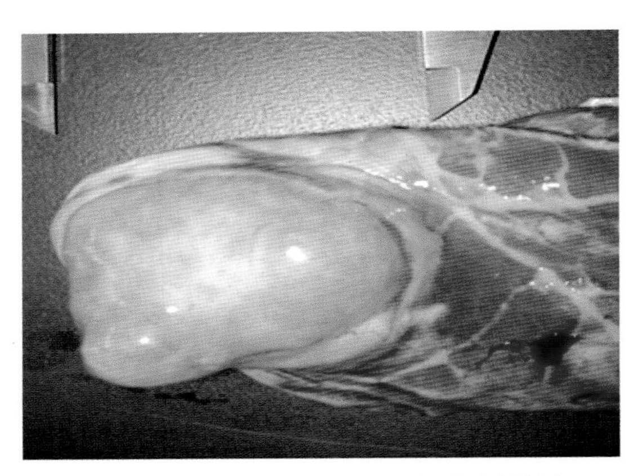

图4-18 单房型大包囊外观（郭志宏提供）

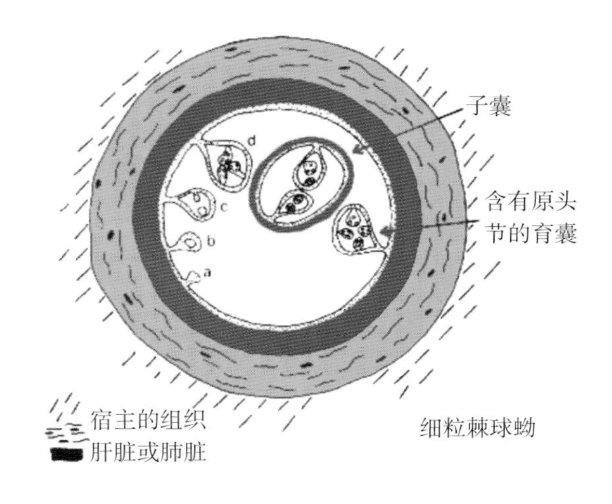

图4-19 单房型包囊，从外向内是角质层、肌肉层和生发层。囊内有生发囊和头节（郭志宏提供）

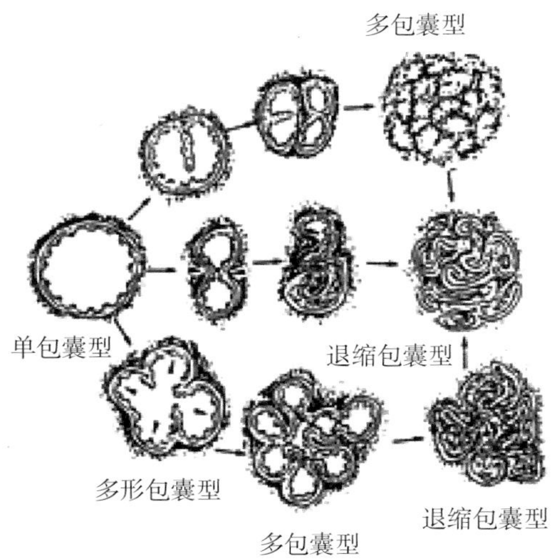

图4-20 牛羊感染包虫后变为多房型包囊（郭志宏提供）

2. 生活史

终末宿主犬、狼、狐狸把含有细粒棘球绦虫的孕卵节片和虫卵随粪排出，污染牧草、牧地和水源。当羊只通过吃草饮水吞下虫卵后，卵膜因胃酸作用被破坏，六钩蚴逸出，钻入肠黏膜血管，随血流达到全身各组织，逐渐生长发育成棘球蚴，最常见的寄生部位是肝脏和肺脏。

如果终末宿主吃了含有棘球蚴的器官，经 45 天就能在肠道内发育成细粒棘球绦虫成虫，并可在宿主肠道内生活达 6 个月之久。

其生活史详见图 4-21。

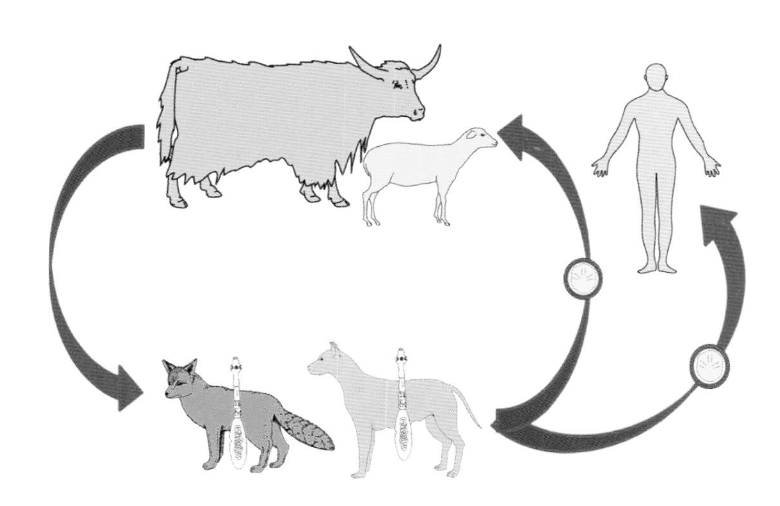

图 4-21 细粒棘球绦虫生活史（郭志宏提供）

3. 症状

严重感染时，有长期慢性的呼吸困难和微弱的咳嗽。叩诊肺部，可以在不同部位发现局限性半浊音病灶；听诊病灶时，肺泡呼吸音特别微弱或完全没有。

当肝脏受侵袭时，叩诊可发现浊音区扩大，触诊浊音区时，羊表现疼痛。当肝脏容积极度增加时，可观察右侧腹部稍有膨大。绵羊严重感染时，营养不良，被毛逆立，容易脱落。有特殊的咳嗽，当咳嗽发作时，病羊躺在地上。绵羊对该病比较敏感，死亡率比牛高。

4. 剖检

剖检病变主要表现在虫体经常寄生的肝脏和肺脏。可见肝肺表面凹凸不平，重量增大，表面有数量不等的棘球蚴囊泡突起；肝脏实质中亦有数量不等、大小不一的棘球蚴囊泡。棘球蚴内含有大量液体，除不育囊外，液体沉淀后，可见有大量包囊砂。有时棘球蚴发生钙化和化脓。有时在脾、肾、脑、脊椎管、肌肉、皮下亦可发现棘球蚴。

5. 诊断

严重病例可依靠症状诊断，或用 X 光和超声检查进行确诊。但须注意不可与流行性肺炎相混淆，目前有血清抗体普查用的 ELISA 检测试剂盒。也有用皮内变态反应做生前诊断，具体方法如下：用无菌方法采取屠宰家畜的新鲜棘球蚴液 0.1~0.2mL，在羊的颈部做皮内注射，同时再用生理盐水在另一部位注射（相距应在 10cm 以外）作为对照。如果在注射后 5~10 分钟（最迟不超过 1 小时），注射部发生直径为 0.5~2.0cm 的红肿，以后红肿的周围发生红色圆圈，圆圈在几分钟后变成紫红色，经 15~20 分钟又变成暗樱桃色彩的，为阳性反应。不表现红肿现象的为阴性反应。诊断的准确性可达 95%。为了贮备抗原，应该在无菌操作下用注射器吸取棘球蚴液，进行离心沉淀或用过滤方法除去头节及其他颗粒，即可作为抗原。如不立即使用，或者当天用不完时，可以加入 0.5% 氯仿，保存于冰箱备用。

6. 防治

尚无有效治疗方法，主要应做好预防。预防的主要措施是控制野犬数量，家养犬定期驱虫，加强肉食品检验工作，有病器官按规定处理，以免被犬、狼、狐狸吃掉。其他预防措施可参阅多头蚴病。

（三）细颈囊尾蚴病（腹腔囊尾蚴病）

（ Cysticercosis tenuicollis，Abdominal cysticercos ）

细颈囊尾蚴病又名腹腔囊尾蚴病，俗称水铃铛，是各种囊尾蚴中最常见最普遍的一种。当剖开羊的腹腔时，可发现有好像装着水的玻璃纸袋子一样的囊状物，即为细颈囊尾蚴。

1. 病原及其形态特征

病原为细颈囊尾蚴。细颈囊尾蚴是犬泡状带绦虫（*Taenia hydatigena*）的幼虫，寄生于各种家畜和野生反刍动物的肠系膜上，有时寄生在肝脏表面。寄生的数目不定，有时可达数十个。囊的直径可达 8cm，内面充满无色液体，在囊泡上长有一个像高粱粒大的白色颗粒，就是囊尾蚴的头节。成虫头节上有一个额嘴，四个吸盘，额嘴上长有大小两排小钩。其形态详见图 4-22 所示。

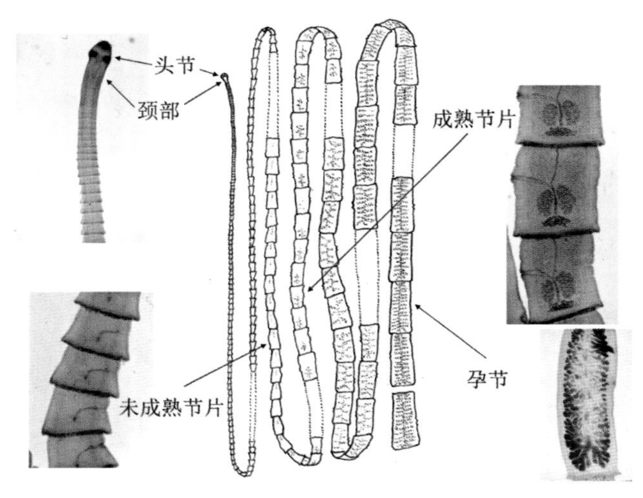

图 4-22　泡状带绦虫的形态（郭志宏提供）

2. 生活史

（1）寄生在犬类小肠中的泡囊带绦虫，其含卵体节或卵随着粪便排到体外。

（2）虫卵被中间宿主（羊）吞入后，卵内的六钩蚴即逸出，穿透肠黏膜，进入血流，被门静脉循环带到肝脏。

（3）幼虫离开血管，进入肝实质，然后穿破肝囊进入腹腔，经过 7~8 周，即形成囊尾蚴。

（4）囊尾蚴被犬类动物吞食后，就完成了生活史。在犬类身体中约经 6~7 周，发育为成虫。其生活史和模式图详见图 4–23 和图 4–24 所示。

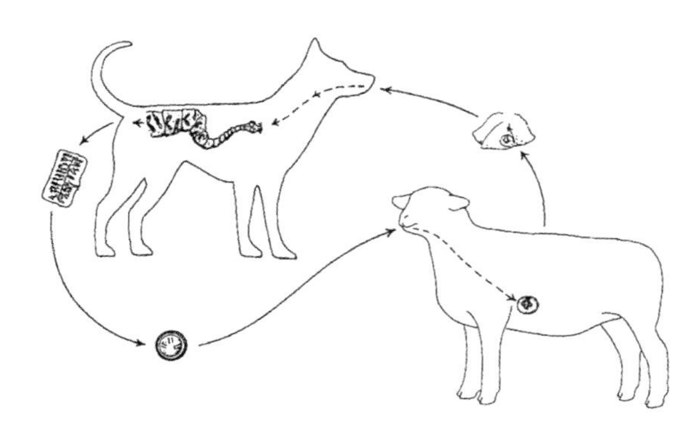

图 4–23　泡状带绦虫生活史（郭志宏提供）

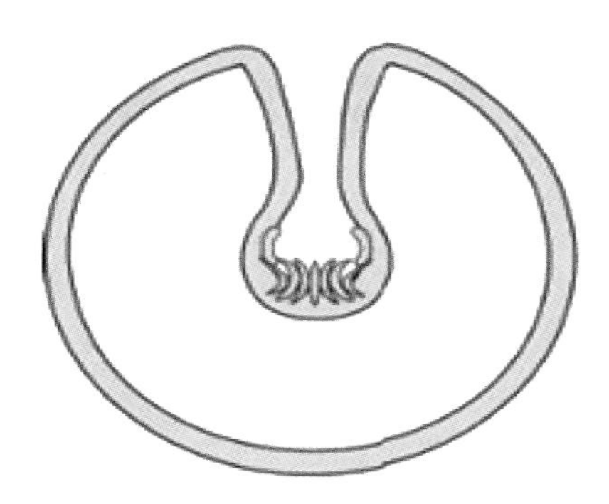

图 4–24　细颈囊尾蚴病模式图（郭志宏提供）

3. 症状

羊吃到绦虫卵的数目很少时，不表现症状。如果吃下虫卵很多，则因幼虫在肝实质中移行，破坏微血管而引起出血，使病羊很快死亡，尤其是羔羊更容易死亡。

急性症状为精神沉郁，食欲消失。引起腹膜炎时，体温上升，发生腹水。已经长成的囊尾蚴不产生损伤，也不引起症状。

4. 剖检

尸检时，肿大的肝脏含有孔道，在感染的 10~20 天，孔道因含血液而呈红色，在感染 25~35 天，因白细胞浸润而呈黄色。绝大多数孔道直径为 1~2mm。可能存在腹膜炎。后期在网膜、肠系膜、盆腔器官、门脉裂和其他区域可发现球形囊尾蚴，数月之后，头节可能出现钙化，水泡萎缩与纤维化。其临床病例详见图 4–25 所示。

5. 诊断

因症状无显著特点，单靠临床症状很难作出诊断，主要靠病例尸检时发现肝脏的孔道和腹膜炎。新近康复的绵羊含有明显的囊尾蚴。

鉴别诊断需要考虑片形吸虫幼虫的虫道钻穿性肝炎。在此情况下，在组织的虫道或胆管里可发现肝片吸虫。3 种绦虫蚴的区别比较容易。

6. 预防

在对该病的诊断治疗尚有困难的情况下，预防工作就显得更为重要。为了做好预防工作，首先要在该病流行区域做好宣传教育，尤其是对屠宰工人、群众的宣传教育非常重

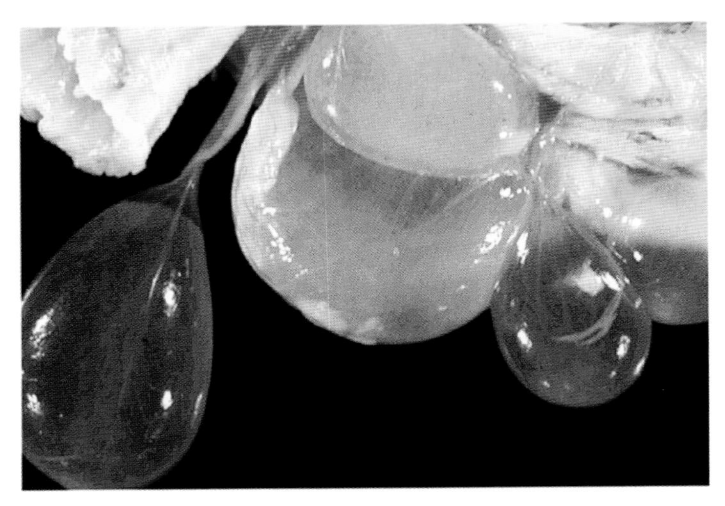

图 4-25　寄生在肠系膜上的囊尾蚴（郭志宏提供）

要。因为虫卵用肉眼看不到，很容易使人畜吞入，故须使群众提高认识，经常注意防范，努力做到以下几点，才能取得良好预防效果（表 4-1）。

表 4-1　3 种绦虫蚴及其成虫主要区别

绦虫蚴名称 成虫名称		多头蚴 多头绦虫	棘球蚴 细粒棘球绦虫	细颈囊尾蚴 泡状带绦虫
区别项目	成虫长度	40~100cm	2~8cm	75~200cm
	头节吸盘数	4 个	4 个	4 个
	钩	22~32 个	30~36 个	20~44 个
	生殖孔	体节侧面交替排列	体节中间靠后	体节侧面交替排列
	虫卵大小（μm）	29 × 37	33 × 33	38~39 × 34~35
	中间宿主及寄生部位	多种哺乳动物和人脑及脊髓	人和许多哺乳动物的肝、肺、脾等脏器	羊、猪、牛肠系膜、网膜及肝脏
	终末宿主及寄生部位	犬、狼、狐狸等的小肠	犬、狼、孤狸等的小肠	犬的小肠
	蚴虫头节数目	109~250 个	很多	1 个

（1）预防犬的感染。通过宣传教育，使养殖者了解该病与犬的关系，不可将此病死亡的羊尸乱抛或喂给犬吃。

（2）预防人的感染。

① 教育小孩子不要玩犬；

② 摸犬以后务必洗手，在饭前更应注意；

③ 大力消灭苍蝇，因为苍蝇也可以传播虫卵；

④ 蔬菜洗净熟食：因为通过施肥和犬的乱跑，可能将虫卵黏在菜上；

⑤驱除犬体内的绦虫：每年用5~10mg/kg吡喹酮进行驱虫，每季一次，包在食物内喂给。为了防止犬的呕吐，投药前应给犬喂几滴碘酒。投药后必须对犬加强管制，将排出的粪便全部烧毁。

（3）控制野犬数量，有条件的情况下对狼和野生狐狸（窝边）投放含有吡喹酮的肉或食物，减少该病的传播和草场污染。

（4）加强兽医卫生检验工作。对有病的脏器进行严格处理，绝对不要用来喂犬和随便乱丢。

7. 治疗

目前还没有良好方法，只有认真执行上述预防措施，逐步控制和消灭该病。

（青海省畜牧兽医科学院 郭志宏供稿）

三、绦虫病（Thysanosomisis，Tapeworm infestation）

该病分布很广，常呈地方性流行。能够引起羔羊的发育不良，甚至导致死亡。该病在全国分布很广，三北牧区更为普遍，造成的经济损失很大。

1. 病原及其形态特征

该病的病原为绦虫（*Thysanosoma*、*tapeworms*）。绦虫是一种长带状而由许多扁平体节组成的蠕虫，寄生在绵羊及山羊的小肠中，共有4种，即扩展莫尼茨绦虫（*Moniezia expansa*）、贝氏莫尼茨绦虫（*M. benedeni*）、盖氏曲子宫绦虫（*Helictametra giardi*）和无卵黄腺绦虫（*Avitellina centripundctata*）比较常见的是前两种。

（1）莫尼茨绦虫。扩展莫尼茨绦虫体长1~6m，宽16mm（图4-26）。贝氏莫尼茨绦虫长1~4m，宽26mm（图4-27）。营养的吸取是由体节进行（皮上有微细小孔）。常危害

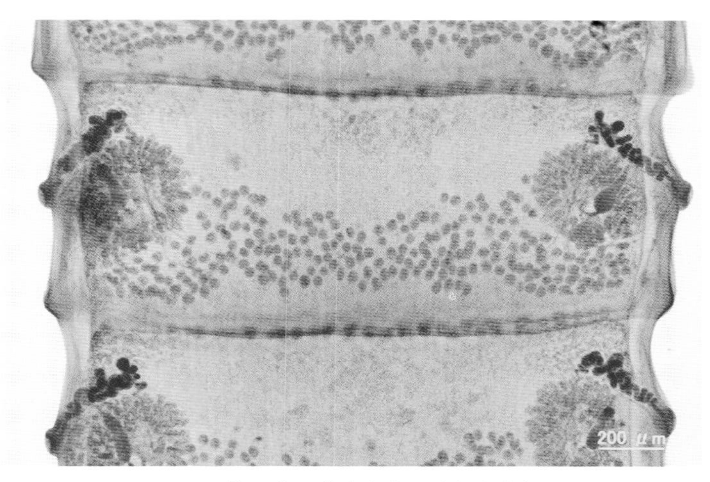

图4-26 扩展莫尼茨绦虫节片（郭志宏提供）

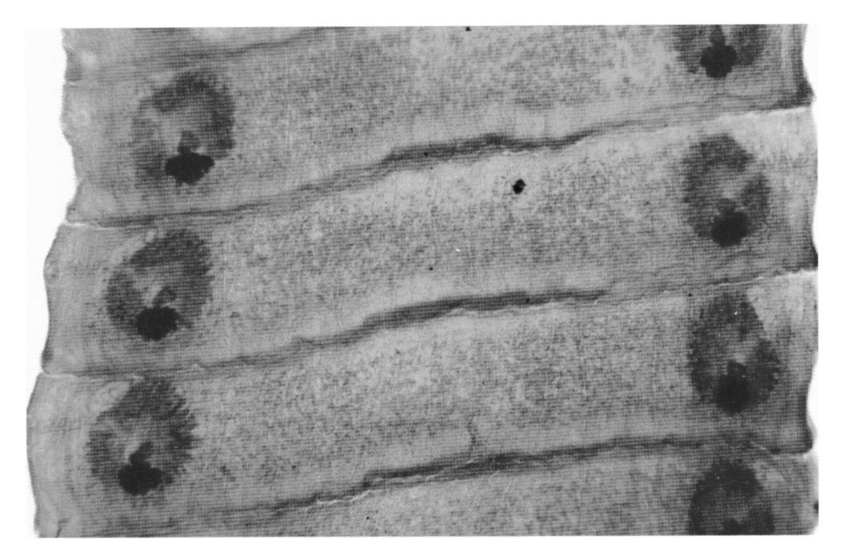

图 4-27　贝氏莫尼茨绦虫（郭志宏提供）

1.5~8 个月大的羔羊。

绦虫的头节呈扁圆形，在虫体最前端。头节上有四个吸盘，无钩。吸盘有固定虫体的作用。头节向后的部分，不分节，称为颈节。未成熟体节由颈节生长出来。可以看出一节一节的体节。成熟体节近乎正方形，在未成熟体节的后部，内部有了成熟的生殖器官。

绦虫是雌雄同体，每个体节内都包含着一组或两组雌雄生殖器官。就两种莫尼茨绦虫而言，每一个成熟体节都含有两组生殖器官。

受精方式是多种多样的。两虫之间，两节片之间，同一节片之内（由阴茎注入阴道）都可以受精。

含卵体节为长方形。在虫体最后。内部充满虫卵。

两种莫尼茨绦虫在外形上相似，所不同的是：扩展莫尼茨绦虫的节间线为大圆点状，分散排列；而贝氏莫尼茨绦虫的节间线为小点状，密集成粗线状，在染色以后即可看出。

（2）曲子宫绦虫。虫体可长达 2m，宽约 12mm。每个节片有一组生殖器官，偶尔也有两组的。卵巢、卵黄腺和卵模靠近生殖孔一侧，排列成环状的生殖孔不规则地交替开口于节片边缘。睾丸位于纵排泄管外侧。孕节的子宫有许多弯曲，呈波浪形。在子宫侧枝的末端有许多子宫周围器，每个子宫周围器含有 3~8 个虫卵。虫卵近于圆形，无梨形器。

（3）卵黄腺绦虫。是反刍兽绦虫中较小的一类，虫体长 2~3m，宽仅约 3mm。节片短，分节不明显。每个节片有一组生殖器官，生殖孔亦不规则地交替开口于节片边缘，无卵黄腺，卵巢位于生殖孔一侧。睾丸在纵排泄管的内外两侧。子宫在节片的中央。虫卵无梨形器，包在壁厚的子宫周围器内。由于各节片中央的子宫相互靠近，故能明显看到虫体后部中央贯穿着一条白色的线状物。

2. 生活史

上述各种绦虫的中间宿主均为一种隐气门亚目的地螨。

含卵体节一节一节地或一组一组地由虫体脱离后，随羊的粪便排到体外，在外界环境中崩裂开来，放出虫卵。卵被牧场上的隐气门亚目的地螨吞食后，其卵内所含的六钩蚴，即出卵而发育成幼虫（拟囊尾蚴）。其中间宿主详见图 4-28 所示。

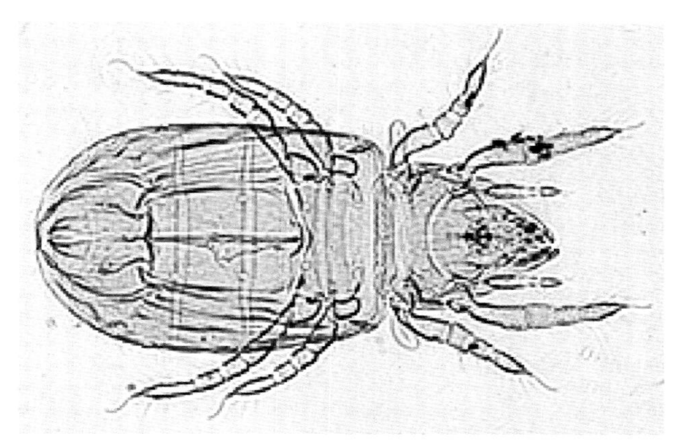

图 4-28　中间宿主的地螨（郭志宏提供）

含有拟囊尾蚴的地螨被羊吞食后，其体内的拟囊尾蚴就在羊的消化道逸出，附着在羊的肠壁上，逐渐发育为成虫，所需时间为 37~40 天。成虫在羊体内的生活时间为 2~6 个月。

3. 症状

症状的轻重与虫体感染强度及羊的年龄、体质密切相关。一般轻微感染的羊不表现症状，尤其是成年羊。但 1.5~8 个月大的羔羊，在严重感染后则表现食欲降低，渴欲增加，下痢，贫血及淋巴结肿大。病羊生长不良，体重显著降低；腹泻时粪中混有绦虫节片，有时可见一段虫体吊在肛门处。若虫体阻塞肠道，则出现膨胀和腹痛现象，甚至因发生肠破裂而死亡。有时病羊出现转圈、肌肉痉挛或头向后仰等神经症状。后期仰头倒地，经常作咀嚼运动，口周围有泡沫，对外界反应几乎丧失，直至全身衰竭而死。

4. 剖检

可在小肠中发现虫体，数量不等，其寄生处有卡他性炎症。有时可见肠壁扩张、肠套叠乃至肠破裂；肠系膜、肠黏膜、肾脏、脾脏甚至肝脏发生增生性变性过程；肠黏膜、心内膜和心包膜有出血点；脑内可见出血性浸润和血液；腹腔和颅腔积有渗出液。

5. 诊断

（1）虫卵检查。绦虫并不由节片排卵，除非是含卵体节在肠中破裂，才能排出虫卵。因此一般不容易从粪便检查出来。绦虫卵的形状特殊，不是一般的圆形或卵圆形。扩展莫尼茨绦虫的虫卵近乎三角形，贝氏莫尼茨绦虫的虫卵近乎正方形。卵内都含有一个梨形构造的六钩蚴。

（2）体节检查。成熟的含卵体节经常会脱离下来，随着粪便排出体外。清晨在羊圈

里新排出的羊粪中看到的混有黄白色扁圆柱状的东西，即为绦虫节片，长约1cm，两端弯曲，很像蛆。有时可排出长短不等、呈链条状的数个节片。

其虫卵结构详见图4-29和图4-30。

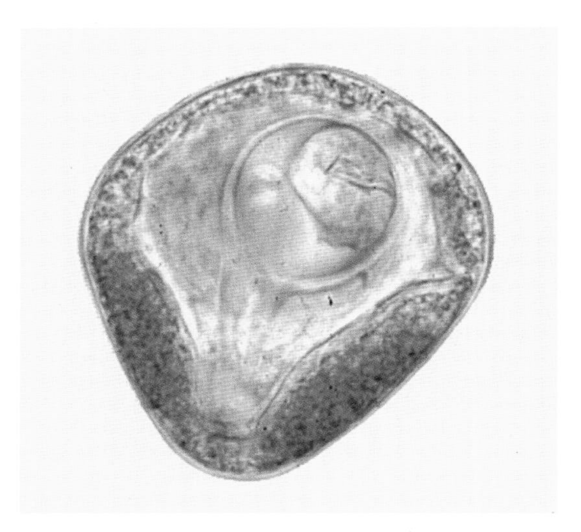

图4-29　扩展莫尼茨绦虫卵（郭志宏提供）

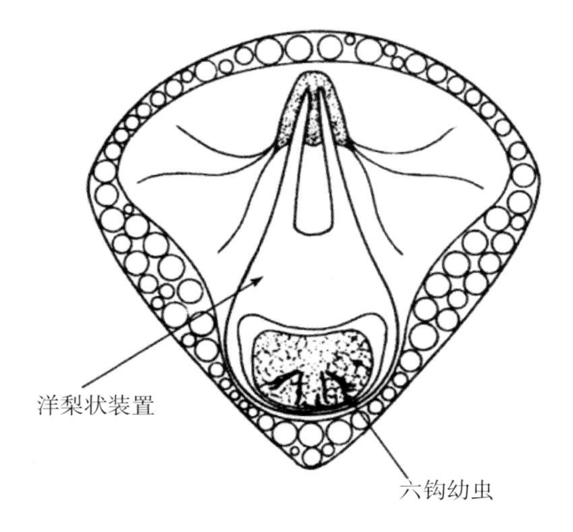

图4-30　扩展莫尼茨绦虫卵的结构（郭志宏提供）

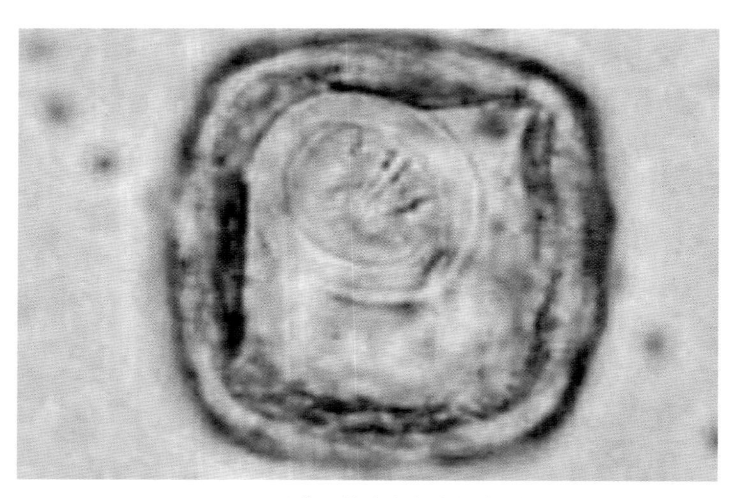

图4-31　贝氏莫尼茨绦虫卵（郭志宏提供）

6. 预防

在预防中，首先应了解牧场情况，然后将放牧时间与驱虫工作结合起来，才能有效。还需要考虑的是：凡是经过一年没有放牧过羔羊的牧场，对绦虫的感染机会比较少，反之就较大。预防应该从以下几点进行。

（1）如果在一年以前放牧过患绦虫病羔羊的牧场进行放牧，应该在经过25~30天以后进行预防性治疗。在到达该牧场后35~40天进行第二次预防性治疗，以驱除未成熟的绦虫。治疗后把羊转移到安全牧场。

（2）如果治疗后仍有羔羊死亡，应在2周后对全群再进行一次驱虫。

（3）为了把每年在羔羊中发现绦虫病的牧场变成安全牧场，应该将其改成放牧成年羊群，而把羔羊放牧到两年来没有放牧过羔羊的牧场去。

7. 治疗

20世纪50年代，国内曾推广使用1%硫酸铜溶液灌服，对绵羊和山羊莫尼茨绦虫驱虫，效果较好，但由于毒性较大，安全范围很小，已被淘汰。当前多选用氯硝柳胺（*Niclosamidum*）和丙硫苯唑（*Abendazol*，丙硫苯咪唑，阿苯哒唑），灌服10mg/kg体重的奥芬达唑，对绵羊裸头科3属绦虫也有很好效果。

吡喹酮：灌服5mg/kg，对莫尼茨绦虫有很好的驱虫效果，灌服15mg/kg，对驱子宫绦虫和无卵黄腺绦虫有很好的驱虫效果。

（青海省畜牧兽医科学院　郭志宏供稿）

四、吸虫病（Trematodiasis）

吸虫（Trematodes）在分类学上隶属于扁形动物门（Platyhelminthes）的吸虫纲（Trematoda）。羊上常见的吸虫病有双腔吸虫病（Dicrocoeliasis）、片形吸虫病（Fasciolosis，Liver fluke disease）和前后盘吸虫病（Paramphistomosis）。吸虫一般有1个或2个中间宿主（第1中间宿主，第2中间宿主），第1中间宿主是贝类，在中间宿主体内进行无性生殖，在羊等终末宿主体内进行有性生殖。是危害羊健康的主要寄生虫病之一。

（一）双腔吸虫病（Dicrocoeliasis）

双腔吸虫病又称复腔吸虫病，是由双腔吸虫寄生于胆管和胆囊内所引起的，由于虫体比肝片吸虫小得多，故有些地方称之为小型肝蛭。该病在我国分布很广，特别是在西北及内蒙古各牧区流行比较广泛，感染率和感染强度远较片形吸虫为高，绵羊和山羊都可发生，对养羊业带来的损害很大。人也可被感染。

1. 病原及其形态特征

病原是矛形双腔吸虫（*DicrocoeLium dendriticum*）和中华双腔吸虫。

（1）矛形双腔吸虫。虫体扁平、透明，呈柳叶状（矛形），肉眼可见到内部器官，长7~10mm，宽1.5~2.5mm。虫体最大宽度在中央部分稍偏后，前端尖狭，后端圆钝。新鲜标本呈棕红色，固定后变了灰色。有口、腹吸盘各一个，睾丸两个。睾丸前后斜向排列，稍分叶或呈不规则圆形。卵黄腺分布于虫体中央部两侧。虫体后半部几乎全被曲折的子宫所充满。子宫内充满虫卵。虫卵呈椭圆形，暗褐色，卵壳厚，两边不对称，长为38~58μm，宽22~30μm，卵内有两个左右不对称，柿子种子一样的颗粒状体，为双腔吸虫卵的特征，并且有发育成的毛蚴。虫卵抵抗力很强，能在50℃经一昼夜不死。18~20℃

干燥 1 周，仍有生命力。-23℃尚不会被杀死，并能耐受 -50℃的低温。因此在高寒牧区该病广为分布。其卵囊详见图 4-32 所示。

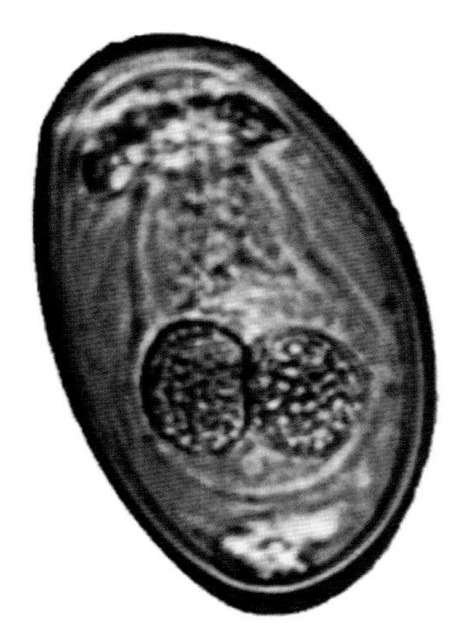

图 4-32　双腔吸虫卵（郭志宏提供）

（2）中华双腔吸虫。虫体扁平、透明，腹吸盘前方体部呈头锥样，其后两侧较宽，呈肩样突起；体长 3.5~9mm、宽 2.03~3.09mm。两个睾丸呈不正圆形，边缘不整齐或稍分叶，并列于腹吸盘之后。睾丸之后为卵巢。虫体后部充满子宫。虫体中部两侧为卵黄腺。虫卵与矛形双腔吸虫卵相似。

2. 生活史

双腔吸虫在发育过程中需要有两个中间宿主：第一中间宿主是陆地蜗牛，第二中间宿主是蚂蚁。虫卵随胆汁流入肠道，从粪便排出。含有毛蚴的虫卵被陆地蜗牛吞食，毛蚴即在肠内从卵中孵出，穿过肠壁移行至肝脏发育，脱去纤毛，变成第一代胞蚴（母胞蚴），又发育成第二代胞蚴（子胞蚴），然后在第二代胞蚴体内发育成尾蚴。以后尾蚴从第二代胞蚴的产孔逸出，沿大静脉以肝移行到蜗牛的肺，再到呼吸腔，尾蚴在此集中起来，形成尾蚴囊群，称为胞囊（每个胞囊含有 100~300 个尾蚴）。胞囊经呼吸孔排出体外，黏附在植物或其他物体上。当第二中间宿主蚂蚁吞食尾蚴形成的黏团时，在蚂蚁腹腔内即发育成囊蚴。当羊吞食含有囊蚴的蚂蚁时，即感染复腔吸虫病。感染以后，在羊体内经 72~85 天发育而成熟。其生活史详见图 4-33 所示。

3. 症状

病羊表现因感染强度不同而有差异。轻度感染时，通常无明显症状。严重感染时，黏膜发黄，颌下水肿，消化反常，腹泻与便秘交替，逐渐消瘦，最后因极度衰竭而死亡。

4. 剖检

尸体剖检时，可在肝脏内找到虫体。当虫体寄生多时，可引起胆管卡他性炎症和增生性炎症，胆管周围结缔组织增生。眼观大、小胆管变粗变厚，可能成为肝脏发生硬变肿大，肝表面形成瘢痕；胆管扩张。

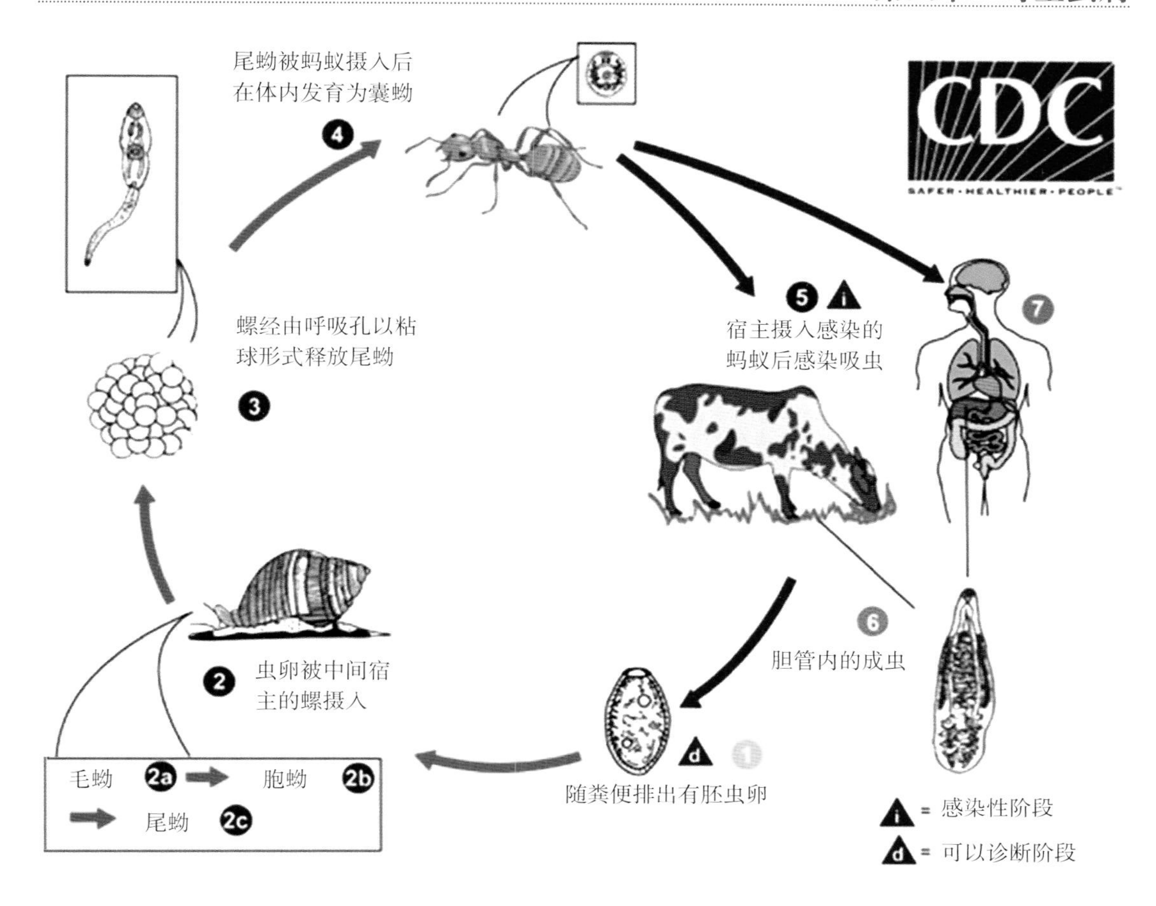

图 4-33　双腔吸虫生活史（图片来自 http://www.cdc.gov/）

5. 诊断

生前主要采用水洗沉淀进行粪便检查的方法发现虫卵。死后剖检可用手将肝脏撕成小块，置入水中搅拌，沉淀，细心倾去上清液，反复数次，直至上清液清朗为止，然后在沉淀物中找出双腔吸虫虫体。

6. 预防

（1）以定期驱虫为主，同时加强饲养管理，提高羊的抵抗力，并采取轮牧消灭中间宿主和预防性驱虫。

（2）消灭中间宿主可采用下列各种办法。

①发动群众拣捉蜗牛，或养鸡消灭蜗牛和蚂蚁；

②铲除杂草，清除石子，消灭蜗牛及蚂蚁的滋生地；

③化学药品消灭蜗牛。用氯化钾，或 0.5‰硫酸铜能够杀死 60%~90 % 的蜗牛。

（3）对粪便进行堆肥发酵处理，以杀灭虫卵。

7. 治疗

（1）益兽宁（氯氰碘柳胺钠片，250×50mg）口服，羊 10mg/kg 体重，即每 5kg 体重 1 片。

（2）氯氰碘柳胺钠注射液皮下或肌内注射，一次量羊每 1kg 体重 5mg 或 0.1mL；每 2 只 10mL。

（3）肝虫清（三氯苯达唑片，100mg）内服，羊每 1kg 体重 5~10mg（相当于每 10~20kg 体重服用 1 片）。

（4）吡喹酮 0.65~80mg/kg 体重，口服。

（二）片形吸虫病（Fasciolosis，Liver fluke disease）

片形吸虫病又称肝蛭病，是一种发生较普遍、危害很严重的寄生虫病，其特征是发生急性或慢性肝炎和胆管炎，严重时伴有全身中毒和营养不良，生长发育受到影响，毛、肉品质显著降低，大批肝脏废弃，甚至引起大量羊只死亡，造成的损失很大。绵羊较山羊损失更大。

1. 病原及其形态特征

该病病原为肝片吸虫（*FascioLa hepatica*）（俗称柳叶虫）和大片吸虫（*F. gigantica*），两者的形态各有特点。

肝片吸虫：虫体呈扁平叶状，长 20~35mm，宽 5~13mm。管内取出的新鲜活虫为棕红色，固定后呈灰白色。其前端呈圆锥状突起，称头锥。头锥基部变宽，形成肩部，肩部以后逐渐变窄。体表生有许多小刺。口吸盘位于头锥的前端，腹吸盘在肩部水平线中部。生殖孔开口于腹吸盘前方。消化系统由口、咽、食道和左右两条肠管组成，肠管上又有许多侧小分支。雌雄同体。两个分支状的睾丸前后排列于虫体的中后部。1 个鹿角状分支的卵巢位于腹吸盘后方右侧。卵模位于紧靠睾丸前方的虫体中央。在卵模与腹吸盘之间为盘曲的子宫，内充满黄褐色虫卵。卵黄腺由许多褐色小滤泡组成，分布在虫体的两侧。虫卵呈椭圆形，黄褐色；长 120~150μm，宽 70~80μm；前端较窄，有一不明显的卵盖，后端较钝。在较薄而透明的卵内，充满卵黄细胞和 1 个胚细胞。

大片吸虫：成虫呈长叶状，长 33 ~76mm，宽 5~12mm。大片吸虫与肝片吸虫的区别在于，虫体前端无显著的头锥突起，肩部不明显；虫体两侧缘几乎平行，前后宽度变化不大，虫体后端钝圆；腹吸盘较大，吸盘腔向后延长，形成盲囊；肠管的内侧分支较多，并有明显的小支；睾丸分支较少，长度较小。虫卵呈深黄色，长 150~190μm，宽 75~90μm。

2. 生活史

肝片吸虫与大片吸虫的生活史相似。在发育过程中，都需要通过中间宿主多种椎实螺（小土蜗、截口土蜗、椭圆萝卜螺及耳萝卜螺）。成虫阶段寄生在绵羊和山羊的肝脏胆管中。虫卵随粪便排到宿主体外，在温度为 15~30℃，而且水分、光线和酸碱度均适宜时，经过 10~25 天孵化为毛蚴。毛蚴周身被有纤毛，能借着纤毛在水中迅速游动。当遇到椎实螺时，即钻入其体内进行发育。毛蚴脱去其纤毛表皮以后，生长发育为胞蚴；胞蚴呈袋状，经 15~30 天而形成雷蚴。每个胞蚴的体内可以生成 15 个以上的雷蚴。以后雷蚴突破胞蚴外出，而在螺体内继续生长；在此同时，雷蚴体内的胚细胞也进行发育，故在成熟的雷蚴体内充满着仔雷蚴或尾蚴。一般雷蚴的胚细胞多直接发育为尾蚴，有时则经过仔雷蚴阶段而发育成尾蚴。发育完成了的尾蚴，即由雷蚴体前部的生殖孔钻出，以后再钻出螺体而游入水中。以上由毛蚴变态发育到尾蚴的全部发育过程，都是在螺体（中间宿主）内进行，一般需要 50~80 天。尾蚴在水中作短时期游动以后，即附着于草上或其他东西上，或者就在水面上脱去尾部。而很快地（只需数分钟）形成囊蚴。囊蚴是由包囊包起的，包囊可以防御外界环境的不良影响。当健康羊吞入带有囊蚴的草或饮水时，即感染片形吸虫病，囊蚴的包囊在消化道中被溶解，蚴虫即转入羊的肝脏和胆管中，逐渐发育为成虫。成虫经 2.5~4 个月的发育又开始产卵，卵再随羊的粪便排出体外，此后再经过毛蚴一胞蚴一雷蚴一尾蚴一囊蚴一成虫的各个发育阶段，继续不断地循环下去。绵羊由吞食囊蚴到粪便中出现虫卵，通常需 89~116 天。成虫在羊的肝脏内能够生存 3~5 年。其生活史详见图 4-34 至图 4-38 所示。

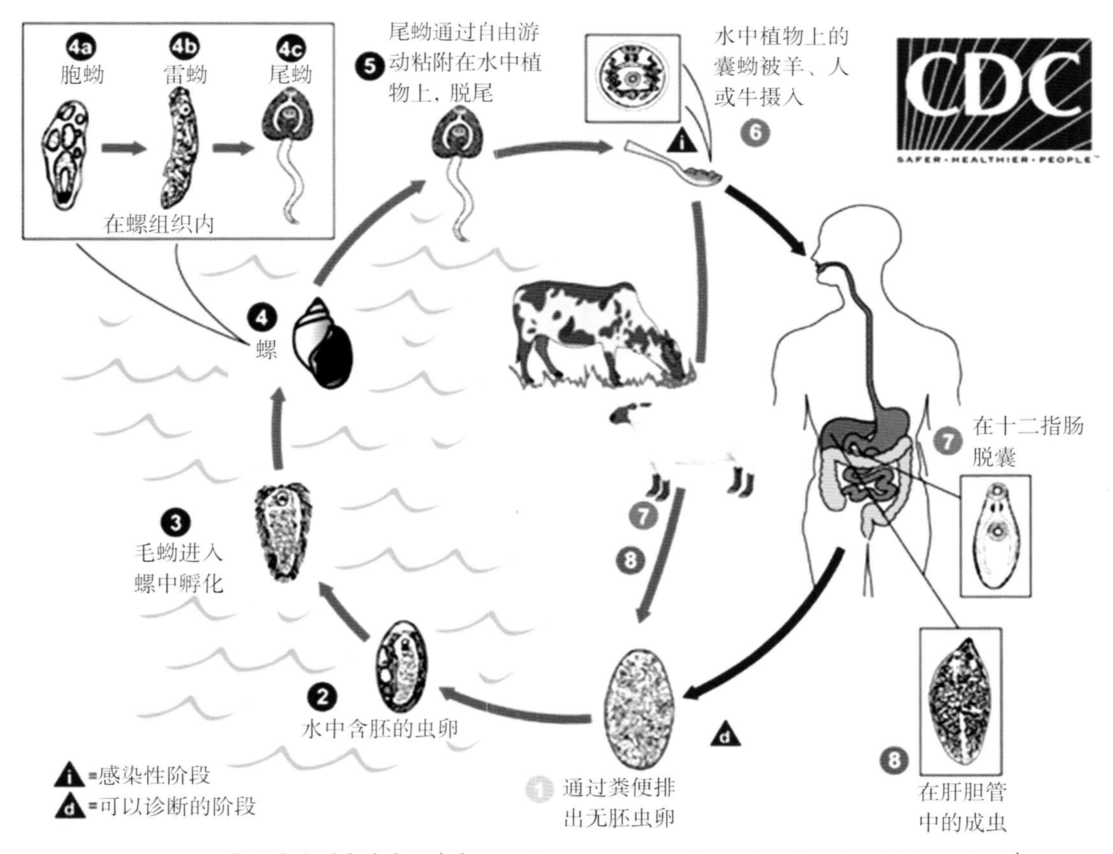

图 4-34 肝片吸虫生活史（本图来自 http://www. cdc. gov/parasites/Fasciola/biology.html）

图 4-35　肝片吸虫中间宿主椎实螺（郭志宏提供）

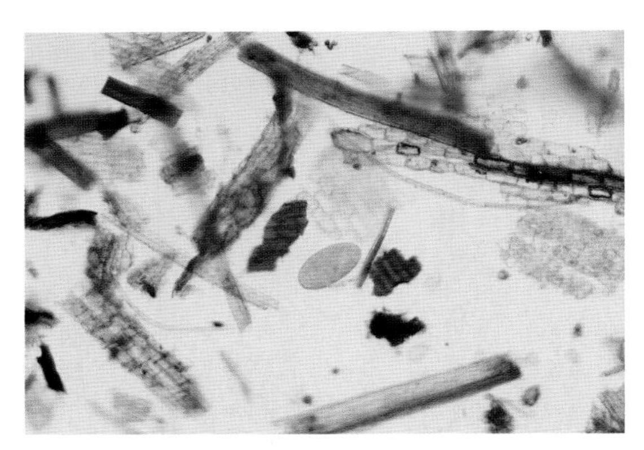
图 4-36　肝片吸虫卵（100×）（郭志宏提供）

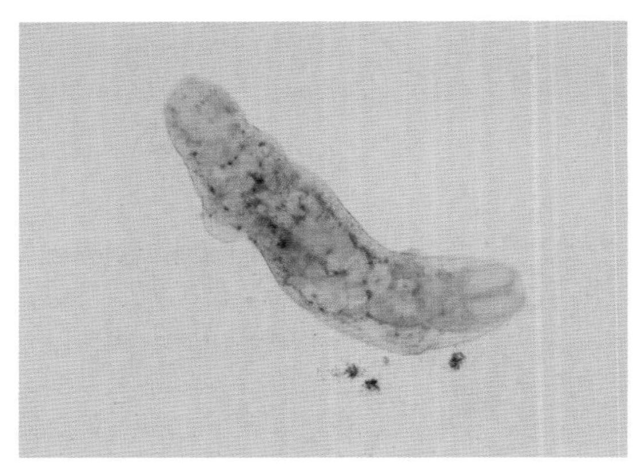
图 4-37　肝片吸虫胞蚴（400×）（郭志宏提供）

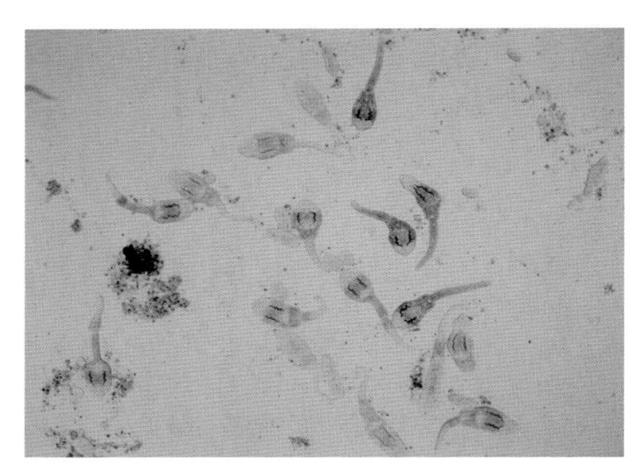
图 4-38　肝片吸虫尾蚴（郭志宏提供）

3. 症状

症状的表现程度，根据虫体多少、羊的年龄，以及感染后的饲养管理情况而不同。对于绵羊来说，当虫体达到 50 个以上时才会发生显著症状，年龄小的症状更为明显。绵羊和山羊的症状有急性型和慢性型之分。

急性型：多见于秋季，表现是体温升高，精神沉郁；食欲废绝，偶有腹泻；肝脏叩诊时，半浊音区扩大，敏感性增高；病羊迅速贫血。有些病例表现症状后 3~5 天发生死亡。

慢性型：最为常见，可发生在任何季节。病的发展很慢，一般在 1~2 个月后体温稍有升高，食欲略见降低；眼睑、下颌、胸下及腹下部出现水肿。病程继续发展时，食欲趋于消失，表现卡他性肠炎，因之黏膜苍白，贫血剧烈。由于毒素危害以及代谢障碍，羊的被毛粗乱，无光泽，脆而易断，有局部脱毛现象。3~4 个月后水肿更为剧烈，病羊更为剧烈，病羊更加消瘦。孕羊可能生产弱羔，甚至生产死胎。如不采取医疗措施，最后常发生死亡。

4. 剖检

病理解剖变化主要见于肝脏，其次为肺脏。有肝脏病变者为 100%，有肺脏病变者只占 35%~50%。器官的病变程度因感染程度不同而异。受大量虫体侵袭的患羊，肝脏出血和肿大。其中有长达 2~5mm 的暗红色索状物。挤压切面时，有污黄色的黏稠液体流出，液体中混杂有幼龄虫体。因感染特别严重而死亡者，可见有腹膜炎，有时腹腔内有大量出血；黏膜苍白。

慢性病例，肝脏增大更为剧烈。到了后期，受害部分显著缩小，呈灰白色，表面不整齐，质地变硬，胆管扩大，充满着灰褐色的胆汁和虫体。切断胆管时，可听到“嚓！嚓！”之声。由于胆管内胆汁积留与胆管肌纤维的消失，可以引起管道扩大及管壁增厚，致使灰黄色的索状出现于肝的表面。绵羊胆管的扩大颇不一致，故在肝的表面呈曲折的索状，触摸时感觉管壁厚而硬。其剖解变化详见图 4-39 和图 4-40 所示。

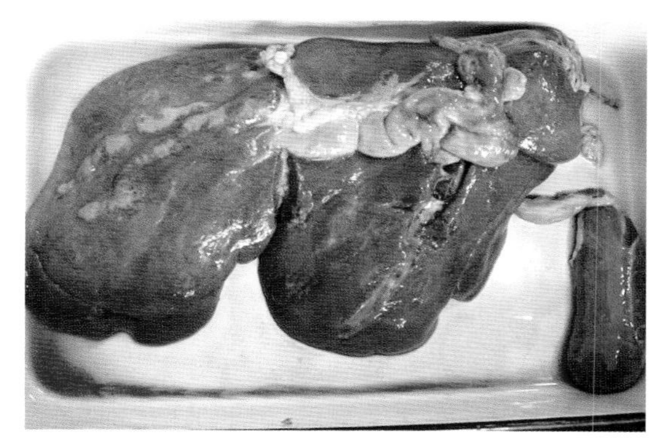

图 4-39　肝脏表面的绳索状和胆囊肿大（郭志宏提供）

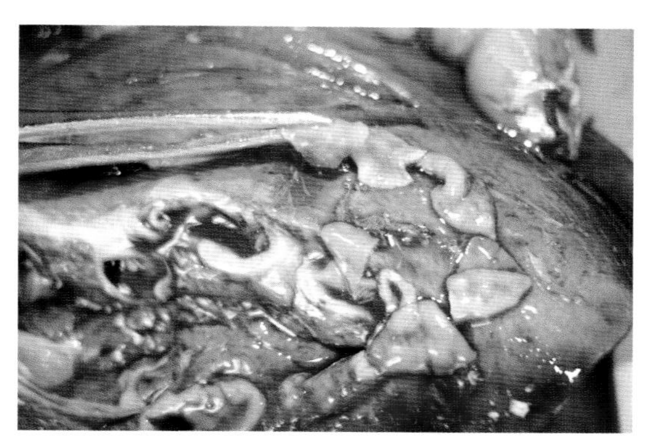

图 4-40　剪开胆囊可见肝片吸虫成虫（郭志宏提供）

肺的某些部分有局限性的硬固结节，大如胡桃到鸡蛋，其内容物为暗褐色的半液状物质；往往含有 1~2 条活的或半分解状态的虫体。结节的包囊为钙化结缔组织。肺表面颜色正常。

5. 诊断

在该病发生地区，一般可以根据下颌肿胀、不吃、下痢、贫血等症状进行诊断。但要确诊必须采用粪便检查法。粪便检查的方法很多，但大多数操作复杂或试剂昂贵而不能在实践中推广。较好的方法是虫卵漂浮沉淀法，检查的方法步骤如下。

（1）采取粪便样品（最多 3 克），放在玻璃杯内，注满饱和盐水（比重为 1.2），用玻璃棒仔细搅拌为均匀的混悬液，静置 15~20 分钟。

（2）用小铲除去浮于表面的粪渣。

（3）用 20~30 毫升上清液（大量检查样品时，为了加速操作程序，可将上清液倒出），在杯底剩留 20~30 毫升沉渣。

（4）向沉渣中加水至满杯，仔细用玻璃棒搅拌。

（5）对混悬液进行过滤，使滤液静置 5 分钟。过滤时可以使用纱布，最好使用网眼直径为 0.25mm 的金属筛。

（6）从杯中吸去上清液，于底部剩余 15~20 毫升沉渣。

（7）将沉渣移注于锥形小杯，再用少量水洗涤玻璃杯，并将洗液加入小杯。

（8）混悬液在锥形小杯中静置 3~5 分钟，然后吸去上清液，并如此反复操作。

（9）将沉渣移于载玻片上进行镜检。

实践证明，漂浮沉淀法在分析样品时比彻底洗净法快 3 倍，诊断效果（即正确的检出率和发现的片形吸虫虫卵计数）亦显著提高。

6. 预防

为了消灭片形吸虫病，必须贯彻“预防为主”的方针，同时要发动广大饲养员和放牧人员，采取下列综合性防治措施。

（1）防止健羊吞入囊蚴。

① 不要把羊舍建在低湿地区；

② 不在有片形吸虫的潮湿牧场上放牧；

③ 不让羊饮用池塘、沼泽、水潭及沟渠里的脏水和死水；

④ 在潮湿牧场上割草时，必须割高一些。否则，应将割回的牧草贮藏 6 个月以上饲用。

（2）进行定期驱虫。驱虫是预防该病的重要方法之一，应有计划地进行全群性驱虫，一般是每年进行 1 次，可在秋末冬初进行；对染病羊群，每年应进行 3 次：第一次在大量虫体成熟之前 20~30 天（成虫期前驱虫），第二次在第一次以后的 5 个月（成虫期驱虫），每三次在第二次以后的 2~2.5 个月。不论在什么时候发现羊患该病，都要及时进行驱虫。

（3）避免粪便散布虫卵。对病羊的粪便应经常用堆肥发酵的方法进行处理，杀死其中虫卵。对于施行驱虫的羊只，必须圈留 5~7 天，不让乱跑，对这一时期所排的粪便，更应严格进行消毒。对于被屠宰羊的肠内容物也要认真进行处理。

（4）防止病羊的肝脏散布病原体。为了达到这一目的，必须加强兽医卫生检验工作。对检查出严重感染的肝脏，应该全部废弃；对感染轻微的肝脏，应该废弃被感染的部分。将废弃的肝脏进行煮沸，然后用作其他动物的饲料。

（5）消灭中间宿主（螺蛳）。灭螺时要特别注意小水沟、小水洼及小河的岸边等处。具体方法如下。

① 排水：对于沼泽地和低洼的牧地进行排水，利用阳光暴晒的力量杀死螺蛳。

②喷洒药物溶液：对于较小而不能排水的死水地，可用 1∶50 000 的硫酸铜溶液定期喷洒，以杀死螺蛳，至少用 5 000mL/m^2 溶液，每年喷洒 1~2 次。也可用 2.5∶1 000 000 的血防 67 浸杀或喷杀椎实螺。

③ 生物灭螺：可在湖沼周围养鸭养鹅。

④ 发动群众：拣拾螺蛳，消灭池塘、沼泽、河岸及沟渠中的螺蛳。

7. 治疗

经过粪便检查确实诊断出患该病的羊只，应及时发动群众进行治疗。驱虫治疗一般在春秋两季进行。有效驱虫药的种类很多，可根据当时当地情况选用。

益兽宁（氯氰碘柳胺钠片，250 × 50 mg）

牛：5 mg/kg 体重即每 10 千克体重 1 片；羊 10 mg/kg 体重，即每 5 千克体重 1 片。

氯氰碘柳胺钠注射液

皮下或肌内注射 一次量羊每 1 千克体重 5 mg 或 0.1 mL；每 2 只 10 mL，20 千克以上仔猪、羔羊、犬每 4 只 10 mL。主要用于动物各类体内吸虫、线虫、钩虫及体外寄生节肢昆虫单独或混合感染的成虫、幼虫、移行期幼体及各期虫卵的扑杀。

肝虫清（三氯苯达唑片，100 mg）

内服，羊每 1 kg 体重 5~10 mg（相当于每 10~20 千克体重服用 1 片）。此药用量小，使用方便，疗效又好，深受群众欢迎。

肝片吸虫流行时间较长、经常用药的地区，硝氯酚、硫双二氯酚和丙硫苯唑的效果不佳。

下颌水肿严重而影响到呼吸、饮食困难时，应静脉注射 50% 葡萄糖，或者刺破水肿挤出液体。

（三）前后盘吸虫病（同端吸盘虫病、胃吸虫病）（Paramphistomosis）

前后盘吸虫病又名同端吸盘虫病、胃吸虫病或瘤胃吸虫病（Rumen fluke infestation），是指由前后盘科的吸虫寄生于瘤胃引起的疾病，因而称为瘤胃吸虫病。成虫寄生在羊的瘤胃和网胃壁上，危害不大；幼虫则因在发育过程中移行于真胃、小肠、胆管和胆囊，可造成较严重的疾病，甚至导致死亡。该病遍及全国各地，南方较北方更为多见。这是绵羊的一种急性寄生虫病，早期以十二指肠炎与腹泻为特征。

1. 病原及其形态特征

病原为前后盘吸虫（*Parmphistormun*）。本科中的种类很多，其代表种是鹿前后盘吸虫（*Parmphistormun cervi*）和在我国最常见的长菲策吸虫（*Fischoederius elongatus*）。其成虫主要寄生在反刍动物的瘤胃壁上，有时在网胃和重瓣胃也可发现。大多数羊均有大量虫体寄生，危害一般不严重。如果有很多童虫寄生在真胃、胆管、胆囊和小肠时，可以引起严重的寄生虫病。虫体形态因种类不同而差别很大。有酌长数毫米，有的达 20mm 以上；有的灰白色，有的深红色。它们的共同特征是虫体肥厚，呈圆锥状或圆柱状。口吸盘在虫体前端，另一吸盘较大，在虫体后端，故不称双口吸虫，而称前后盘吸虫。鹿前后盘吸虫：为淡红色，圆锥形，长 5~11mm，宽 2~4mm。背面稍拱起，腹面略凹陷，有口吸盘和后吸盘各一。后吸盘位于虫体后端，吸附在羊的胃壁上。口吸盘内有口孔，直通食道，无咽。有盲肠两条，弯曲伸达虫体后部。有两个椭圆形略分叶的睾丸，前后排列于虫体的中部。睾丸后部有圆形卵巢。子宫弯曲，内充满虫卵。卵黄腺呈颗粒状，散布于虫体两侧，从口吸盘延伸到后吸盘。虫卵的形状与肝片吸虫很相似，灰白色，椭圆形，卵黄细胞不充满整个虫卵，只在一方面集结成群。

长菲策吸虫：为深红色，长圆筒形，前端稍尖，长 10~23mm，宽 3~5mm。体腹面具有楔状大腹袋。两分叉的盲管仅达体中部。有分叶状的两个睾丸，斜列在后吸盘前方。圆形的卵巢位于两侧睾丸之间。卵黄腺呈小颗粒状，散布在虫体的两侧。子宫沿虫体中线向前通到生殖孔，开口于肠管分叉处的前方。虫卵和鹿前后盘吸虫相似。

2. 生活史

前后盘吸虫的生活史与片形吸虫基本相似，所不同的是中间宿主是小椎实螺或尖口圆扁螺。而且羊感染囊蚴后，童虫先在真胃、胆管、胆囊、小肠中寄生3~8周，最后返回到瘤胃中发育为成虫。其成虫以及在胃壁上的形态详见图4-41和图4-42所示。

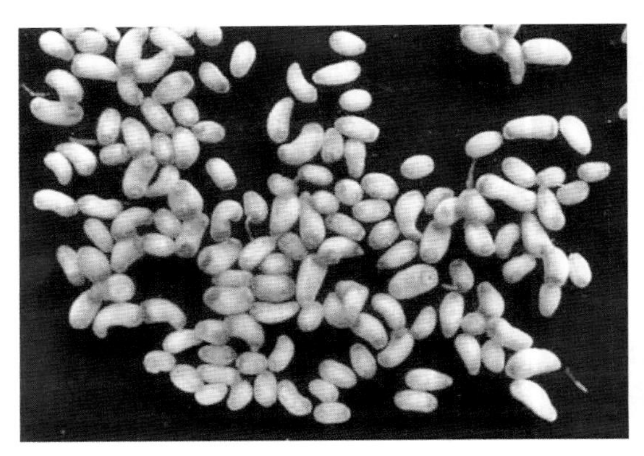

图4-41　前后盘吸虫成虫（郭志宏提供）

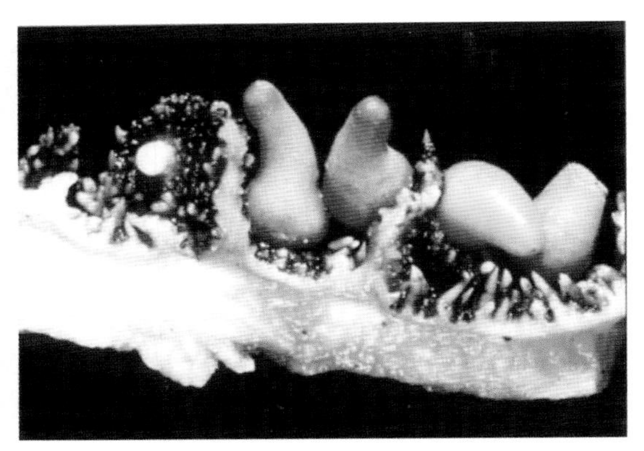

图4-42　前后盘吸虫寄生在胃壁上的形态（郭志宏提供）

3. 症状

在童虫大量侵入十二指肠期间，病羊精神沉郁，厌食，消瘦，数天后发生顽固性拉稀，粪便呈粥状或水样，恶臭，混有血液。以致病羊急剧消瘦，高度贫血，黏膜苍白，血液稀薄，红细胞在3×10^{12}/L左右，血红蛋白含量降到40%以下。白细胞总数增高，出现核左移现象。体温一般正常。病至后期，精神萎靡，极度虚弱，眼睑、颌下、胸腹下部水肿，最后常因恶病质而死亡。成虫引起的症状也是消瘦、贫血、下痢和水肿，但经过缓慢。

4. 剖检

在尸检时，大肠含有大量液体，混有血液。十二指肠肿胀、出血，可能含有大量幼吸虫。在死羊尸检或屠宰动物可偶然发现瘤胃内有成年吸虫定位于前背囊的乳头中间，见图4-43。

图4-43　胃壁上寄生的前后盘吸虫（郭志宏提供）

5. 诊断

（1）生前诊断。童虫引起的疾病，主要是根据临床症状，结合流行病学资料分析来判断。还可进行试验性驱虫，如果粪便中找到相当数量的童虫或症状好转，即可作出诊断；对成虫可用沉淀法在粪便中找出虫卵加以确诊。

（2）死后诊断。在瘤胃发现成虫或在其他器官找到幼小虫体，即可确诊，同时可以推测其他羊只是否患有该病。

6. 防治

预防可参考片形吸虫病。治疗可用益兽宁（氯氰碘柳胺钠片）或氯氰碘柳胺钠注射剂，肝虫清（三氯苯达唑片），用量、用法均同片形吸虫病。

（青海省畜牧兽医科学院　郭志宏供稿）

五、线虫病

（一）捻转血矛线虫病（Haemonchosis）

捻转血矛线虫病又称捻转胃虫病，是由捻转血矛线虫寄生于真胃及小肠引起的羊主要毛圆线虫病，能引起羊只的消瘦与死亡，特别是在每年春季为造成羊死亡的主要原因之一，对养羊业危害很大。

1. 病原及其形态特征

病原为捻转血矛线虫（*Haermonchus contortus*，捻转胃虫）。捻转胃虫寄生于羊的第四胃、小肠，是胃寄生虫中最大的一种。有时由于数目太多，也可在小肠内发现。雄虫长 15~19mm，为浅红色。雌虫长 27~30mm，从体表可见红白两色相扭缠，形成红白相间的外观；红色为充满血液的消化管，白色为生殖管，因此有些群众称之为“麻花虫”。阴门位于虫体后半部，有一拇指状阴门盖。有人以阴门盖的形状作为亚种分类的依据。卵壳薄、光滑、稍带黄色。厚约为 1μm，由两层组成，外层为几丁质外壳，内壳为卵黄膜，其中几乎为胚细胞所充满，两端有空隙，胚细胞为 16~32 个。其形态结构详见图 4-44 至图 4-47 所示。

虫卵呈卵圆形，为淡黄色，长 75~95μm，宽 40~50μm，初排出的卵中有 24 个以上的卵细胞。

2. 生活史

捻转胃虫的繁殖力很强，每虫每日可产卵 5 000~10 000 个。在适宜温度下（26℃）19h 即可孵化。

虫卵在 0℃的时候不发育，7.2℃时极少发育到孵化前期。虫卵发育到第三期幼虫所需的时间：11℃，15~20 天；14.4，9~12 天；21.7℃，5~8 天；37℃，3~4 天。低于 5℃，

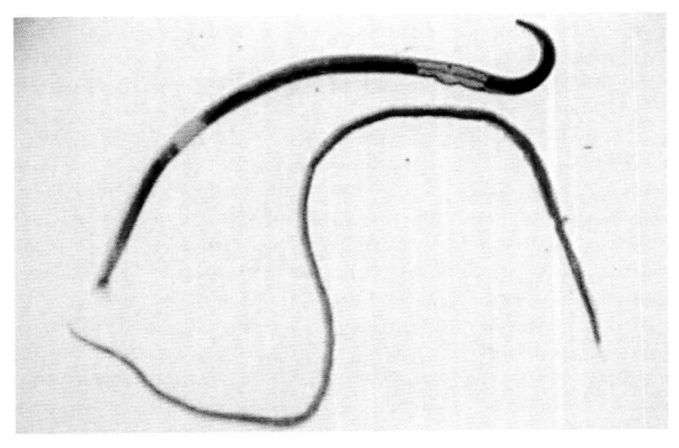

图 4-44　捻转血矛线虫（蔡进忠提供）

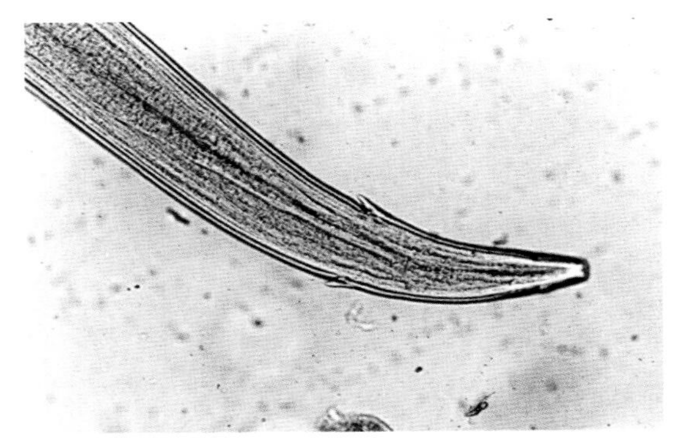

图 4-45　捻转血矛线虫头端（蔡进忠提供）

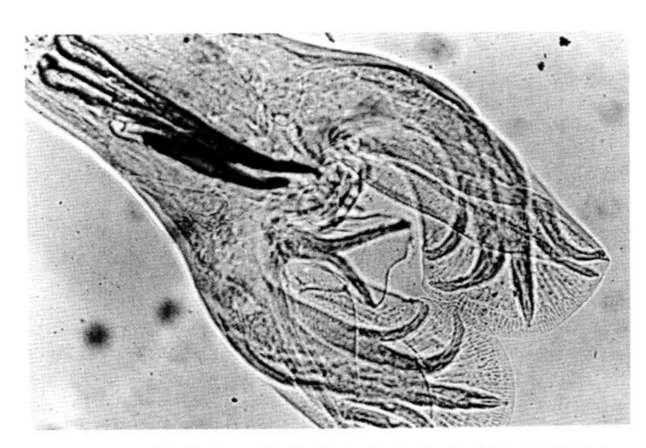

图 4-46　捻转血矛线虫雄虫交合伞（蔡进忠提供）

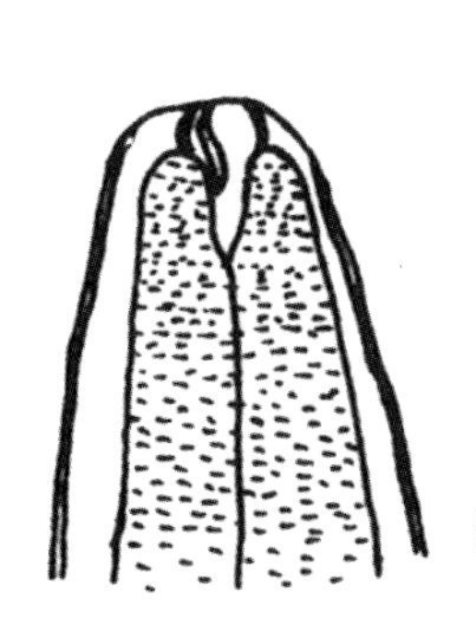

A. 前部

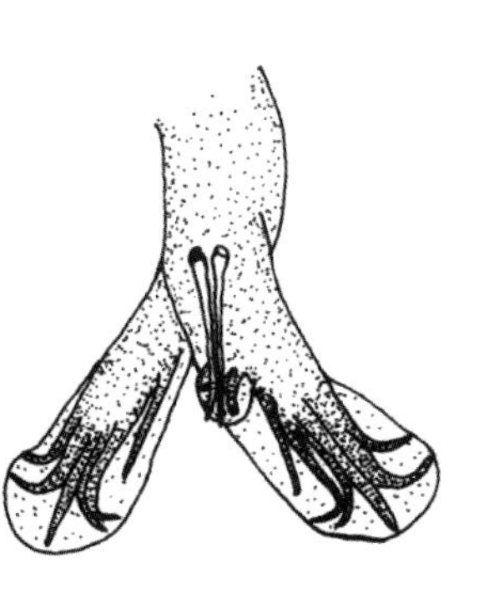

B. 雄虫尾部

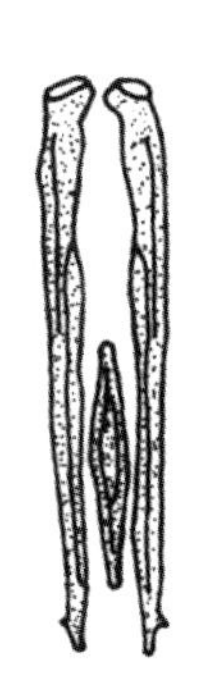

C. 交合刺和引带

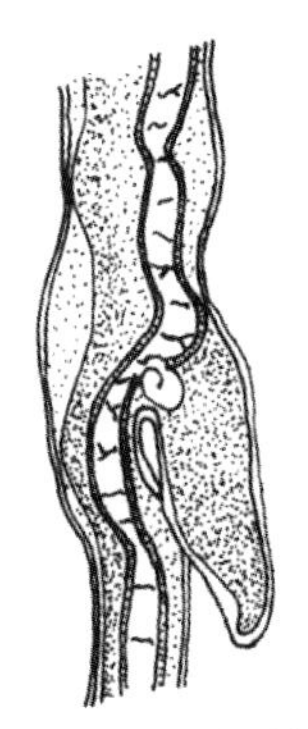

D. 舌型阴门瓣

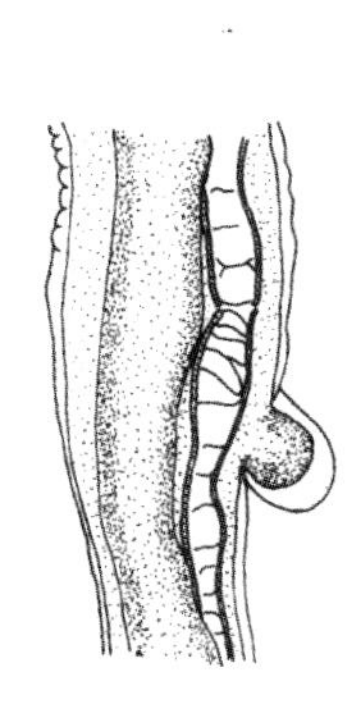

E. 球型阴门瓣

图 4-47　捻转血矛线虫（蔡进忠提供）

虫卵在 4~6 天内死亡。感染前期的幼虫在 40℃以上时迅速死亡；但在冰冻条件下可以生存很长的时间。

（1）卵随粪便排出体外。如果温度和湿度都适宜，一昼夜内即孵出幼虫，经两次蜕化，在 1 周左右发育成为侵袭性幼虫。卵在牧场上能生存 2~3 个月。

（2）幼虫在足够的湿度及弱光线下，向着草叶的上部移行。如果草上的湿度降低，光线变强，幼虫就移回草根泥土中。由此可知幼虫活动最强的时间是早晨，其次是傍晚，这些时候也正是感染的适宜时机。

（3）当羊只吞入这些侵袭性幼虫时，即受到感染。在正常情况下，幼虫在羊体内25~35天即发育为成虫，而且大量产出虫卵。

3. 症状

急性：最引入注意的是肥胖羔羊的突然死亡。如果检查同群中其他羔羊，可发现结膜高度贫血。

亚急性：粪便干硬而少，时常便秘。如有下痢，也是因为初吃青草，或者有毛圆线虫混合感染。

慢性：病羊食欲减退，精神迟钝，喜欢孤立，放牧时常落在群后。羊毛干而脆。黏膜高度贫血，下痢便秘交替发生。因为血液稀薄，体液外漏，而发生典型的颌下、胸下或腹下水肿。水肿常在夜间自然消失。病羊逐渐消瘦，行走不稳，最后由于极度衰竭而死亡。

4. 剖检

尸体消瘦贫血，内脏显著苍白。胸、腹腔及心包积水。大网膜和肠系膜胶样浸润。肝脏呈浅灰色，脆弱易烂。第四胃黏膜水肿，有虫引起的伤痕和浅溃疡，胃内容物呈浅红色，含有大量虫体。

5. 诊断

临床症状及虫卵都无显著特征，只有采用以下方法进行确诊。

虫卵检查：采用饱和盐水漂浮法检查虫卵。必要时培养检查第三期幼虫。

剖检中检出虫体时，即可确诊。

幼虫培养：取病羊粪便，与土壤混合，盛入培养皿中，在25~30℃及60%~70%的湿度下，培养4~5天，收集幼虫镜检。

6. 预防

科学饲养：加强饲养管理，保持羊舍清洁干燥，注意饮水卫生；合理补饲精料，增强羊的抗病能力。

粪便无害化处理：定期清理羊圈舍，对粪便进行发酵处理，杀灭虫卵和幼虫，特别注意不要让冲洗圈舍后的污水混入饮水，圈舍适时药物消毒。

有条件时，合理轮牧或合理放牧。

7. 治疗

一般秋、冬两季各进行一次驱虫。

其技术关键是“驱虫时间、对象、剂量、密度”，即在冬秋季，对线虫成虫及寄生期幼虫，使用有效剂量，高密度驱虫。

可供选用的驱虫药物及使用剂量：

伊维菌素片剂，对线虫和节肢动物有效，一次量，按0.3mg/kg体重剂量，经口给药。

伊维菌素注射剂，对线虫和节肢动物有效，一次量，0.2 mg/kg体重体重，皮下注射。

奥芬达唑片剂，对体内线虫、吸虫、绦虫有驱虫活性，一次量按7.5~10mg/kg体重剂量，经口给药。

硫苯咪唑片剂，对体内线虫、吸虫、绦虫有驱虫活性，一次量按10~15mg/kg体重剂量，经口给药。

阿苯达唑片剂，对体内线虫、吸虫、绦虫有驱虫活性，一次量按 10~15mg/kg 体重剂量，经口给药。

注意事项：为避免线虫产生抗药性，采用交替用药的方法进行驱虫。保证投药剂量准确。给药后固定区域排虫。做好给药后绵羊粪便无害化处理。泌乳期羊在正常情况下禁止使用任何药物，因感染或发病必须用药时，药物残留期间的羊乳不作为商品乳出售，按《动物性食品中兽药最高残留限量》的规定执行休药期和弃乳期。对供屠宰的羊，应执行休药期规定。

（青海省畜牧兽医科学院　蔡进忠供稿）

（二）仰口线虫病（钩虫病）

（Bunostomiasis，Hookworm disease）

仰口线虫病又称钩虫病，是羊仰口线虫（*Bunostomun trigonocephalam*）寄生于绵羊及山羊小肠（以十二指肠部最多）引起的羊常见的寄生虫病。在西北、东北、内蒙古广大牧区发生较普遍。引起贫血，对家畜危害十分大，并引起死亡。

1. 病原及其形态特征

病原为羊仰口线虫（*Bunostomun trigonocephalam*），多寄生于小肠，以十二指肠部最多。羊的钩虫为乳白色或淡红色，是雌雄异体。雌虫长 15.5~21mm，尾钝而圆，阴门位于中部前方不远处。雄虫长 12.5~17mm，虫体前端弯向背面，因此口向上仰，故有仰口线虫之称。钩虫卵长 0.079~0.097mm，宽 0.047~0.050mm，颜色深，两端钝圆，一边较直，一边中部稍凹陷，在镜下观察时，显得肥胖，颇似肾脏，很容易识别。

其形态结构详见图 4-48 至图 4-50 所示。

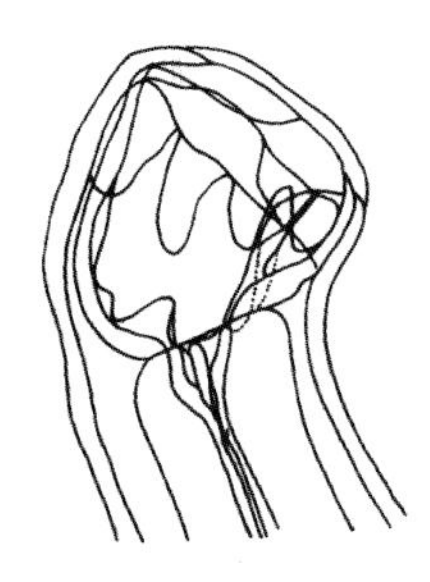

A：前端侧面

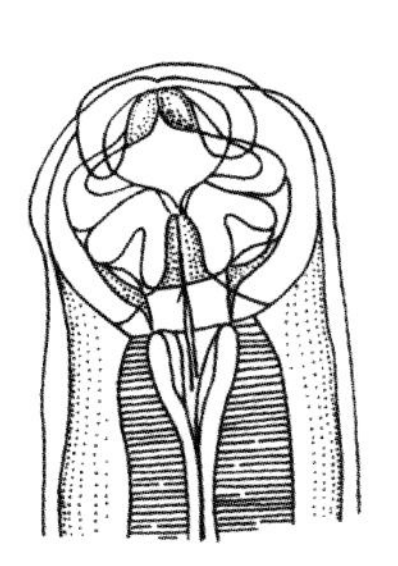

B：前端正面

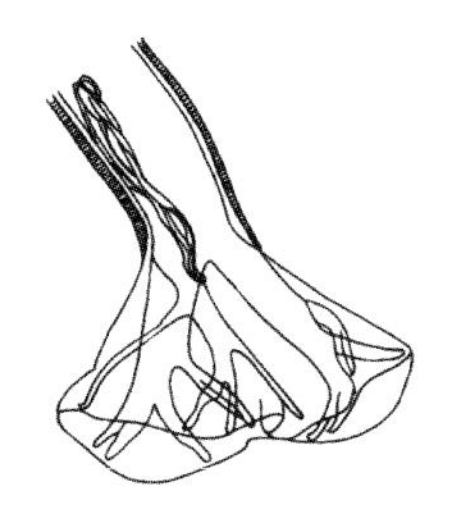

C：交合伞

图 4-48　羊仰口线虫（蔡进忠提供）

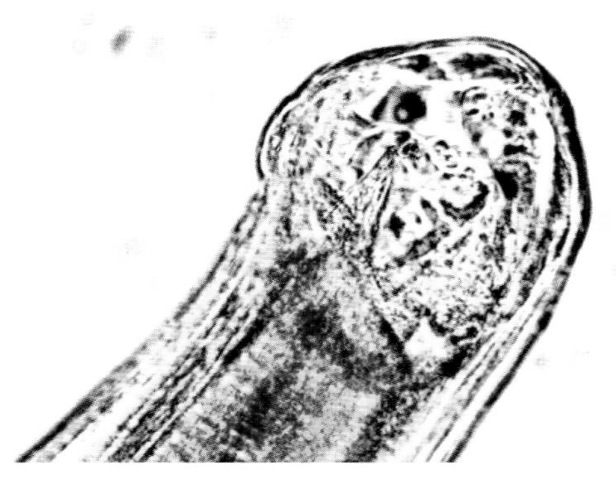

图 4-49　羊仰口线虫口囊（蔡进忠提供）

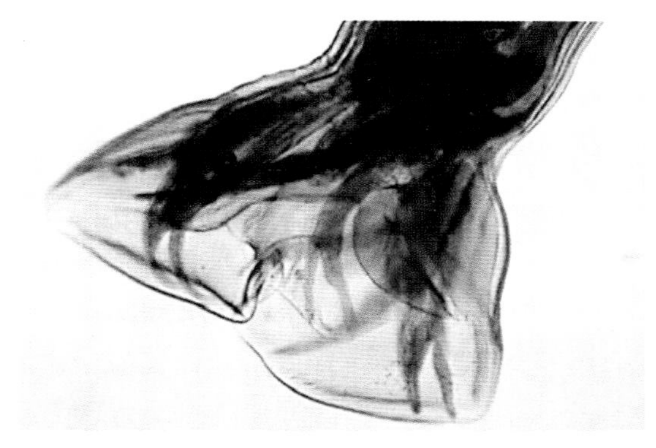

图 4-50　羊仰口线虫雄虫交合伞（蔡进忠提供）

2. 生活史

虫卵随着粪便排出，在体外环境发育孵化为幼虫。如果环境潮湿，温度适宜，幼虫即经过两次蜕化，而变为侵袭性幼虫。侵袭性幼虫能够沿着潮湿的牧草移行，它侵入羊体的方式有两种：一种是由于羊只随着吃草或饮水将其吞进消化道；另一种是由于幼虫直接钻入皮肤。在宿主体内的发育过程，随着感染方式的不同而有区别：

（1）经口感染。幼虫先钻进胃壁或肠壁，停留几天之后，再返回肠腔，而固着在肠黏膜上，继续成长到性成熟期。25 天后，12%~14% 的幼虫得到发育。

（2）经皮肤感染。幼虫随着血液到心脏，按照以下路径移行：

心脏──►肺脏（大部分）肺泡──►气管──►喉头──►咽──►肠腔，幼虫在移行的同时，逐渐成长，发育到性成熟期。有时幼虫可随血液到达其他脏器，引起小出血点，然后即归死亡。如果羊只怀孕，幼虫可经过胎盘到达胎儿，而引起先天性感染。85% 的得到发育。

3. 症状

因为钩虫是借其发达的角质口囊吸着于小肠黏膜，以吸食血液为主，故使感染羊只表现出进行性贫血、顽固性下痢及下颌水肿。结果引起大羊消瘦，小羊发育不良。严重病例常会造成死亡。

4. 诊断

应用饱和盐水漂浮法从粪便中检查虫卵，剖检中发现虫体时，即可确诊。

5. 预防

参照捻转血矛线虫病的预防措施。

6. 治疗

参照捻转血矛线虫病的治疗措施。发现钩虫病之后，必须及早进行药物驱虫。如果患羊贫血严重，还应同时给予铁剂。

（青海省畜牧兽医科学院　蔡进忠供稿）

（三）食道口线虫病（结节虫病）

（EsophagostomLasis，Nodule warm）

食道口线虫病是由食道口线虫引起的。由于幼虫阶段引起肠壁上形成黄绿色结节，因而称为结节虫。因为发生结节的肠子不能制做肠衣，所以造成的经济损失很大。

1. 病原及其形态特征

病原为食道口线虫（*Esophagostrorma*）。该寄生的部位是结肠的肠壁和肠腔。在我国，寄生于羊的食道口线虫共有 4 种。

（1）哥伦比亚食道口线虫。雄虫长 12~13.5mm，雌虫长 16.7~18.6mm。发达的侧翼膜，致使身体前部弯曲。

（2）甘肃食道口线虫。雄虫长 14.5~16.5mm，雌虫长 18~22mm。发达的侧翼膜，前部分弯曲。

（3）微管食道口线虫。雄虫长 12~14mm，雌虫长 16~20mm。无侧翼膜，前部直，口囊宽而浅。

（4）粗纹食道口线虫。雄虫长 13~15mm，雌虫长 17.3~20.3mm。口囊较深，内冠 20~24 叶，外冠叶 10~12 叶。

除了甘肃食道口线虫只见于绵羊之外，其他三种在绵羊和山羊都有寄生。甘肃食道口线虫较大，哥伦比亚食道口线虫较小，其余两种介于二者之间。从外形看，前两种相似，虫体前部都弯曲呈钩状；而后两种虫体的前部并不弯曲。不管是哪一种，都是洁白色。其形态结构特征详见图 4-51 和图 4-52 所示。

B：头端顶面

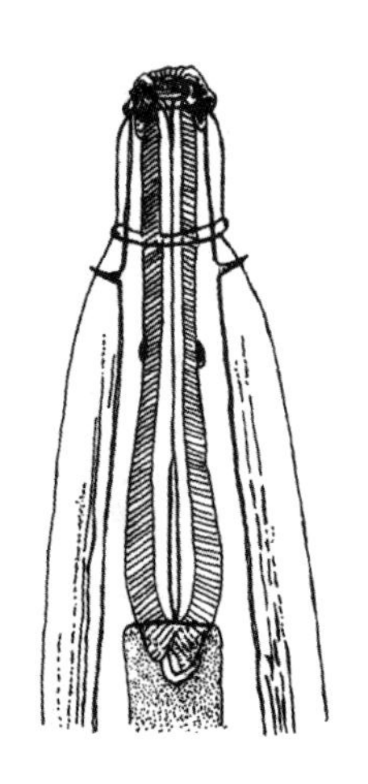

A：前部腹面

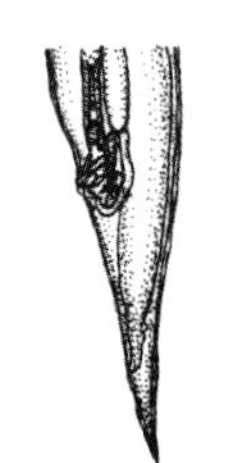

C：雌虫后面

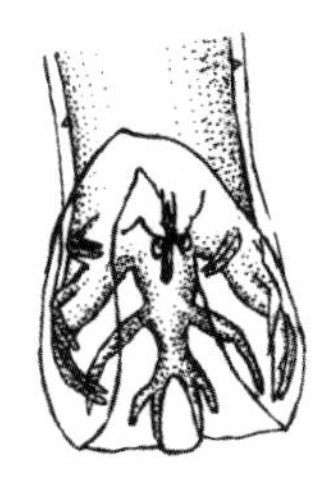

D：雌虫尾端

E：生殖锥

图 4-51　哥伦比亚食道口线虫（蔡进忠提供）

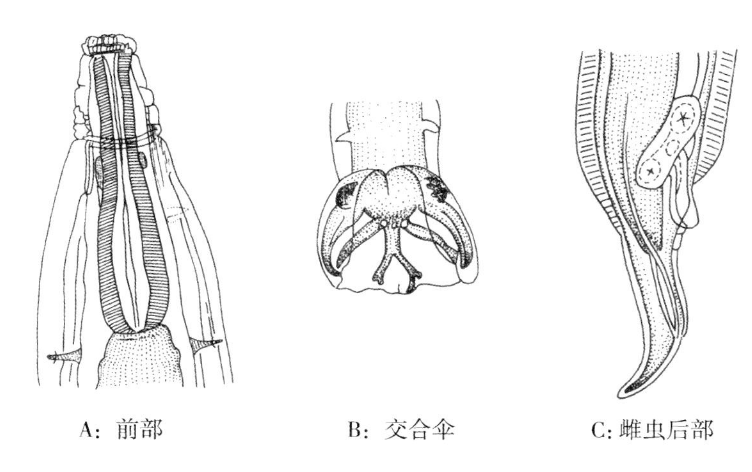

图 4-52　甘肃食道口线虫（蔡进忠提供）

2. 生活史

食道口线虫的生活史和捻转胃虫基本相同，只是当侵袭性幼虫感染羊只后，不在肠腔停留，先侵入肠壁内发育生长，经过 5 天左右再回到结肠的肠腔内，发育为成虫。从健羊受到感染之日算起，大约经过 41 天，就可以从粪便中排出虫卵。

3. 症状

羔羊初期急性症状是顽固性下痢，粪常呈暗绿色，含有很多黏液，有时带血。病畜弓腰，后肢僵直，有腹痛感。转为慢性时，变为间歇性下痢，逐渐消瘦，在没有适宜的管理和医疗的情况下，可能陷于极度衰弱而死。有些病畜可出现抽搐，口吐泡沫，此乃因寄生在肠道的食道口线虫分泌物产生强烈的毒害作用所致。

临床症状可分为急性和慢性两期。

急性期：是由于幼虫钻入肠黏膜所引起的。其特征是顽固性下痢，粪便呈黑绿色，带有很多黏液，有时带有血液。病羊疝痛，食欲减退。拱背，翘尾，伸展后肢。有痉挛性排尿。按压其腹壁时，有疼痛表现。如不及时治疗，可引起羊只极度消瘦而死亡。

慢性期：是成虫寄生阶段所引起。病羊呈间歇性下痢，经久时消瘦衰弱，终致虚脱而死。

如果感染轻微，除了初期表现间歇性下痢以外，再无其他症状。

4. 剖检

尸体消瘦。肠黏膜充血、水肿，结肠壁上散在着形状不规则的结节，大小为 2~10mm，内含浅绿色脓样物，有时内容物为灰褐色，或者完全钙化而变得很硬。在结节内常可找到幼虫。微管结节虫的幼虫并不在肠壁上产生结节。成虫的寄生部位是在结肠前部的黏膜与粪便之间的黏液内。寄生部分的颜色发红，黏膜增厚，部分上皮脱落。

5. 诊断

应用饱和盐水漂浮法从粪便中检查虫卵，剖检中检出虫体时，即可确诊。

根据虫卵进行诊断时，必须注意与捻转胃虫卵的区别：结节虫卵的颜色较深，虫卵中的胚细胞比捻转胃虫卵为少（只有 4~16 个，捻转胃虫卵的胚细胞则有 24 个或更多），而且卵细胞的界限较不明显。

如有条件，还可根据从粪便培养出的侵袭性幼虫的形态进行诊断。

6. 预防

参照捻转血矛线虫病的预防措施。

7. 治疗

参照捻转血矛线虫病的治疗措施。

（青海省畜牧兽医科学院　蔡进忠供稿）

（四）夏伯特线虫病（阔口线虫病）（Chabertiasis）

该病在西北分布很广，危害相当严重，在干燥高寒地区某些羊群中的寄生和春乏时期危害严重，受害最大的是 1 岁左右的绵羊。

1. 病原及其形态特征

该病是由夏伯特线虫属（*Chabertia*）的线虫寄生于大肠内引起的。本属线虫有或无颈沟，颈沟前有不明显的头泡，或无头泡。口孔开向前腹侧。有两圈不发达的叶冠。口囊呈亚球形，底部无齿。雄虫交合伞与食道口属相近似；交合刺等长，较细；有引器。雌虫阴门靠近肛门。常见种有绵羊夏伯特线虫（*C. ovina*）和叶氏夏伯特线虫（*C. erschowi*）。

绵羊夏伯特线虫是一种较大的乳白色线虫。前端稍向腹面弯曲。有一近似半球形的大口囊；其前缘有两圈由小三角形叶片组成的叶冠。腹面有浅的颈沟，颈沟前有稍膨大的头泡。雄虫长 16.5~21.5 mm。有发达的交合伞，交合刺褐色。引器呈淡褐色。雌虫长 22.5~26.0 mm，尾端尖，阴门距尾端 0.3~0.4 mm；阴道长 0.15 mm。虫卵呈椭圆形，大小为（100~120）μm ×（40~50）μm。

叶氏夏伯特线虫无颈沟和头泡，外叶冠小叶呈圆锥形；内叶冠小叶呈细长指状，尖端突出于外叶冠基部下方，雄虫长 14.2~17.5mm，雌虫长 17.0~25.0mm。虫体粗壮，呈淡黄白色。头端为圆形，有半球形口囊，口孔开向前腹侧，因为口孔宽大，故称阔口线虫。雄虫长度 14~22.5mm，雌虫 16~26mm。雄虫交合伞发达，1 对交合刺较细。雌虫阴门靠近肛门。其形态结构详见图 4-53 和图 4-54 所示。

2. 生活史

夏伯特线虫虫卵随宿主粪便排到外界，在 20℃的温度下，经 38~40 小时孵出幼虫，再经 5~6 天，蜕化 2 次，变为感染性幼虫。宿主经口感染，感染后 72 小时，可以在盲肠和结肠见到脱鞘的幼虫。感染后 90 小时，可以看到幼虫附着在肠壁上或已钻入肌层。感染后 6~25 天，第 4 期幼虫在肠腔内发育蜕化为第 5 期幼虫。至感染后 48~54 天，虫体发育成熟，吸附在肠黏膜上生活并产卵。成虫寿命 9 个月左右。

3. 症状

夏伯特线虫以强大的口囊吸血，在肠黏膜上造成损伤。由于虫体经常变动位置，故可引起很多损伤，因而可以并发细菌感染。成虫还能分泌毒素，影响羊的健康更大。

该病的临床症状与捻转胃虫病相似。可以造成患羊黏膜苍白，排出浆液黏液性而带血

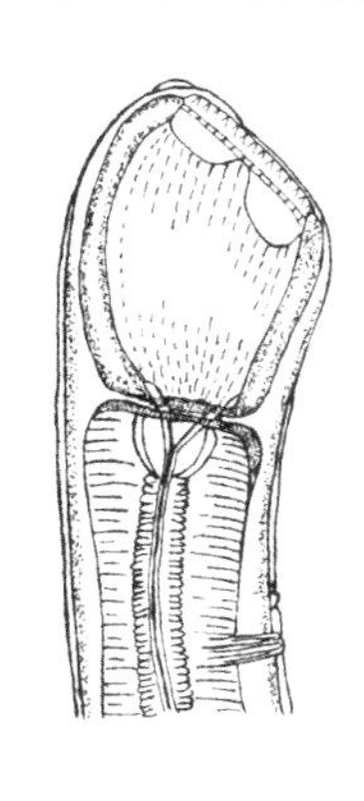

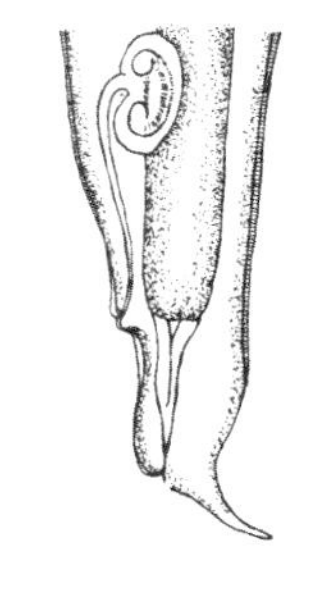

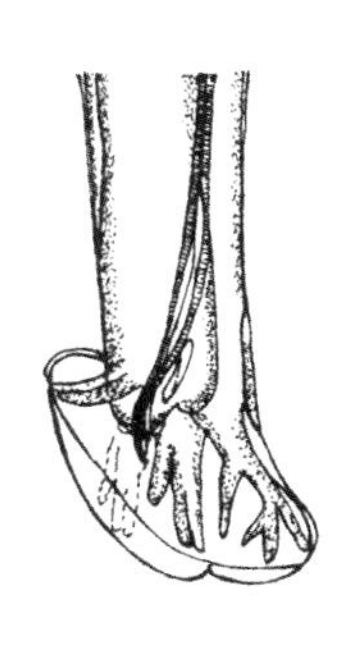

A. 前端　　B. 雌虫后部　　C. 雌虫尾部

图 4–53　羊夏伯特线虫（蔡进忠提供）

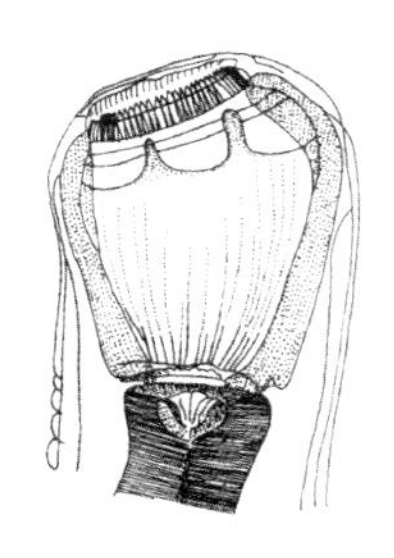

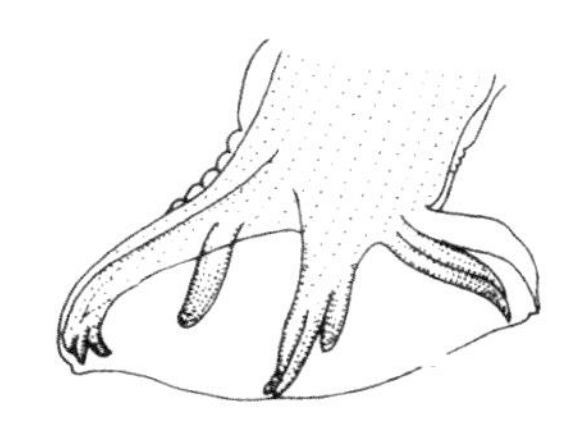

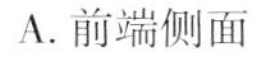

A. 前端侧面　　B. 交合伞侧面

图 4–54　叶氏夏伯特线虫（蔡进忠提供）

的粪便。食欲减少，渴欲增加。颌下水肿，被毛干燥。时间较长时，患羊消瘦，有时能够引起羊只死亡。

4. 剖检

严重感染时，在一只羊的大肠内可寄生到 1 500 条左右，在距离肛门 30cm 左右处可以发现虫体。虫体往往成团存在，堵塞肠道。

5. 诊断

应用饱和盐水漂浮法从粪便中检查虫卵，剖检中检出虫体时，即可确诊。

6. 预防

参照捻转血矛线虫病的预防措施。

7. 治疗

参照捻转血矛线虫病的治疗预防措施。但口服必须采用较大剂量。

（青海省畜牧兽医科学院　蔡进忠供稿）

（五）肺丝虫病（肺线虫病）（Lungworm disease）

该病在绵羊和山羊都可发生，各地牧区常有流行，往往造成羊只的大批死亡。

1. 病原及其形态特征

羊肺丝虫病的病原包括两类，即大型肺丝虫（网尾科）和小型肺丝虫（原圆科），前者是指丝状网尾线虫（*Dictyocaulus filaria*），后者包括有许多种，以缪勒属线虫（*MueLLerius capillaris*）分布最广。前者主要危害绵羊，后者主要危害山羊，但一般都是二者共同危害引起发病。这里所讲的肺丝虫病，是指由丝状网尾线虫引起的疾病而言。

大型肺丝虫的成虫寄生于绵羊和山羊的支气管内。致病力强，危害最大。虫体很细，为乳白色，黑色肠管穿行于体内，口囊小而浅。雄虫长 30~80mm，交合伞末端分开，1 对交合刺粗短。雌虫长 50~112mm，阴门位于虫体中部。

虫卵为椭圆形，内部含有幼虫。其形态结构详见图 4–56 至图 4–58。

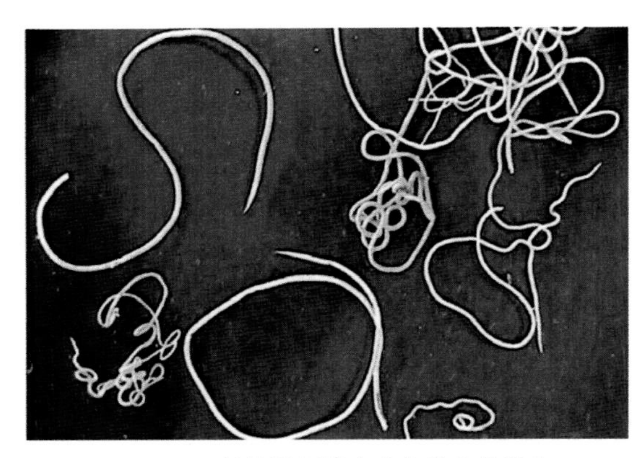

图 4–55　丝状网尾线虫（蔡进忠提供）

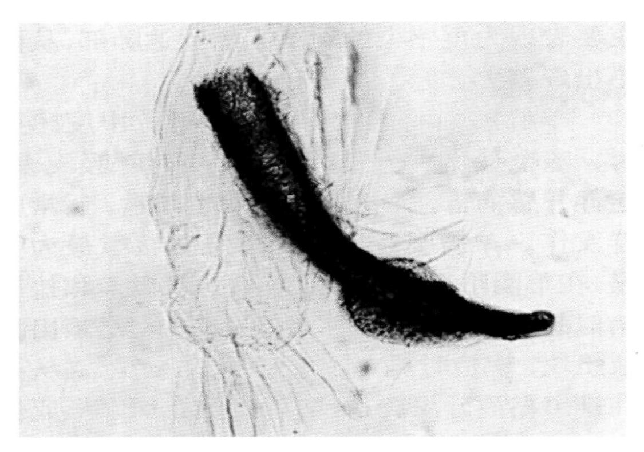

图 4–56　网尾线虫雄虫尾端（蔡进忠提供）

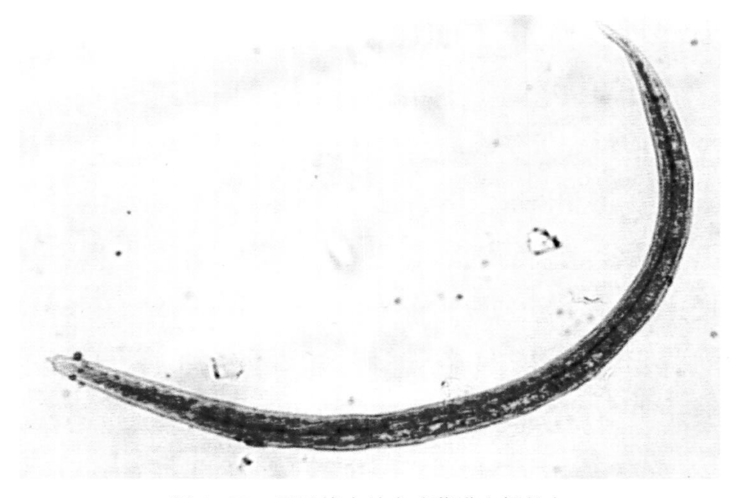

图 4–57　网尾线虫幼虫（蔡进忠提供）

② 脑髓变化：病变也是发生于白质部分。其特征是在导水管及脑室上皮细胞下面的血管周围，发现有套状淋巴细胞浸润，以及神经纤维发生变性和消失；此种变化以在脑侧室前半部的基底附近比较多见。

5. 预防

（1）增强防蚊工作。

① 养绵羊和山羊的地方应该距离养牛处远一些，同时搞好羊舍及周围环境卫生，灭蚊驱虫，防止蚊虫叮咬。

② 畜舍要明亮、干燥，排水良好，设置窗纱。羊在傍晚入舍以前，先给舍内喷洒杀虫剂或进行熏蚊工作。

（2）预防注射。于蚊子发生时期，每 20~30 天，进行 2~3 次预防注射。锑剂的预防注射量是 5~6mg/kg 体重，分 2 次注射。

6. 治疗

必须及早进行治疗，才能获得效果。

（1）对症疗法。

① 将病羊隔离于清洁干燥处。用冰水灌注头部，以肥皂水或微温水灌肠。

② 注射 4% 的乌洛托品及复方氨基比林，并进行输液。

③ 给予泻剂，可用硫酸钠 80~100g 溶于 1 000mL 水中灌服，或者灌服人工盐 70~100g。

④ 不能起立时，应垫以大量褥草，并时常更换位置及翻转身体，或用吊带吊起，以防发生褥疮。

⑤ 给接地的眼部施用绷带，以免擦碰而发生损伤。

⑥ 不全麻痹时，应给以镇静剂。初期行刺激疗法（如涂擦刺激剂，或用柔软干草摩擦患肢），亦可获得相当效果。

（2）驱虫。在寄生虫未达到脑和脊髓以前，注射海群生、锑剂或砒素剂杀死体内感染的虫体。

① 乙胺嗪（diethylcarbamazine，hetrazan，海群生）口服。每次 10mg/kg 体重剂量，每日 3 次，连用 2 天。或者 20mg/kg 体重，每日 1 次，连给 6~8 次。此药对成虫、幼虫和微丝蚴都有效。根据实践经验，成年奶羊每次 1.5~2.0g，青年奶羊每次 0.75~1.0g，拌在精料中喂给，每日两次，连续 7~12 天，疗效相当可靠。如果剂量较小，容易留有后遗症。

② 左噻咪唑（levamisole，左咪唑）肌内注射。每次 10mg/kg 体重剂量，每日 1 次，连用 7 天。也可内服。

③ 静脉注射 4% 吐酒石（酒石酸锑钾）或吐酒石钠。按 8mg/kg 体重剂量，分为 3~4 次，隔日注射一次。此药仅对微丝蚴有效。在有了上述两种药物以后，本法已较少采用，因为静注不如肌注、口服方便。遇到严重病例时，注射次数可以超过 3~4 次，直到痊愈或死亡为止。第 3~4 次以后的用量可按照其最大剂量。在紧急情况下，亦可每日 1 次，连续注射。我们用酒石酸锑钾配成 4% 的溶液应用，亦获得良好效果。为了避免药液外漏，在做静脉注射时，应该静静地施行。

（3）治疗牛的指状丝虫病。对血液中有微丝蚴的牛，皮下注射海群生，按 10mg/kg 体

重剂量，每日 3 次，连用 2 天。

（青海省畜牧兽医科学院　蔡进忠供稿）

（七）绵羊吸吮线虫病（眼虫病）（Thelagiasis，Eyeworm）

绵羊吸吮线虫病的发生与季节有关，仅见于蝇子活动的季节，一般在 5~9 月份。其主要特征是引起结膜角膜炎。

1. 病原及其形态特征

该病是由丽幼吸吮线虫（*Thelazia callipaeda*）引起的。吸吮线虫又叫结膜丝虫或东方眼虫，寄生在羊的结膜囊内、第三眼睑（瞬膜）下或泪管中。一般隐藏在眼内角瞬膜之后，偶尔可以迅速横过角膜。虫体有雌雄之分，致病的都是成熟的雌虫。从外形看，虫体为线状，呈乳白色，雄虫长 8~13mm，宽 0.275~0.75mm，尾卷曲，肛门周围有乳突（肛前 10 对，肛后 2~5 对），2 对交合刺长短不一。雌虫长 16~20mm，宽 0.5~0.8mm，肛门在虫体前端。其形态结构详见图 4-63 和图 4-64 所示。

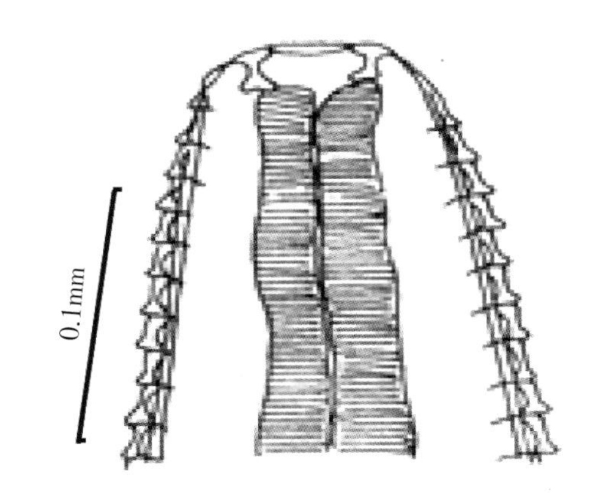

图 4-63　丽幼吸吮线虫雌虫前端侧面（Baylis）

虫卵呈椭圆形，壳薄，长为 54~60μm，宽 34~37μm，产出时已含有胚胎。中间宿主为家蝇属的蝇类。

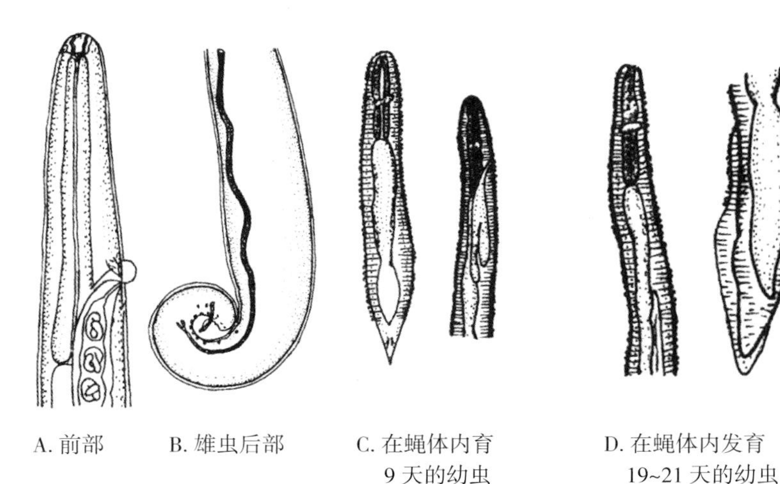

图 4-64　丽幼吸吮线虫（蔡进忠提供）

2. 生活史

雌成虫在羊眼寄生部位产出能活动的幼虫（胎生），幼虫随眼的分泌物流出，存在于眼内角及其附近的眼分泌物中。当蝇舔食眼分泌物时，即将幼虫咽下，幼虫在蝇体内发育成侵袭性幼虫，移行到蝇的吻突中。当蝇再吸吮健康羊的眼分泌物时，即将侵袭性幼虫排入健羊眼内。经过 20 天左右，幼史发育为成虫，在眼内活动，引起眼虫病。在眼内越冬的幼虫，成为第二年春季该病流行的传播来源。

3. 症状

主要表现为结膜炎、角膜炎二病羊流泪、畏光，结膜发红肿胀，甚至有时发生溃烂。角膜有不同程度的混浊。严重时在角膜上造成圆形或椭圆形的溃疡，少数病例可引起失明。在一只眼内寄生的虫体可以多达 12 条。

4. 诊断

当羊群中的结膜角膜炎有增多趋势时，可以怀疑有该病存在，即应多次检查眼睛，注意有无虫体寄生。为了便于检查，可用 1%~2% 地卡因或 2%~4% 可卡因对眼球进行表面麻醉，使其失去知觉，在检查时保持安静状态，同时可促使虫体爬出或随麻醉液排出。

5. 预防

（1）进行预防性驱虫。在该病流行地区，于冬春季节（12 月至次年 3 月）每月进行一次。驱虫方法可用 2%~3% 硼酸水、0.5% 来苏儿或 1% 敌百虫溶液 2~3 滴点眼。

（2）进行成虫期前驱虫。一般在 6~7 月上旬，用上述驱虫方法进行，每月 2 次。

（3）消灭蝇类。注意羊棚舍内外的清洁卫生，用适当农药喷洒灭蝇。

6. 治疗

治疗原则是除去虫体，对炎症进行对症治疗。

（1）用机械方法取出虫体。可用镊子取出或棉花拭子刷掉虫体，事前应该用可卡因或地卡因进行麻醉。如果需要重复麻醉，最好用地卡因，因为可卡因有刺激性，重复应用时，有可能使角膜变为不清亮。取出虫体以后，用 2%~3% 硼酸水冲洗眼睛。

（2）用药液杀死虫体。可用 1% 的敌百虫、克辽林或 5% 胶体银点眼，早晚各 1 次。

（3）用药液将虫体冲洗出来。可用 2%~3% 硼酸水或 1 : 1 500~1 : 2 000 碘溶液，隔 5~6 天冲洗 1 次，共冲洗 2~3 次。

（4）对症治疗。对结膜角膜炎可用抗生素眼药水或眼药膏进行治疗。

（5）内服左咪唑。剂量为 8~10mg/kg 体重，每天 1 次，连用 2 天。也可用 5%~10% 左咪唑溶液点眼。

（青海省畜牧兽医科学院　蔡进忠供稿）

六、原生动物性寄生虫

（一）巴贝虫病（红尿病）（Babesiosis，Red water disease）

羊巴贝斯虫 *Babesia ovis*

巴贝虫病又名绵羊焦虫病（*Ovine piroplasmosi*），俗称红尿病，是一种急性或慢性传染性但非接触传染性疾病。其特征为发热、贫血、血红蛋白尿和黄疸，是由蜱传播的一种血孢子虫病。

该病在我国甘肃、青海和四川等西部地区均有发生，见于所有品种、性别的绵羊和山羊，6~12 月龄的羊比其他年龄组发病率高。大多数病例出现在春季当蜱大量存在、旺盛活动的时期，常造成大批羊死亡，危害非常严重。

1. 病原及其形态特征

病原为莫氏巴贝斯虫（*Babesia motasi*）和绵羊巴贝斯虫（*Babesia ovis*）。莫氏巴贝斯虫的毒力较强，虫体在红细胞内单独或成对存在；成对者呈锐角，占据细胞中央，其长度为 2.5~4μm，宽 2μm。绵羊巴贝斯虫亦单独或成对存在，占据细胞周边，长度为 1~2.5μm；成对者形成钝角。这两种病痊愈后，免疫力均不完全，大多数动物含有隐性感染。其在组织中的形态详见图 4-65 所示。

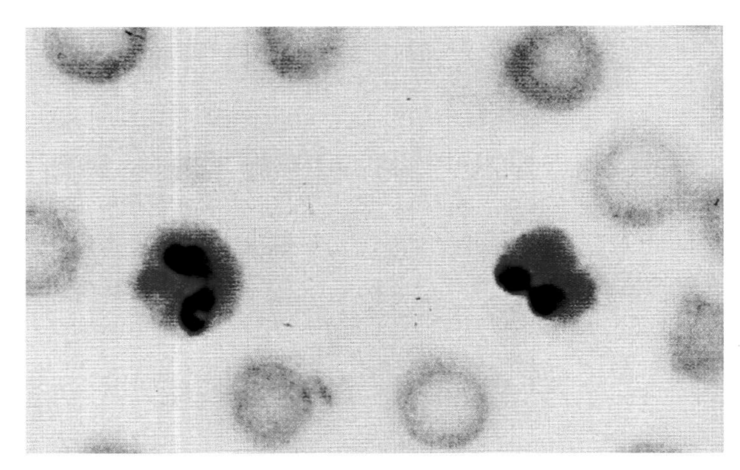

图 4-65　绵羊巴贝斯虫（蔡进忠提供）

2. 生活史

巴贝斯虫的生活史尚不完全了解，但已知绵羊巴贝斯虫病的主要传播者为扇头蜱属的蜱。病原在蜱体内经过有性的配子生殖，产生子孢子，当蜱吸血时即将病原注入羊体内，寄生于羊的红细胞内，并不断进行无性繁殖。当硬蜱吸食羊血液时，病原又进入蜱体内发育。如此周而复始，流行发病。

3. 症状

病羊表现发热、贫血、血红蛋白尿、黄疸和虚弱。体温升高至41~42℃稽留数日，或直至死亡；呼吸浅表，脉搏加快；食欲减退或废绝，病羊精神委顿，黏膜苍白，明显黄染。红细胞减少至 2×10^{12}/L~4×10^{12}/L，大小不匀。病的后期，常出现腹泻。死亡率达30%~40%，慢性感染羊除生长不良和寄生虫血症外，通常不显症状。

4. 剖检

死于巴贝斯虫病的羊，剖检可见黏膜与皮下组织贫血、黄染；肝、脾和淋巴结肿大变性，有出血点；胆囊肿大2~4倍；心内、外膜及浆膜、黏膜亦有出血点和出血；肾脏充血发炎；膀胱扩张，充满红色尿液。

5. 诊断

在流行地区，根据典型症状和病变、染色血片的红细胞中发现梨形体可作出诊断。血液红细胞的虫体感染率较低时，可先进行集虫，再制片检查。集虫的方法是，在离心管中加入1.2%柠檬酸钠生理盐水3~4米，然后加静脉血6~7毫升，混匀后，先以500r/min的速度离心5分钟，吸取含有少量红细胞及白细胞的上层血浆，补加少量生理盐水，再以2 500r/min的速度离心10分钟，取其沉淀物涂片染色、镜检。

6. 预防

在流行地区，应于每年发病季节对羊群进行药物预防注射。通过系统应用杀虫剂，能减少和控制绵羊和山羊巴贝斯虫病。皮下或肌内注射5%硫酸喹啉脲（quinuronlum sulphate；硫酸阿卡普林（acaprin）溶液2毫升，可防止感染绵羊巴贝斯虫病的羊发病。

做好灭蜱工作，防止蜱传播疾病。

对引进的羊必须经过检疫，然后再合群。

7. 治疗

可选用下列药物。

（1）贝尼尔，按7~10mg/kg体重剂量，以蒸馏水配成2%溶液，肌内注射1~2次。

（2）阿卡普林，按5%的水溶液0.02mL/kg体重剂量，皮下或肌内注射。如果脉搏加快，可将总量分为3次注射，每2小时1次。必要时，24小时后可重复用药。

（3）黄色素，按3mg/kg体重剂量，配成0.5%~1.0%水溶液，静脉注射。注射时药物不可漏出血管外。在症状未见减轻时，可间隔24~48小时再注射1次。在药物治疗的同时，应辅以强心、补液等措施，并加强护理，促使患羊及早痊愈。

（青海省畜牧兽医科学院 蔡进忠供稿）

（二）泰勒虫病（Theileriasis）

该病为一种血液原虫病，是由血孢子虫引起的，在青海、四川和康藏高原东部曾经发生。春夏之交常因此病引起大量死亡。茨盖羊、高加索羊、新疆细毛羊及石渠羊均可患病，以羔羊发病较多，死亡率很高。

1. 病原及其形态特征

病原为山羊泰勒虫（*Theileria hirci*）及绵羊泰勒虫（*Theileria ovis*）。绵羊泰勒虫病是由绵羊泰勒虫所引起，虫体寄生在羊的红细胞内。

绵羊泰勒虫的形状与大小不一，多为圆形或卵圆形，少数为逗点形、十字形、边虫形及杆形等，圆形虫体的直径为 0.6~2μm，卵圆形虫体的直径 1.6μm。在一个红细胞内可寄生 1~4 个，一般为一个。红细胞的染虫率一般不超过 2%。从淋巴结、骨髓及脾脏涂片中可以发现胞内及胞外“石榴体”。在淋巴结穿刺液涂片中，可见到淋巴细胞内或游离到细胞外的石榴体，石榴体的直径为 8~10μm，个别可达到 20μm，为紫红色染色质颗粒。

2. 生活史

绵羊泰勒虫病的主要传播者为血蜱属的蜱。病原在蜱体内经过有性的配子生殖，并产生子孢子，当蜱吸血时，即将病原注入羊体内。绵羊泰勒虫在羊体内首先侵入网状内皮系统细胞、在肝、脾、淋巴结和肾脏内进行裂体繁殖（石榴体），继而进入红细胞内寄生。当蜱吸食羊的血液时，泰勒虫又进入蜱体内发育。如此周而复始，继续引起发病，扩大流行。

3. 症状

病的流行季节为春末和夏初（3—5 月），以 4 月和 5 月上旬为高潮时期。新引进羊及羔羊发病最多。病愈羊只似有长期免疫现象。硬蜱科盲蜱属之蜱为其传染媒介。还有一种软蜱，即拉哈尔钝缘蜱的稚体，也可传播该病。

病羊最初食欲减少，精神沉郁，结膜充血。体温升高到 40~42℃，最高可达 42℃以上。呈稽留热型，体温升高后至少维持 4 天后才开始下降，部分可持续到 1 周以上。呼吸及心跳增快。呼吸急促，发鼻鼾声，呼吸次数可达 100 次 /min 以上。听诊时肺泡音粗厉，有时支气管呼吸音明显。心跳可达 150~200 次 /min，节律不齐。羔羊普遍表现肢体僵硬；有时前肢提举困难，有时后肢举步不易；有时四肢软，卧下不起，如勉强扶之起立，亦站立不稳。当病羊表现前肢（左或右）似感僵硬时，其同侧肩前淋巴结多有肿大。一般大如胡桃，最大者如鸭蛋，触诊时有痛感。发病数日后，饮食废绝，反刍停止，肠胃蠕动微弱或完全停止。粪便稀而恶臭，杂有黏液及血液。尿色一般清亮，呈淡黄色，少数病羊尿液浑浊，个别出现血尿。结膜苍白，磨牙，身体逐渐消瘦。

蜱暴饮羊血、患病后的临床症状详见图 4-66 至图 4-69 所示。

4. 症状

病的流行季节为春末和夏初（3—5 月）。

5. 剖检

尸体显著瘦削，可见黏膜呈灰白色。肛门松弛，有的肛门四周染有绿色稀粪。皮下脂肪少，呈黄色胶样。背部或臀部有粟粒大之出血点。个别病例可见第四胃有溃疡。十二指肠内含淡黄色乳糜状内容物，肠壁有轻度充血；空肠、回肠中部分内容物呈乳白色或灰绿色水样或糊状，除少数有粟粒大出血点外，多有轻重不同的充血。肠壁淋巴滤泡有不同程度的肿胀。大肠有不同程度的充血。肝脏边缘稍钝圆，色苍白而浑浊，好似沸水煮过，质较脆弱。表面包膜下有灰白色或淡黄白色小点或颗粒，呈圆形或近乎圆形，大小如粟粒或高梁粒，尤以膈面为多，切面上亦有散在之颗粒。胆囊肿大 1~4 倍，充满深绿色、草

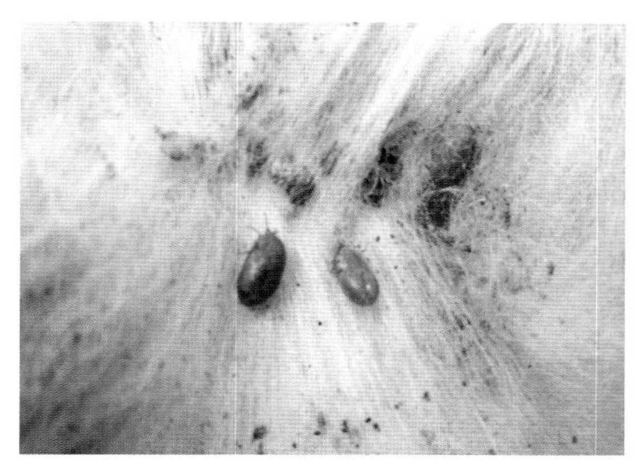

图 4-66 蜱虫在吸血（马利青提供）

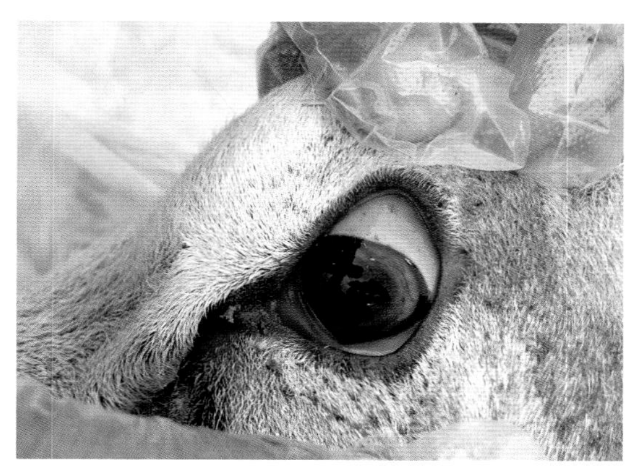

图 4-67 眼结膜黄染（毛杨毅提供）

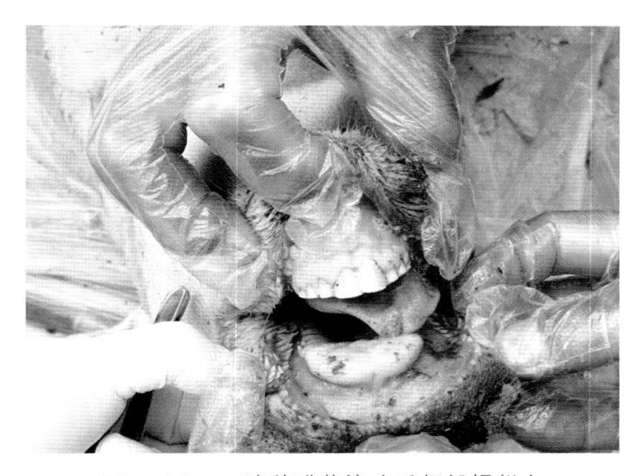

图 4-68 口腔黏膜黄染（毛杨毅提供）

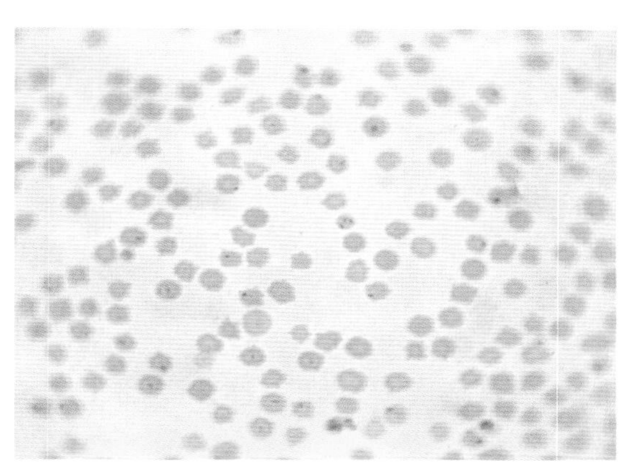

图 4-69 血液图片涂片中的虫体（张学勇提供）

黄色的糊状或菜油状的胆汁。脾脏肿大 1~4 倍，边缘钝圆，切面隆起，白髓呈灰白色高粱粒大之颗粒状凸出，红髓暗红褐色，呈浓稠糊状。脏呈红棕色或黄褐色，质柔软而易脆烂，表面亦有淡黄色或灰白色小颗粒，切面上仅见皮质部。有颗粒。肺脏淤血和水肿，肺门淋巴结及纵隔淋巴结显著肿大。心外膜有大小不同的出血点，心包液增多，心内膜乳头肌有出血点和淤斑。

全身淋巴结有不同程度的肿大，尤以肩前、肺、肝及肠系膜淋巴结更为显著。

6. 诊断

（1）首先要考虑地区流行病学特点及临床症状中的稽留高热、贫血、黄疸及体表淋巴结肿大等特征。

（2）从血液涂片检查虫体，或从淋巴结、肝脾穿刺物涂片中检查石榴体，进行确诊。红细胞间质中流离的虫体详见图 4-70 所示。

7. 预防

主要是预防蜱的侵袭和进行灭蜱工作。

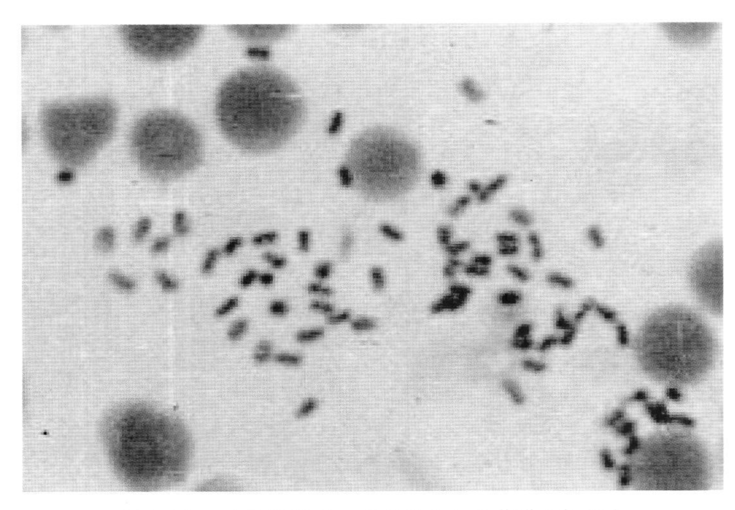

图 4-70　红细胞间质中流离的虫体（蔡进忠提供）

（1）加强饲养管理。

（2）加强检疫。由不安全地区引进的羊，必须进行血液寄生虫学检查，隔离和抗蜱处理，防止将蜱带进安全区域。

（3）做好外寄生虫病防治工作。

（4）消灭蜱类。在发病季节，经常进行药浴，定期修补羊舍墙洞及裂缝。

（5）牧场转移。有条件时，在蜱出现之前，将羊由不安全地区转移到安全地区放牧。

8. 治疗

（1）肌内注射 7% 贝尼尔。剂量为 0.005~0.007g/kg 体重，也可以用输血疗法。

（2）内服青蒿琥脂。剂量为 5mg/kg 体重，首次量加倍，每日 2 次，连用 3~4 天。

（3）静脉注射黄色素。剂量为 0.003~0.004g/kg 体重，用生理盐水配成 1% 的溶液。

（4）皮下注射阿卡普林。剂量为 0.002g/kg 体重，用生理盐水配成 1% 的溶液。

（5）加强护理，采用对症治疗。隔离病羊，放于凉爽圈舍或凉棚内，铺以大量柔软褥草；供给富含维生素的多汁青草或鲜奶。在心脏衰弱、发高热、呼吸困难时，应注射樟脑制剂，增强营养，可静脉注射葡萄糖溶液。为了恢复胃肠功能，可以注射 10% 浓盐水，同时进行灌肠。

（青海省畜牧兽医科学院　蔡进忠供稿）

第五章　常见普通病

一、羔羊疾病（The Lamb Disease）

（一）羔羊神经病（The Lamb Neuropathy）

1. 临床症状

（1）急性。出生后突然发病，也有出生后十多天引起长势良好的羔羊突然发生神经症状，快的1~2小时内即倒毙。羔羊呼吸急促，为呼气性呼吸困难，有吞咽空气的动作，磨牙吐沫，全身痉挛，角弓反张，四肢共济失调，倒地抽搐。这样的神经症状反复发作，持续时间逐渐拉长，间隔时间逐渐缩短，由于阵发频繁，胃内产生过量气体，并迅速膨胀，使羔羊窒息而死。

（2）亚急性 。生后1~2天发病，病初精神不振，低头流涎，牙关禁闭，站立不稳，呼吸迫促。不久便发生以神经症状为主的一系列表现；全身肌肉震颤，意识丧失，视力障碍，行走时无知觉，牙齿不停磨嚼，口吐白沫，常做吞咽空气的动作，头摇晃，眨眼，有时头弯向一侧，体躯往后坐，四肢共济失调，常摔倒在地上抽搐，四肢乱蹬，口热，舌色深红，眼结膜呈树枝状充血。

体温一般无变化，若继发肺炎，则体温升高至41℃左右，呼吸快，每分钟达60次，心跳每分钟160次。肠蠕动音消失，便秘，发作时常排少量尿液。这样的全身症状持续3~5分钟停止。病羊疲惫不堪，卧于暗处。间隔十几分钟或稍长一些时间又再发作。由于发作持续时间延长，间隙时间缩短，终因体内代谢极度紊乱，胃内产生过量气体使胃前移，压迫胸腔而使羔羊窒息死亡。

2. 剖检变化

血液凝固不良，呈暗红色。心内外膜均有大小不等的出血斑点或斑块。肝呈黄色如熟肉样，表面有淤血斑和粟粒大小的白色坏死病灶，切面有出血，边缘略肿，质脆。胆囊不肿大。脾有出血点，肾表面呈黄色，有弥漫性出血点和树枝状充血，肾髓质肿胀时呈深红色，有出血点。胃内充满大量气体，壁极薄，黏膜脱落，并有大片弥漫性出血区和陈旧性出血斑。肠内容物呈淡黄色，有少量气体及肠黏膜局部充血。脑硬膜有出血点，脑血管怒张，髓腔中硬膜充血 ，出血。

3. 诊断要点

根据临床症状，一般不难作出初步诊断。但是要确诊病因，需要进行牧草在不同生长季节营养成分测定，病健羔羊血中维生素络合物和血钙含量的测定等。在鉴别诊断上，该病易与魏氏梭菌感染，胎粪不下，尿结石及其他疾病所继发的神经症状相混淆，继发性病例有原发病症状，且在病的后期才出现神经症状。而该病一经发生，即显神经症状，魏氏梭菌感染有广泛的传染性，下痢腹泻。发作时无吞咽空气的动作。濒死前胃扩张，剖检肠道有严重的充血，出血炎症。

4. 病例参考

其临床症状详见图 5-1 至图 5-4 所示。

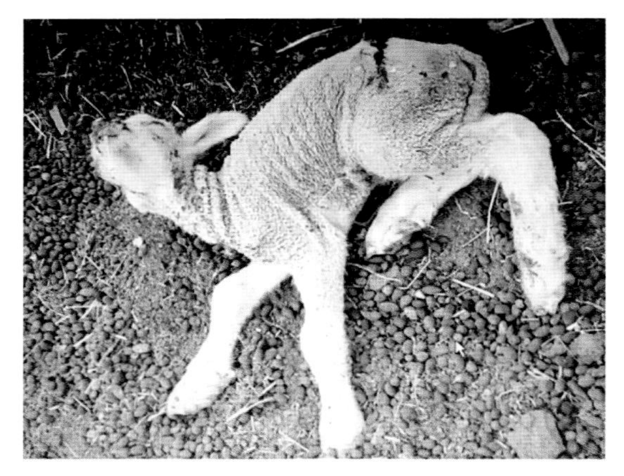

图 5-1　角弓反张（严生旺提供）

图 5-2　间歇性抽风（严生旺提供）

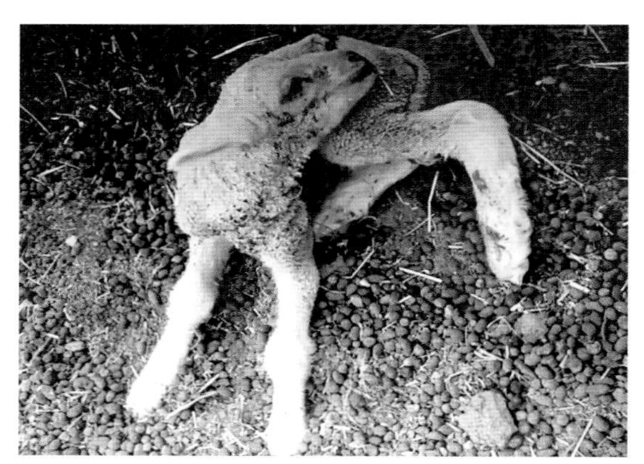

图 5-3　发作时头颈偏向一侧（严生旺提供）

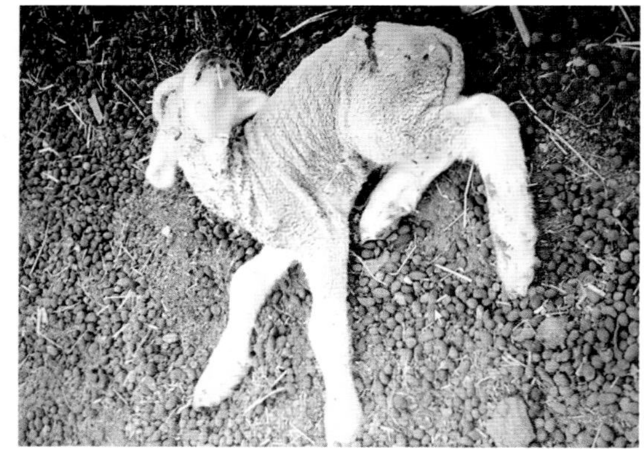

图 5-4　发作时头颈偏向一侧，四肢僵直（严生旺提供）

5. 治疗

（1）治疗原则。一旦发现该病，应及早治疗，治疗及时绝大多数病羊可以痊愈，康复后不留后遗症。治疗不当或延误了最佳治疗时间，则多死亡。

（2）治疗方法。可选用复合维生素 B_1、鱼肝油丸及羔羊“神经病注射液”等药物和制剂进行治疗。

6. 预防

（1）本着缺啥补啥的原则。给妊娠后期的母羊补喂适量多汁饲料和青干草。有条件地方可喂少量精料，并补充维生素 B，以增强母羊体质，保证胎儿生长发育之所需。

（2）初生羔羊的药物预防。药物预防是一种行之有效的方法。青海省畜牧兽医科学院研制的“消维康”口服液，对预防羔羊神经病、腹泻、消化不良、呼吸道和尿路感染有显著效果。

（青海省畜牧兽医科学院 叶成玉 马利青供稿）

（二）羔羊白肌病（White Muscle Disease）

1. 临床症状

亦称肌营养不良症，是伴有骨骼肌和心肌变性，并发生运动障碍和急性心肌坏死的一种微量元素硒缺乏症。其临床特征为，生后数周或 2 个月后发病。患病羔羊拱背，四肢无力，运动困难，喜卧地。死后剖检骨骼肌苍白，营养不良。

2. 剖检变化

主要是两侧肌肉发生对称性病变，后肢尤其明显，臂二头肌，三头肌，肩胛下肌，股二头肌及胸下锯肌等处肌肉呈弥散或局限性浅黄色、灰黄色或白色；肌肉组织干燥，表面粗糙，心肌略带灰色，较柔软，心包中有透明的或红色积液。

3. 诊断要点

病羔精神不振，运动无力，站立困难，卧地不愿起立；有时呈强直性痉挛，随即出现麻痹、血尿；死亡前昏迷，呼吸困难。有的羔羊病初不见异常，往往于放牧时由于受到剧烈运动或过度兴奋而突然死亡。该病常同群发病，应用其他药物治疗，不能控制病情。

4. 病例参考

其临床及剖解变化详见图 5-5 至图 5-8 所示。

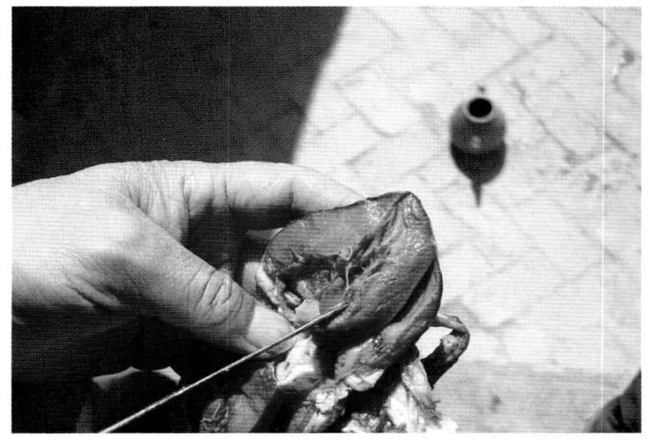

图 5-5 心脏尖部包膜很薄（马利青提供）

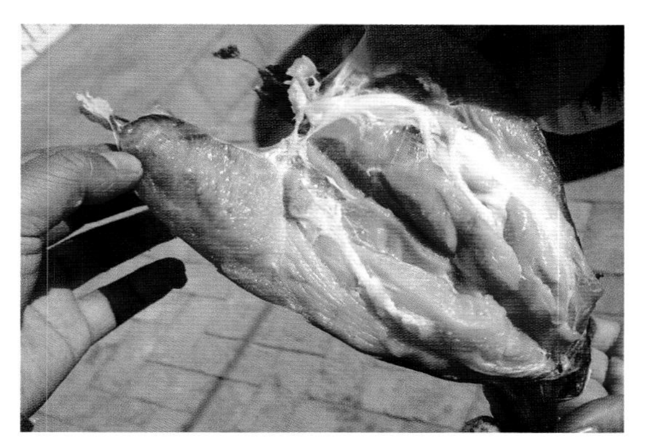

图 5-6 患白肌病的肌肉组织（马利青提供）

图 5-7　患白肌病的肌肉纤维（马利青提供）

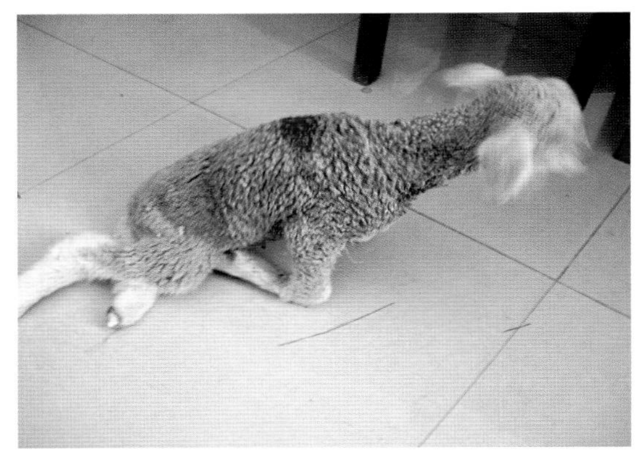
图 5-8　患病羔羊后躯瘫软（马利青提供）

5. 防治措施

应用硒制剂，如 0.2% 亚硒酸钠溶液 2 mL，每月肌内注射 1 次，连用 2 次。与此同时，应用氯化钴 3 mg、硫酸铜 8 mg、氯化锰 4 mg、碘盐 3 g，加水适量内服。如辅以维生素 E 注射液 300 mg 肌内注射，则效果更佳。加强母畜饲养管理，供给豆科牧草，母羊产羔前补硒，可收到良好效果。

（青海省畜牧兽医科学院　叶成玉　马利青供稿）

（三）羔羊消化不良（The Lamb Indigestion）

1. 临床症状

（1）单纯性消化不良。病羔精神不振，喜躺卧，食欲减退或废绝，可视黏膜发紫，体温一般正常或低于正常。粪便呈粥状或水样，灰绿色，混有气泡和白色小凝块，肠音高朗，并有轻度膨胀和腹痛现象，心音增强、心率增快，呼吸加快。当腹泻不止时，皮肤干皱、弹性减低，被毛蓬乱、失去光泽，眼窝凹陷，严重时站立不稳，全身战栗。

（2）中毒性消化不良。羔羊精神沉郁，目光呆滞，食欲废绝，全身无力，躺卧于地，体温升高，全身震颤，有时出现短时间的痉挛，腹泻，频排水样稀粪，粪便内含有大量黏液和血液，并呈现恶臭或腐败气味。持续腹泻时，肛门松弛，排粪失禁。皮肤弹性降低，眼窝凹陷，心音减弱，心率增快，呼吸浅快。病至后期，体温多突然下降，四肢、耳尖、鼻端厥冷，终止昏迷死亡。单纯性消化不良时，粪便内由于含有大量低级脂肪酸故成酸性反应，中毒性消化不良时，由于肠道内腐败菌的作用致使腐败过程加剧，粪便内氨气的含量显著增加。

2. 剖检变化

胃内约有鸡蛋或核桃大的数个淡黄色乳凝块，质地坚硬，轻压不松散，肠内空虚或有淡黄色稀便，易积尿，胃、小肠及大肠黏膜易脱落，其他器官未见异常。

3. 诊断要点

根据发病症状和剖检变化确诊。

4. 病例参考

其临床及剖检变化详见图 5-9 至图 5-12 所示。

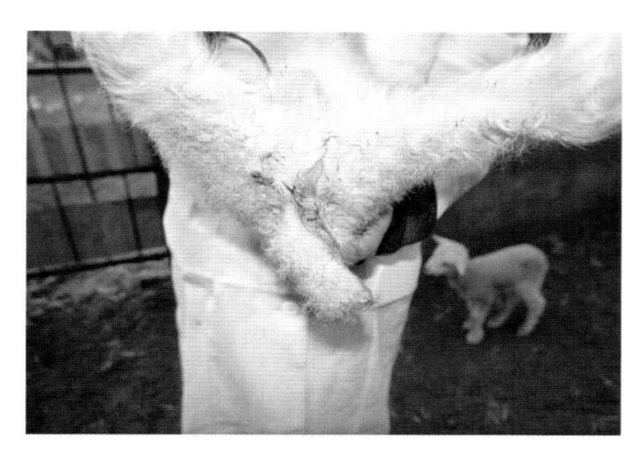

图 5-9 乳黄色粪便（马利青提供）

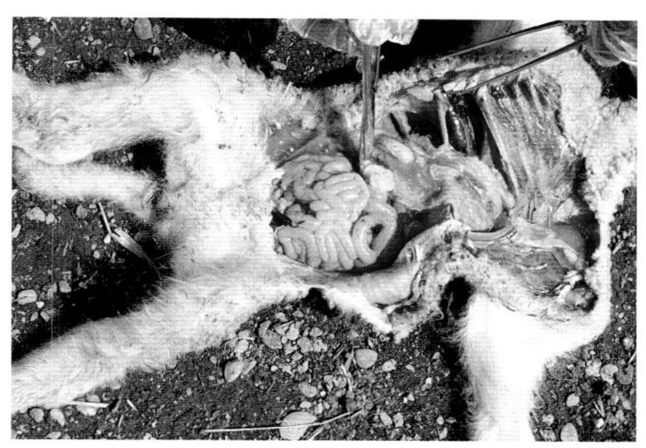

图 5-10 没有消化的奶子形成奶结（马利青提供）

图 5-11 开发的消维康和畜痢灵（马利青提供）

图 5-12 产品外包装（马利青提供）

5. 防治措施

（1）预防。改善饲养管理，加强护理，注意卫生。加强妊娠羊的饲养管理：保证妊娠羊获得充足的营养物质，特别是在妊娠后期，应增喂富含蛋白质、脂肪、矿物质和维生素的优质饲料；改善妊娠母羊的卫生条件，经常刷拭羊体，哺乳母羊应保持乳房清洁，并保证适当的舍外运动。注意对羔羊的护理：保证新生羔羊能尽早吃到初乳，最好能在生后 6 小时内摄入不低于体重 5% 重量的优质初乳。对体质孱弱的羔羊，初乳应采取少量多次的人工哺乳，人工哺乳应定时、定量。且应保持适宜的温度，羊舍应保持温暖、干燥、清洁，防止羔羊受寒；羊舍及围栏周围应定期消毒，垫草应经常更换，粪尿及时清除。羔羊的饲具，必须经常洗刷干净，定期消毒。

（2）治疗。首先，将患病羊置于干燥、温暖、清洁的羊舍或围栏内，加强哺乳母羊的饲养管理，给予全价饲料，保持乳房卫生。为缓解胃肠道的刺激作用，可施行饥饿疗法，禁乳8~10小时。此时可饮盐酸水溶液（氯化钠5g、33%盐酸1mL，凉开水1 000 mL）或饮温红茶水，每日3次。为排出胃肠内容物，对腹泻不严重的羔羊，可应用油类泻剂或盐类泻剂进行缓泻。为防止肠道感染，特别是对中毒性消化不良的羔羊，可肌内注射链霉素（每kg体重10mg）、卡那霉素（每千克体重10~15mg）、头孢噻吩（每千克体重10~20mg）、庆大霉素（每千克体重1 500~3 000U）、痢菌净（每kg体重2~5mg）。内服磺胺脒（每千克体重0.12g）、磺胺间甲氧嘧啶（每千克体重50mg）等。为制止肠内发酵、腐败过程，可选用乳酸、鱼石脂、萨罗、克辽林等反腐制酵药物。当腹泻不止时，可选用明矾、鞣酸蛋白、次硝酸铋、颠茄酊等药物 。为防止机体脱水，保持水盐代谢平衡，病初可给羔羊饮用生理盐水50~1 000mL，每日5~8次。亦可用10%葡萄糖注射液或5%糖盐水50~100mL，静脉或腹腔注射。为提高机体抵抗力和促进代谢功能，可实行血液疗法。皮下注射10%柠檬酸钠贮存血或葡萄糖柠檬酸钠血（血液100mL，柠檬酸钠2.5g，葡萄糖5g，灭菌蒸馏水100mL，混合制成），每千克体重0.5~1mL，间隔1~2日注射1次，每次可增量20%，每4~5次为1个疗程。中药疗法：党参30g、白术30g、陈皮15g、枳壳15g、苍术15g、地榆15g、白头翁15g、五味子15g、荆芥30g、木香15g、苏叶30g、干姜15g、甘草15g、加水1 000mL，煎30分钟，后加开水1 000mL。每只羔羊30mL，每日1次，用胃管投服。

附：羔羊奶结（新生羔羊真胃积食）

羔羊出生后护理不当，饥饱不均，吃奶过多 而运动不足及气候的剧烈变化，可使交感神经的应激性增高，同时引起幽门痉挛。

症状：

① 病初羔羊表现不安、哞叫，以后精神倦怠，弓腰缩颈，耳鼻发凉，口有黏涎，食欲减废；后期卧地不起，头弯向一侧。

② 触诊腹部可摸到第四胃内积聚的奶块，如红枣或鸡卵大，数量一至数个不等，病程1~3天，若不及时治疗，多数死亡。

治疗：

① 中药以消食导滞，调理脾胃为主。用下方。醋香附60g、土炒陈皮24g、三棱9g、炒麦芽30g、炙甘草15g、砂仁15g、党参14g共研末，每只羊每次2g，开水冲调成糊状，候温灌服。每日2~3次。若奶块较大者，应小心于体外触碎奶块，再服上药。

② 西药可用麦芽粉3g、胃蛋白酶0.3g、酵母片0.6g、稀盐酸1mL、加水少许灌服（如方内加鸡内金1.5g、山药4g效果更好）。

（青海省畜牧兽医科学院　马利青　李秀萍供稿）

（四）佝偻病

属维生素缺乏症，主要特征是钙、磷代谢紊乱，骨骼的形成不正常而发生特征性的变形。

1. 病因

哺乳羔羊哺乳的奶量不足，棚圈阴暗潮湿，采光不足，早产等造成钙、磷、维生素 D 不足引起。

2. 症状

食欲下降，腹部膨胀。四肢不能站立等。详见图 5-13 至图 5-15 所示。

图 5-13 缺钙后引起前肢畸形（马利青提供）

图 5-14 缺钙后引起前肢不能站立（马利青提供）

图 5-15 患羔不能移行或站立（马利青提供）

3. 预防治疗

（1）预防。对怀孕后期的母羊要加强饲养管理，进行补饲，在补饲精料中适当添加一定量的骨粉、矿物元素和青干草。

（2）治疗。

① 葡萄糖酸钙 5~10 mL+25% 葡萄糖 20 mL；

② 葡萄糖酸钙片 1 片或乳酸菌素片 1 片或土霉素片 1 片，每日灌服 3 次；

③维生素 A、维生素 D，肌内注射，2~3 日 1 次；

④ 并发关节炎或骨骼变形时，可用水杨酸钠注射液 5~10 mL+25% 葡萄糖 20 mL 静脉注射；

⑤ 并发支气管肺炎时可同时肌内注射青霉素 10 万 IU，链霉素 10 万 IU，每日 2 次。

（青海省畜牧兽医科学院　马利青　供稿）

二、微量、矿物元素中毒、缺乏综合征（Trace，mineral element poisoning，deficiency syndrome）

（一）铜缺乏症（Copper Dificiency Disease）

1. 临床症状

铜缺乏症发生于土壤缺乏铜的地区，其特征是：成年羊影响毛的生长；羔羊发生地方流行性共济失调和摇摆病。成年羊的早期症状为：全身黑毛的羊失去色素，而产生出缺少弯曲的刚毛。典型症状为衰弱、贫血、进行性消瘦。通常均发生结膜炎，以致泪流满面。有时发生慢性下痢。严重病羊所生的羔羊不能站立，如能站立，也会因运动共济失调而又倒下，或者走动时臀部左右摇摆。有时羔羊一出生就很快发生死亡。不表现共济失调的羔羊，通常也很消瘦，难以肥育。

2. 剖检变化

在共济失调的羔羊，其特征性变化为：脑髓中发生广泛的髓鞘脱失现象，脊髓的运动径有继发变性。脑干变化的结果，造成液化和空洞。病羊血中的铜含量很低，下降到 0.1~0.6mg/L。羔羊肝脏含铜量在 10mg/kg 以下。

3. 诊断要点

主要根据症状、补铜后疗效显著及剖检进行诊断。单靠血铜的一次分析，不能确定是否铜缺乏，因为血铜在 0.7mg/L 以下时，说明肝铜浓度（以肝的干重计）在 25mg/kg 以下，但当血铜在 0.7mg/L 以上时，就不能正确反映肝铜的浓度。

4. 病例参考

其临床症状详见图 5-16 至图 5-19 所示。

图 5-16 患羊躯体瘫软，不能站立（马利青提供）

图 5-17 跟不上群而掉队（马利青提供）

图 5-18 后躯瘫软（马利青提供）

图 5-19 犬坐姿势（马利青提供）

5. 防治措施

绵羊对于铜的需要量很小，每天只供给 5~15mg 即可维持其铜的平衡。如果给量太大，即储存在肝脏中而造成慢性铜中毒。因此，铜的补给要特别小心，除非具有明显的铜缺乏症状外，一般都不需要补给。为了预防铜的缺乏，可以采用以下几种方法。

（1）最有效的预防办法是，每年给牧草地喷洒硫酸铜溶液。给舐盐中加入 0.5% 的硫酸铜，让羊每周舐食 100mg，亦可产生预防效果。但如舐食过量，即有发生慢性铜中毒的危险，必须特别注意。

（2）灌服硫酸铜溶液。成年羊每月一次，每次灌服 3% 的硫酸铜 20 mL。1 岁以内的羊容易中毒，不要灌服。当在将产羔的母羊中发现第一只出现行走不稳的症状时，如果给所有将产羔母羊灌服硫酸铜 1g（溶于 30mL 水中），于 1 周之后可防止损失。产羔前用同样方法处理 2~6 天，可防止羔羊发病。

（青海省畜牧兽医科学院 马利青 蔡其刚供稿）

（二）慢性氟中毒（Chronic Fluorosis Poisoning）

1. 临床症状

动物高氟的饲料、饮水中或氟化物药剂后引起的中毒性疾病，前者多引起慢性（蓄积性）中毒，通常称为氟病，以牙齿出现氟斑、过度磨损、骨质疏松和形成骨疣为特征；后者主要引起急性中毒，以出血性胃肠炎和神经症状为特征。

2. 剖检变化

急性氟中毒羊反刍停止，腹痛。腹泻，粪便带血、黏液；呼吸困难，敏感性增高，抽搐，数小时内死亡。慢性中毒羊表现为氟斑牙，门齿、臼齿过度磨损，排列散乱，咀嚼困难，骨质疏松，骨骼变形疣形成，间歇性跛行，弓背和僵硬等症状。

3. 诊断要点

急性中毒羊常表现为出血、坏死性胃肠炎和实质器官的变质；慢性中毒羊的特征病变为门齿松动，间隙变宽，磨损严重，形成氟斑牙，骨骼变形，骨质疏松等。

4. 病例参考

其临床病变详见图 5-20 和 5-21 所示。

图 5-20　羊的牙齿磨损严重（王戈平提供）

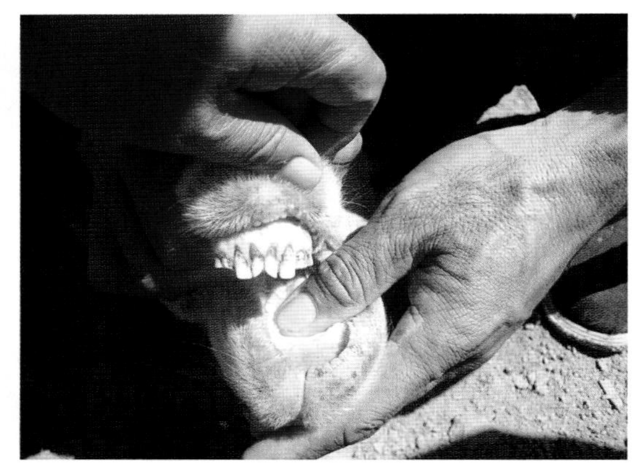

图 5-21　羊的门牙间隙变宽、骨质疏松（王戈平提供）

5. 防治措施

（1）预防。

① 消除氟污染或离开氟污染环境；

② 在低氟牧场与高氟牧场实行轮牧；

③ 日粮中添加足量的钙和磷；

④ 防治环境污染；

⑤ 肌内注射亚硝酸钠或投服长效硒缓释丸，对预防山羊的氟中毒有较好的效果。

（2）治疗。对急性中毒者可催吐，用 0.5% 氯化钙洗胃，同时静脉注射葡萄糖酸钙，并配合应用维生素 C、维生素 D 和维生素 B_1 等，慢性氟中毒目前尚无完全康复的治疗办法，应让病畜及早远离氟源，并供给优质牧草和充足的饮水，临床上每天补充硫酸铝、氯化铝和磷酸钙等，也可以静脉注射葡萄糖酸钙。

（青海省畜牧兽医科学院　王戈平　马利青供稿）

三、膀胱及尿道结石（Cystic and urinary calculus）

体腔中存在石样结块时称为结石。结石发生于膀胱及尿道的，称为膀胱结石及尿道结石。公羊及阉羊容易发生，母羊很少见。

（一）病　因

关于结石形成的真实原因还不十分清楚，但与以下因素有关。

1. 与尿道的解剖构造有关系

公母羊的尿道在解剖上有很大差别。例如公羊及阉羊的尿道。是位于阴茎中间的一条很细长的管子，而且有“s”状弯曲及尿道突内，结石很容易停留在细长的尿道中，尤其是更容易被阻挡在“s”状弯曲部或尿道突内。母羊的尿道很短，膀胱中的结石很容易通过尿道排出体外。

2. 与饲料中的营养不全和矿物质不平衡有密切关系

（1）饮水中含有大量盐类。

（2）喂给大量棉籽粉、亚麻子仁粉、麸皮及其他富磷饲料。

（3）实验证明，缺乏维生素 A 时容易形成结石。

（4）年青种公羊配种过度而且食盐过多时，容易发病。

（二）症　状

泌尿系统存有少量细沙粒时，没多大妨害，但若堆积量太多，使排尿受到部分或全部障碍时，就会显出症状。最初性欲减退，精神委顿，食欲减少。头抵墙壁。体温一般为39.8~41.2℃。小便失禁，尿液不时呈点滴下流，尿道外口周围的毛上可能有盐类堆积，由于尿液的浸润，皮明显肿胀。以后阴茎根部发炎肿胀，随时频繁作排尿状，不断发出呻吟声，不时起卧，有时双膝跪地；有时呈犬坐式；有时又表现似睡非睡状态；有时头部回顾腰角部，甚至用角抵胁腹部分。病羊行走十分困难，强迫行走时，后肢勉强作短步移动。如果腹腔内积有 尿液，则有腹水症状。若尿继续留滞不通或膀胱破裂时，即引起尿毒血症。到后期时，食欲完全停止，尾下方臂端呈现水肿，有尿酸气。脉搏加快，每分钟达 100 次以上，最后卧地不起，死亡。

（三）剖　检

病变集中表现在排尿生殖系统。肾脏及输尿管肿大而充血，甚至有出血点。膀胱因积尿而膨大，剖开时见有大小不等的颗粒状结石，黏膜上有出血点。尿道起端及膀胱颈被结石堵塞。其他内脏无变化。其剖解变化详见图 5-22~ 图 5-25 所示。

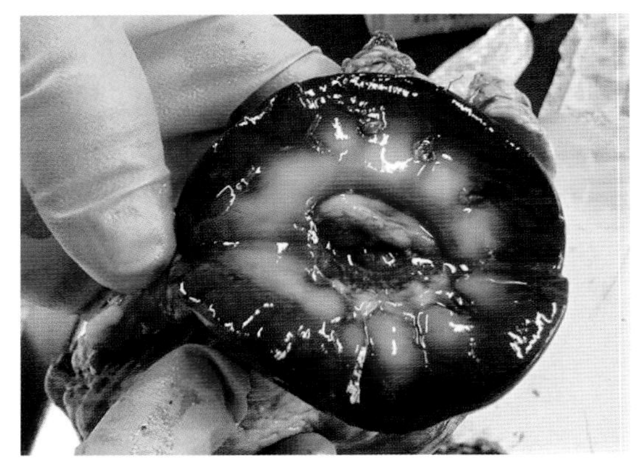

图 5-22　患羊肾脏髓质变样（马利青提供）

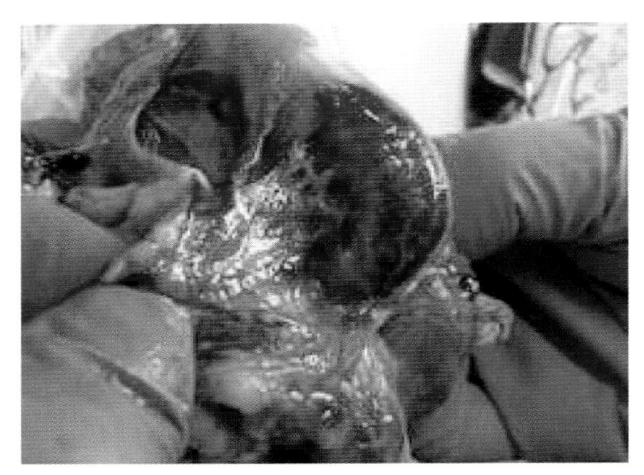

图 5-23　公羔羊尿道乙状弯曲部出血（马利青提供）

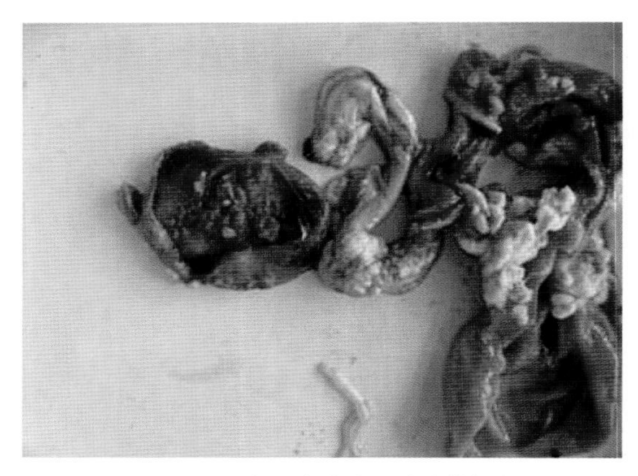

图 5-24　尿路及膀胱结石（陆艳提供）

图 5-25　膀胱结石（马利青提供）

（四）预　防

1. 加强饲养管理

对于舍饲的种公羊，可从饲养管理上进行预防，例如增强运动，供给足量的清洁饮水等。在饲料方面，应供给优质的干苜蓿，因其含有大量维生素 A，同时能够供应钙质，以调整麸皮和颗粒饲料中含磷较多的缺点。

2. 校正钙的投喂量

如果怀疑钙量过大，例如饮水中矿物质含量高，或饲料中含钙量大，可以供给谷类籽实进行校正，因为谷类籽实中含的钙少磷多。

3. 禁食

当改变饲料之后还不能制止发病时，可以禁食几天，或给以谷类干草、谷类籽实及肉粉组成的日粮，也可以每日内服氯化铵 50 g，连服 1 周左右，使尿变为酸性。

氯化铵制剂详见图 5-26 所示，临床治疗详见图 5-27 所示。

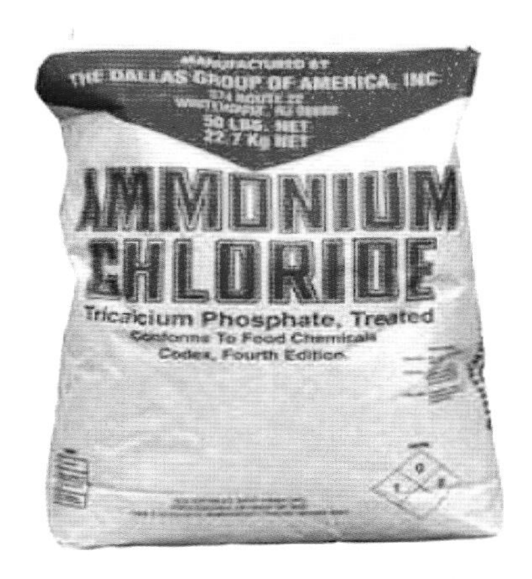

图 5-26　预防治疗制剂（马利青提供）

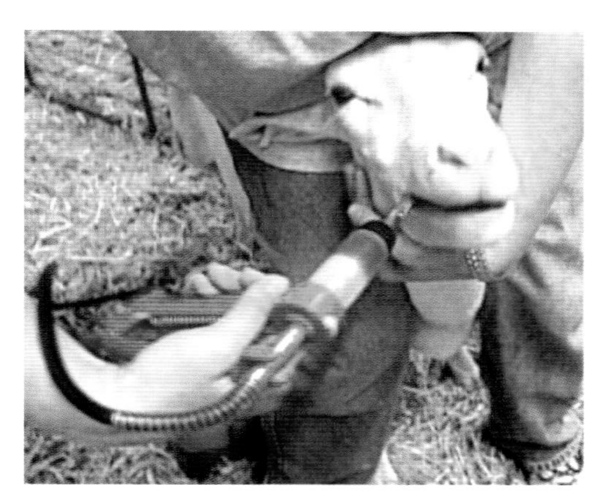

图 5-27　预防治疗实例（马利青提供）

4. 饮磁化水

水经磁化后溶解力增强，不仅能预防结石的形成，而且可使结石疏松而排出。

（五）治　疗

（1）立即改变饲养管理。主要是减去食盐及麸皮，单纯给予青草。给饲料中加入黄玉米或苜蓿。

（2）中药疗法。羊的结石与牛的完全不同，多不是大块，而是小颗粒，故采用以下中药，便可溶解排出。

中药处方：

桃仁 12g，红花 6g，归尾 12g，赤芍 9g，香附子 12g，海金沙 15g，金钱草 30g，鸡内金 6g，广香 9g，滑石 12g，木通 18g，扁蓄 12g。

将以上各药碾细，共分 3 次，开水冲灌。每次用药时加水 500mL 左右，以增加排尿。

（3）为了控制体内其他细菌的危害，可以注射青霉素。

（4）发生尿道结石而尿液不通时，可用下到二法除去结石。

① 小心用尿道探子移动结石或施行尿道切开或膀胱切开术，将结石取出。

② 割去阴茎末端的尿道突。

（青海省畜牧兽医科学院　王光华　马利青供稿）

四、绵羊碘缺乏症（甲状腺肿）
（Ovine iodine deficien.cy，Goiter）

碘缺乏时的主要特征是甲状腺发生非炎症性增大，故又称甲状腺肿。

（一）病　因

1. 原发性碘缺乏

主要是羊摄入碘不足。羊体内的碘来源于饲料和饮水，而饲料和饮水中碘与土壤密切相关。土壤缺碘地区主要分布于内陆高原、山区和半山区，尤其是降水量大的沙土地带。土壤含碘量低于 0.2~0.25mg/kg，可视为缺碘。羊饲料中碘的需要量为 0.15 mg/kg，而普通牧草中含碘量 0.006~0.5mg/kg 。许多地区饲料中如不补充碘，可产生碘缺乏症。

2. 继发性碘缺乏

有些饲料中含碘颉颃物质，可干扰碘的吸收和利用，如芜菁、油菜、油菜籽饼、亚麻籽饼、扁豆、豌豆、黄豆粉等含颉颃碘的硫氰酸盐、异硫氰酸盐以及氰苷等。这些饲料长期喂量过大，可产生碘缺乏症。缺碘时，甲状腺素合成和稀释减少，引起幼畜生长发育停滞，成年家畜繁殖障碍，胎儿发育不全。甲状腺素还可抑制肾小管对钠、水的重吸收，使钠、水在皮下间质贮留等。

（二）症　状

根据所知，成年绵羊只发生单纯性甲状腺肿，而其他症状不明显。新生羔羊表现虚弱，不能吮乳，呼吸困难，很少能够成活。病羔的甲状腺比正常羔羊的大，因此颈部粗大，羊毛稀少，几乎像小猪一样。全身常表现水肿，特别是颈部甲状腺附近的组织更为明显。其临床症状详见图 5-28 所示。

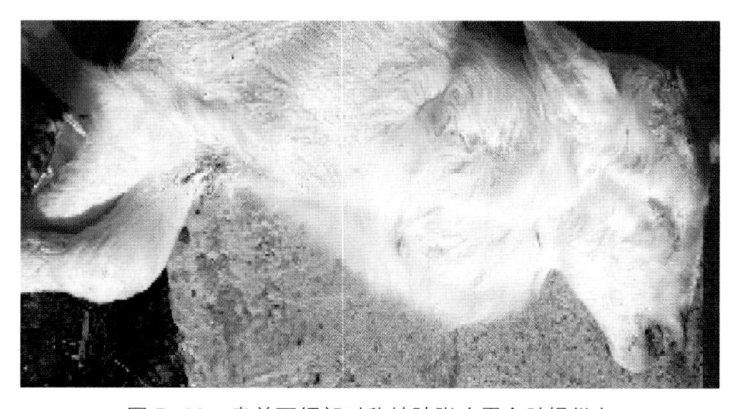

图 5-28　患羊下颌部对称性肿胀（霍全胜提供）

（三）诊　断

临床甲状腺肿大易于诊断。无甲状腺肿时，如果血液碘含量低于 24 μg/L，羊乳中碘低于 80μg/L 可诊断为碘缺乏。

（四）剖　检

从病理切片检查，可见甲状腺完全没有胶质。腺泡上皮常为柱状。剖检变化详见图 5-29 所示。

图 5-29　剖检后扁桃体对称性肿大（霍全胜提供）

（五）防　治

在患甲状腺肿的地区，应用碘化钾可以有效地控制和防止病的发生。一般给食盐中加入 0.01%~0.03% 的碘化钾即有良好效果；碘化钾的具体给量可以根据地区的缺碘情况来决定。总之，必须从思想上重视预防工作，经常采用碘盐，防止发生碘缺乏症。

（青海省畜牧兽医科学院　李秀萍供稿）

五、异食癖（Special eating hobby）

异食癖是指特别喜欢吃不正常的非食用品。在绵羊和山羊均可见到。容易发生于过度放牧地区和长期干旱时期。其特征是喜欢舔食墙土、吞食骨块、土块、瓦砾、木片、粪便、破布、煤渣等。近年来，随着塑料袋和塑料薄膜的广泛使用，造成废弃塑料到处污染，又对羊的异食物中增加了新的内容。据所了解，其中表现最突出而影响羊的健康最大的是啃骨症（Osteaphagia）和食塑料薄膜症。因此，这里主要以此二症为代表对异食癖加以介绍。

（一）病　因

1. 营养不良

由于饲料不足，或营养不良，在冬末春初青黄不接的季节异食现象最普遍。特别是遇到长久干旱的年份，更为严重。因为在这些情况下牧草缺乏，只能食入少量营养低而难消化的牧草，造成缺乏维生素、微量元素和蛋白质，引起消化功能和代谢紊乱，致使味觉异常而发生异食癖。

2. 慢性病

为其他慢性病的一种症状。患慢性消化不良、软骨症和某些微量元素缺乏症时，常表现异食行为。

3. 啃骨症

过去认为啃骨症是一种磷缺乏症。后来经过反复实验证明，羊是不会发生磷缺乏症的，因为羊的骨头所占体重的百分比不如牛那么大，而在采食方面比牛的选择性强，拿体重相比，羊比牛吃得多。因此啃骨症乃是普遍营养不良的一种表现，尤其要考虑蛋白质和矿物质的不足或缺乏。

（二）症　状

啃骨症：啃骨羊的食欲极差，身体消瘦，眼球下陷，被毛粗糙，精神不振。当放牧时，常有意寻找骨块或木片等异物吞食，如果被发现而要夺取异物时，则到处逃跑，不愿舍去。时间长久时，产乳量大为下降，羊只极度贫血，终至死亡。

食塑料薄膜症：临床表现与食入塑料的量有密切关系。当食入量少时，无明显症状。如果食入量大，塑料薄膜容易在瘤胃中相互缠结，形成大的团块，发生阻塞，离群孤处，低头拱腰，反复拉稀或连续拉稀，有时回顾腹部。进一步发展时，表现食欲废绝，反刍停止，可视黏膜苍白，心跳增数，呼吸加快，羊显著消瘦衰竭。病程可达 2~3 个月。

（三）剖　检

啃骨症：内脏呈白色或稍带浅红色。血液稀薄，前胃及皱胃都可见到骨块或木片存在。编者曾见一山羊皱胃中存在的大小骨块总重达 64g。食塑料薄膜症：剖检吃塑料薄膜致死的羊时，可发现在瘤胃中有大小不等的塑料薄膜团块。详细检查，可能找到发生阻塞的部位。其临床症状和剖解特征详见图 5-30 至图 5-32 所示。

图 5-30　羊群在舔土（马利青提供）

图 5-31　瘤胃中的建筑垃圾（马利青提供）

（四）防　治

主要是改善饲养管理，供给多样化的饲料，尤其要重视供给蛋白质和矿物质，如食盐。加强放牧，往往在短期内可以使其恢复正常。

对于因吞食塑料薄膜引起的消化不良，可多次给予健胃药物，促使瘤胃蠕动，可能通过反刍，让塑料返到口腔嚼碎。或应用盐类泻剂，促进排出塑料及长期滞留在胃肠道内腐败的有害物质。如治疗无效，在羊机体状态允许的情况下，可以施行瘤胃切开术、去除积留的塑料团块。

（青海省畜牧兽医科学院　马利青供稿）

六、食毛症（Trichophagia）

该病多见于哺乳羔羊，很少见于成年绵羊。有时也可见于山羊。在舍饲情况下，秋末春初容易发生。其特征是喜欢啃食羊毛，常伴发臌气和腹痛。由于能造成毛的耗损和羔羊的死亡，故可给畜牧业带来一定的经济损失（图 5-32）。

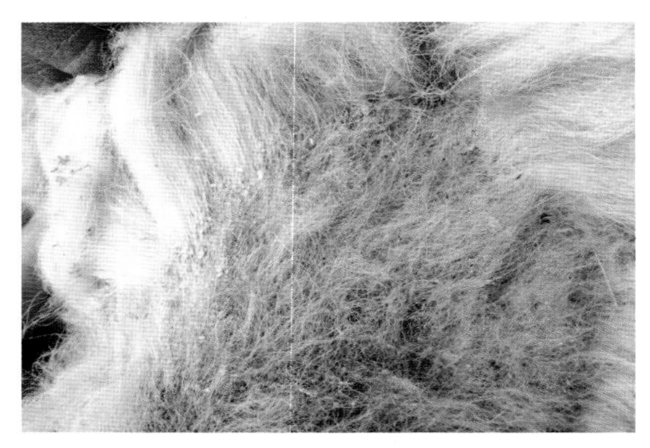

图 5-32 被啃掉毛的羊背（马利青提供）

（一）病 因

病因尚未完全清楚，一般认为母羊及羔羊饲料中营养成分不全，尤其是缺硫是发生食毛症的主要原因。成年绵羊可借助瘤胃微生物的作用，利用硫合成含硫氨基酸（胱氨酸、半胱氨酸和蛋氨酸），作为羊生长的原料。当饲料中缺乏硫时，引起含硫氨基酸缺乏，羔羊从母羊奶中不能获得足够的含硫氨基酸，而且由于羔羊瘤胃的发育尚不完善，还没有合成氨基酸的功能，因此含硫氨基酸极度缺乏，以致引起吃羊毛的现象发生。

（二）症 状

羔羊突然啃咬和食入自己母羊的毛，有时主要拔吃颈部和肩部的毛，有时却专吃母羊腹部、后肢及尾部的脏毛。羔羊之间也可能互相啃咬被毛。

一般晚间入圈时啃吃得比较厉害，早晨出圈时也可以看到拔吃羊毛的现象。起初只见少数羔羊吃毛，以后可迅速增多，甚至波及全群。有时在很短几天内，就可见到把上述一些部位的毛拔净吃光，完全露出皮肤。有的羔羊的毛几乎全被吃光。

吃下去的毛常在幽门部和肠道内彼此黏合，形成大小不同的毛球。由于毛球的影响，

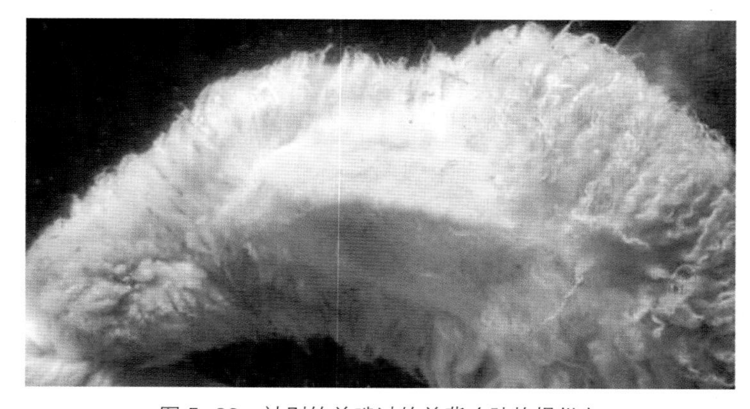

图 5-33 被别的羊啃过的羊背（陆艳提供）

羔羊发生消化不良或便秘，还渐消瘦和贫血；毛球造成肠梗阻时，引起食欲丧失、腹痛、胀气、腹膜炎等症状，最后心脏衰弱而死亡。其临床表现详见图 5-33 所示。

（三）剖　检

剖检时可见三胃内和幽门处有许多羊毛球，坚硬如石，甚至形成堵塞。其剖检特征详见图 5-34 和图 5-35 所示。

图 5-34　形成的毛球（李万财提供）

图 5-35　瘤胃中蓄积有大量的毛球（李万财提供）

（四）诊　断

在发生大量吃毛现象时，容易诊断出来。但在诊断过程中，应该注意与佝偻病、异嗜癖或蠕虫病进行区别诊断，因为这些疾病也可能造成食毛或个别体部发生脱毛现象。

（五）预　防

主要在于改善饲养管理。对于母羊，饲料营养要完全，并经常进行运动。

对于羔羊，应供给富含蛋白质、维生素和矿物质的饲料，如青绿饲料、红萝卜、甜菜和麸皮等，每日供给食盐。

（六）治　疗

（1）将吃毛的羔羊与母羊隔离开，只在吃奶时让其互相接近。

（2）加强母羊和羔羊的饲养管理，供给多样化的饲料和钙丰富的饲料（干草，尤其是干苜蓿）。保证有一定的运动。精料中加入食盐，补喂鱼肝油。

（3）便秘和消化紊乱的羊，给予泻剂。如石蜡油或硫酸钠，也可用人工盐。

（4）给羔羊补喂蛋白质，如鸡蛋（富含胱氨酸），有制止继续吃毛的作用。

（5）近年来，用有机硫，尤其是蛋氨酸等含硫氨基酸防治该病，取得很好效果。

（青海省畜牧兽医科学院　马利青供稿）

七、黄脂病（Yellow Fat Diease）

黄脂病又称黄膘，是指屠宰后胴体脂肪组织呈黄色，并伴有特殊的鱼腥臭或蛹臭味。以猪为多见，猫、貂、鸡也有发生。

（一）病　因

通常认为与喂饲过量不饱和脂肪酸甘油酯和维生素 E 不足有关。

脂肪组织中的不饱和脂肪酸易被氧化生成蜡样质（ceroid）。后者为 2~40μm 的棕色或黄色小滴，或无定形小体，不溶于脂肪溶剂，但抗酸性染色呈很深的复红色。这种抗酸色素是脂肪组织变黄的根本原因，而且蜡样质具有刺激性，可引起脂肪组织发炎，故又称为脂肪组织炎（stetitis）。

维生素 E 是一种抗氧化剂，能阻止或延缓不饱和脂肪酸的自身氧化作用，促使脂肪细胞把不饱和脂肪酸转变为贮存脂肪。

当喂饲过量的不饱和脂肪酸甘油酯且维生素 E 缺乏时，不饱和脂肪酸氧化性增强，蜡样质在脂肪组织中积聚，而使脂肪变黄。

鱼粉、鱼脂、鱼碎块、鱼下水、鱼罐头、油渣、蚕蛹等含有丰富的不饱和脂肪酸，饲喂量超过日粮的 20%，连喂一个月，可引起该病。

玉米、胡萝卜、紫云英、芜菁等饲料含黄色色素，可沉积而使脂肪黄染。

此外，该病还与遗传有关。

（二）临床表现

病羊大多不表现明显的临床症状，常在宰后发现。病羊被毛粗糙，虚弱无力，食欲减退，增重缓慢，黏膜苍白，呈现低色素性贫血。

尸体剖检：体脂呈黄色或淡黄褐色。变黄较为明显的部位是，肾周、下腹、骨盆腔、肛周、大网膜、口角、耳根、眼周、舌根及股内侧脂肪。黄脂具有鱼腥臭味，加温时更明显。骨骼肌和心肌呈灰白色，肝脏呈黄褐色，脂肪变性明显，肾呈灰红色。淋巴结肿大、水肿，胃肠黏膜充血。

组织学检查：脂肪组织细胞间质有蜡样质沉积，大小如脂肪细胞。由于脂肪组织发炎，常有巨噬细胞、中性粒细胞、嗜酸性粒细胞浸润。在毛细血管和小动脉周围、肝脏星状细胞和肝细胞浆内以及巨噬细胞内亦可见有蜡样质。

仅脂肪黄染而不伴有脂肪组织炎的，宰后胴体冷却后无鱼腥味，也无蜡样质沉积。其临床特征详见图 5-36 至图 5-40 所示。

图 5-36　患羊皮肤黄染（毛杨毅提供）

图 5-37　患羊大网膜黄染（毛杨毅提供）

图 5-38　患羊皮张黄染（毛杨毅提供）

图 5-39　患羊脾肿大、黄染（毛杨毅提供）

图 5-40　患羊心包膜脂肪黄染（毛杨毅提供）

（三）防　治

日粮中富含不饱和脂肪酸甘油酯的饲料应除去或限制在10%之内，并至少在宰前1个月停喂。

日粮中添加维生素E，每头每日500~700mg，或加入6%的干燥小麦芽、30%米糠，也有预防效果。

（青海省畜牧兽医科学院　马利青供稿）

八、乳房炎

乳房炎（Mastitis）可分为乳房实质炎与间质炎两大类，此外根据发病原因及病的发展程度又可分成若干种。奶用山羊患乳房炎以后，往往可使奶质变坏，不能饮用。该病引起的损失并不亚于绵羊患皮肤病的情况。有时由于患部循环不好，引起组织坏死，甚至造成羊只死亡。

（一）病　因

（1）受到细菌感染，主要是因为乳房不清洁引起的感染。山羊一般为链球菌及葡萄球菌，绵羊除这两种球菌外，尚有化脓杆菌、大肠杆菌及类巴氏杆菌等。乳用山羊还可以见到结核性乳房炎。

此外，无论在山羊成绵羊的乳房中，都可遇到假结核杆菌。这种细菌可使乳房中生成脓疡，损坏乳腺功能。

（2）挤奶技术不熟练，或者挤奶方法不正确。

（3）分娩后挤奶不充分，奶汁积存过多。

（4）由乳房外伤引起，如扩大乳孔时手术不细心。

（5）由于受寒冷贼风的刺激。

（6）因为患感冒、结核、口蹄疫、子宫炎等疾病引起。

（二）症　状

病初奶汁无大变化。严重时，由于高度发炎及浸润，使乳房红肿发热，变为红色或紫红色。用手触摸时，羊只感到痛苦，因此挤奶困难，即使勉强挤奶，乳量也大为减少。乳汁呈淡红色或血色，内含小片絮状物，乳房高度肿胀，异常疼痛。如果发生坏疽，手摸时必然感到冰凉。由于行走时后肢摩擦乳房而感到疼痛，因此发生跛行或不能行走。病羊食欲不振，头部下垂，精神萎靡，体温增高。检查乳汁时，可以发现葡萄球菌、化脓杆菌、链球菌及大肠杆菌等，但各种细菌不一定同时存在。如为混合感染，病势更为严重。乳房炎在奶羊群中的发生程度并不亚于奶牛，虽然死亡率不高。但在乳房内形成脓肿时，很容易使乳房损坏一半，甚至全部失去作用。这时虽未完全失去育种价值，但留养已很不经济。其临床症状详见图 5-41 和图 5-42 所示。

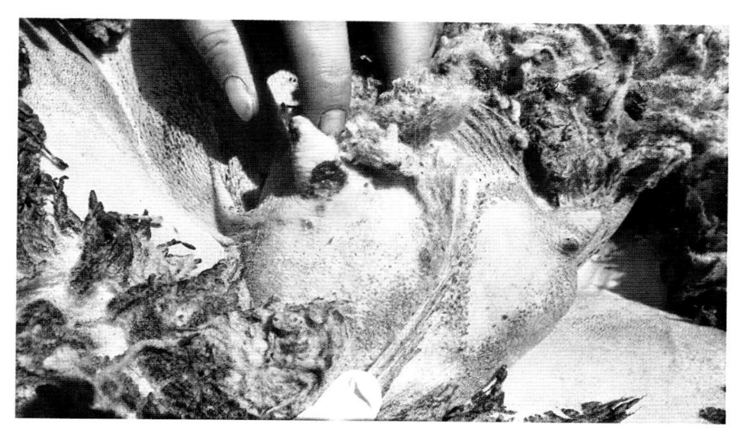

图 5-41　乳房炎发生初期（扎西提供）

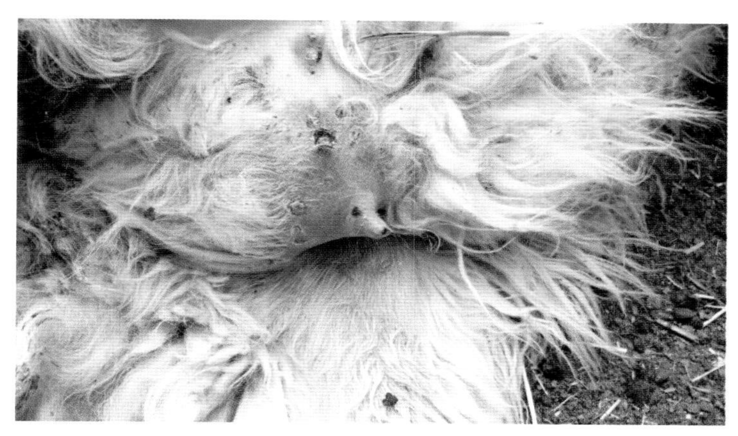

图 5-42　乳房炎发生后期乳房坏疽（扎西提供）

（三）预　防

一般来说，奶产量越高的羊，得乳房炎的机会越多。预防办法是：

1. 避免乳房中奶汁潴留

绵羊所产的奶，一般只供小羊吃，如果奶量较大，吃不完的奶存留在乳房内，便有降低乳腺抵抗力的倾向（如对损害、寒冷及传染等），故对这种母羊应当随时注意干奶；可经常挤奶或让其他羔羊吃奶，或者减少精料使奶量减低，避免余奶潴留。

虽然希望山羊奶量尽量增加，但应避免乳房中奶汁潴留。要根据奶量高低决定每日挤奶次数及挤奶间隔时间。每次挤奶应力求干净。一般奶羊每日应挤奶 2 次，高产山羊可挤 3~4 次，产奶量特别高的山羊，甚至可以增加到 5~6 次。

2. 经常保持清洁

① 经常洗刷羊体（尤其是乳房部），以除去松疏的被毛及污染物。

② 每次挤奶以前必须洗手，并用开水或漂白粉溶液浸过的布块清洗乳房，然后再用净布擦干。

③ 经常保持羊棚清洁，定时清除粪便及不干净的垫草，供给洁净干燥的垫草。

④ 避免把产奶山羊及哺乳绵羊放于寒冷环境，尤其是在雨雪天气时更要特别注意。

⑤ 哺育羔羊的绵羊，最好多进行放牧，这样不但可以预防乳房炎，而且可以避免发生其他疾病。

⑥ 在挤病羊奶时，应另用一个容器，病羊的奶应该毁弃，以免传染。并应经常清洗及消毒容器。

（四）治　疗

及时隔离病羊，然后进行治疗。治疗方法可分为局部及全身两种。

1. 局部治疗

（1）进行冷敷，并用抗生素消炎：初期红、肿、热、痛剧烈的，每日冷敷 2 次，每次 15~20 分钟。冷敷以后，用 0.25%~0.5% 普鲁卡因 10mL，加青霉素 20 万 IU；分为 3~4 个点，直接注入乳腺组织内。

（2）进行乳房冲洗灌注：先挤净坏奶，用消毒生理盐水 50~100mL 注入乳池，轻轻按摩后挤出，连续冲洗 2~3 次。最后用生理盐水 40~60mL 溶解青霉素 20 万 IU。注入乳池，每日 2~3 次。

（3）出血性乳房炎：禁止按摩，轻轻挤出血奶，用 0.25%~0.5% 普鲁卡因 10mL 溶解青霉素 20 万 IU，注入乳房内。如果乳池中积有血凝块，可以通过乳头管注入 1% 的盐水 50mL，以溶解血凝块。

（4）乳房坏疽：最好进行切除。

（5）慢性炎症：用 40~45℃热水进行热敷，或用红外线灯照射，每日 2 次，每次 15~20 分钟。然后涂以 10% 樟脑软膏。

2. 全身治疗

（1）为了暂时制止泌乳机能，可行减食法，即减少精料给量；少喂多汁饲料，如青贮料、根菜类及青刈饲料；限制饮水。主要喂给优质干草，如苜蓿、三叶草及其他豆科牧草。因是采取减食疗法，故在病羊食欲减退时，不要设法促进食欲。

（2）体温升高时，可灌服磺胺类药物，用量按 0.07g/kg 体重计算，4~6 小时 一次，第一次用量加倍。或者静脉注射磺胺噻唑钠或磺胺嘧啶钠 20~30mL，每日 1 次。也可以肌内注射青霉素，每次 20 万 ~40 万 IU，每日 2~3 次。

（3）应用硫酸钠 100~120g，促进毒物排出和体温下降。

（4）如果乳房炎很顽固，长时期治疗无效，而怀疑为特种细菌感染时，可采取奶汁样品，进行细菌检查。在病原确定以后，选用适宜的磺胺类药物或抗生素进行治疗。

（5）凡由感冒、结核、口蹄疫、子宫炎等病引起的乳房炎，必须同时治疗这些原发病。

（青海省畜牧兽医科学院 马利青供稿）

九、瘤胃酸中毒（消化性酸中毒）（Rumen aciciosis）

瘤胃酸中毒，系瘤胃积食的一种特殊类型，又称急性碳水化合物过食（Acute carbon hydrates engorgement）、谷物过食（Grain engorgement）、乳酸酸中毒（Lactic acidosis）、消化性酸中毒（Digestive acidosis）、酸性消化不良（Acid indigestion）以及过食豆谷综合征等。是因过食了富含碳水化合物的谷物饲料，于瘤胃内发酵产生大量乳酸后引起的急性乳酸中毒病。在临床上以精神沉郁、瘤胃膨胀、脱水等为特征。奶山羊发生较多。

（一）病 因

（1）饲养人员为了提高产奶量而喂了过量精料。或者泌乳期精料喂量增加过快，羊不适应而发病。

（2）精料和谷物保管不当而被羊大量偷吃。

（3）霉败的玉米、豆类、小麦等人不能食用时，常给羊大量饲喂而引起发病。

（4）肥育羊场开始以大量谷物日粮饲喂肥育羊，而缺乏一个适应期，则常暴发该病。

羊过食谷物饲料后，瘤胃内容物 pH 值和微生物群系改变，首先是产酸的牛链球菌和乳酸杆菌迅速增加，产生大量乳酸，瘤胃 pH 值下降到 5 甚至更低。此时瘤胃内渗透压升高，使体液通过瘤胃壁向瘤胃内渗透，致使瘤胃膨胀和机体脱水，另外大量乳酸被吸收，致使血液 pH 值下降，引起机体酸中毒。此外瘤胃内乳酸增高，不仅可引起瘤胃炎，而且有利于霉菌滋生，导致瘤胃壁坏死，并造成瘤胃微生物扩散，损伤肝脏并引起毒血症。

病程稍长的病例，持久的高酸度损伤瘤胃黏膜并引起急性坏死性瘤胃炎，坏死杆菌入侵，经血液转移到肝脏，引起脓肿。非致死性病例可缓慢地恢复，并推迟重新开始采食。

（二）症 状

一般在大量摄食谷物饲料后 4~8 小时发病，病的发展很快。病羊精神沉郁，食欲和反刍废绝。触诊瘤胃胀软，体温正常或升高，心跳加快，眼球下陷，血液黏稠，尿量减少。腹泻或排粪很少，有的出现蹄叶炎而跛行。随着病情的发展，病羊极度痛苦、呻吟、卧地昏迷而死亡。急性病例，常于 4~6 小时内死亡，轻型病例可耐过，如病期延长亦多

死亡。详见图 5-43 所示。

图 5-43　中毒后精神沉郁（王戈平提供）

（三）剖　检

两眼下陷，瘤胃内容物为粥状，酸性与恶臭。瘤胃黏膜脱落，有出血变黑区。皱胃黏膜出血。心肌扩张柔软。肝轻度淤血，质地稍脆，病期长者有坏死灶。图 5-44 所示。

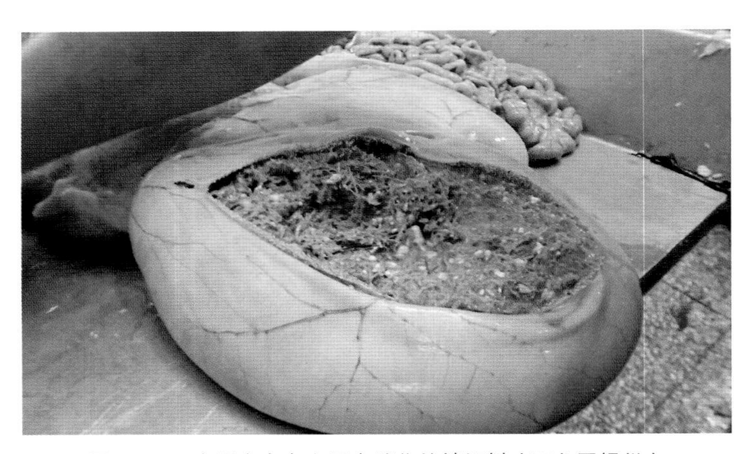

图 5-44　瘤胃中含有大量未消化的精饲料（王戈平提供）

（四）诊　断

依据过食谷物的病史及临床表现即可确诊。必要时可抽取瘤胃液，测定 pH 值，pH 值通常为 4 左右。

（五）预 防

避免羊过食谷物饲料的各种机会，肥育场的羊或泌乳的奶羊增加精料要缓慢进行，一般应给予7~10天的适应期。已过食谷物后，可在食后4~6小时内灌服土霉素0.3~0.4g或青霉素50万IU，可抑制产酸菌，有一定的预防效果。

富含淀粉的谷物饲料，每日每头羊的喂量以不超过1千克为宜，并应分两次喂给。据西北农林科技大学试验，每日喂给玉米粉的量达1.5kg时，其发病率几乎达100%。因此，控制喂量就可防止该病的发生。此外，奶山羊泌乳早期补加精料时要逐渐增加，使之有一个适应过程。阴雨天，农忙季节，粗饲料不足时要注意严格控制精料的喂量。

（六）治 疗

该病的治疗原则是：排除胃内容物，中和酸度，补充液体并结合其他对症疗法。若治疗及时，措施得力，常可收到显著疗效。可用下述方法进行治疗。

（1）瘤胃切开术疗法。当瘤胃内容物很多，且导胃无法排出时，可采用瘤胃切开术。将内容物用石灰水（生石灰500g，加水5 000mL，充分搅拌，取上清液加1~2倍清水稀释后备用）冲洗、排出。术后用5%葡萄糖生理盐水1 000mL，5%碳酸氢钠200mL，10%安钠咖5mL，混合一次静脉注射。补液量应根据脱水程度而定，必要时一日数次补液。

（2）瘤胃冲洗疗法。这种疗法比瘤胃切开术方便，且疗效高，常被临床所采用。其方法是：用开口器开张口腔，再用胃管（内直径1cm）经口腔插入胃内，排出瘤胃内容物，并用稀释后的石灰水1 000~2 000mL反复冲洗，直至胃液呈近中性为止，最后再灌入稀释后的石灰水500~1 000mL。同时全身补液并输注5%碳酸氢钠溶液。

（3）为了控制和消除炎症，可注射抗生素，如青霉素、链霉素、四环素或庆大霉素等。对脱水严重，卧地不起者，排除胃内容物和用石灰水冲洗后，还可根据病情变化，随时采用对症疗法。

（4）对轻型病例，如羊相当机敏，能行走，无共济失调，有饮欲，脱水轻微，或瘤胃pH值在5.5以上者。可投服氢氧化镁100g，或稀释的石灰水1 000~2 000mL，适当补液。一般24小时开始吃食。

（青海省畜牧兽医科学院　马利青供稿）

十、醋酮血病（酮病）（Acetonaemia，ketosis）

羊的醋酮血病又称为酮病、酮血病、酮尿病。该病是由于蛋白质、脂肪和糖的代谢发生紊乱，在血液、乳、尿及组织内酮的化合物蓄积所致的疾病。多见于冬季舍饲的奶山羊和高产母羊泌乳的第一个月，主要是由于饲料管理上的错误，其营养不能满足大量泌乳的需要而发病。该病和羊的妊娠毒血症，即产羔病（iambing sickness）、双羔病（twin lamb disease）虽然生化紊乱基本相同，而且在相似的饲养管理条件下发病，但在临床上是不同病种，并发生在妊娠—泌乳周期的不同阶段。

（一）病　因

1. 原发性酮病常由于大量饲喂含蛋白质、脂肪高的饲料（如豆类、油饼），而碳水化合物饲料（粗纤维丰富的干草、青草、禾本科谷类、多汁的块根饲料等）不足，或突然给予多量蛋白质和脂肪的饲料，特别是在缺乏糖和粗饲料的情况下供给多量精料，更易致病。在泌乳峰值期，高严奶羊需要大量的能量，当所给饲料不能满足需要时，就动员体内贮备，因而产生大量酮体，酮体积聚在血液中而发生酮血病。

2. 酮病还可继发于前胃弛缓、真胃炎、子宫炎和饲料中毒等过程中。主要是由于瘤胃代谢紊乱而影响维生素 B_{12} 的合成，导致肝脏利用丙酸盐的能力下降。另外，瘤胃微生物异常活动所产生的短链脂肪酸，也与酮病的发生有着密切关系。

3. 妊娠期肥胖，运动不足，饲料中缺乏维生素 A、维生素 B 以及矿物质不足等，都可促进该病发生。

酮病引发的产后瘫痪如图 5–45。

图 5–45　湖羊产后瘫痪（马利青提供）

（二）症 状

病初表现反复无常的消化紊乱，食欲降低，常有异食癖，喜吃干草及污染的饲料，拒食精料。反刍减少，瘤胃及肠蠕动减弱。粪球干小，上附黏液，恶臭，有时便秘与腹泻交替发生。排尿减少，尿呈浅黄色水样，初呈中性，以后变为酸性，易形成泡沫，有特异的醋酮气味。泌乳量减少，乳汁有特异的醋酮气味。肝脏叩诊区扩大并有痛感。

（三）剖 检

主要表现是肝脏的脂肪变性，严重病例的肝比正常的大 2~3 倍，其他实质器官也出现不同程度的脂肪变性。

（四）防 治

（1）改善饲养条件，应保证供应充分的全价饲料，建立定期检查制度，发现病羊后，应立即采取防治措施。

（2）药物治疗，首先是提高血糖的含量，静脉注射高渗葡萄糖 50 ~100mL，每天 2 次，连续 3~5 天。条件许可时，可与胰岛素 5~8IU 混合注入。

（3）发病后可立即肌内注射可的松 0.2~0.3g 或促肾上腺皮质素（ACTH）20~40IU，每日 1 次，连用 4~6 次。丙酸钠每天 250g，混入饲料中喂给，供给 10 天。还可内服丙二醇 100~120mL，每日 2 次，连用 7~10 天。

（4）内服甘油 30mL，每天 2 次，连续 7 天。

（5）为了恢复氧化—还原过程及新陈代谢，可口服柠檬酸钠或醋酸钠，剂量按 300 mg/kg 体重计算，连服 4~5 次。还可用次亚硫酸钠 2g，葡萄糖 20~40g，蒸馏水加至 100mL 制成注射剂，每次静脉注射 30~80mL。

（6）供给维生素 A、B 及矿物质（钙、磷、食盐等）。

（青海省畜牧兽医科学院 王戈平供稿）

十一、有机磷制剂中毒（Organophosphatic poisoning）

当前，农业上广泛应用有机磷制剂毒杀害虫，这就给农药中毒增加了可能性。

（一）病　因

（1）主要由于羊只采食了喷有农药的农作物或蔬菜。当前常用的有机磷农药有1059、1605、4049、敌百虫、敌敌畏及乐果等，羊只不管吞食了哪一类农药，都可发生中毒。

（2）喝了被农药污染的水，或者舔了没有洗净的农药用具。

（3）有时是由于人为的破坏，有意放毒，杀害羊只。

（二）症　状

有机磷农药可通过消化道，呼吸道及皮肤进入体内，有机磷与胆碱酯酶结合生成磷酰化胆碱酯酶，失去水解乙酰胆碱的作用，致使体内乙酰胆碱蓄积，呈现出胆碱能神经的过度兴奋。

羊只中毒较轻时，食欲不振，无力、流涎。较重时呼吸困难，腹痛不安。肠音加强，排粪次数增多。肌内颤动，四肢发硬。瞳孔缩小，视力减退。最严重的时候，口吐大量白沫，心跳加快，体温升高，大小便失禁，神志不清，黏膜发紫，全身痉挛，血压降低，终致死亡。血液检查：红细胞及血红蛋白减少，白细胞可能增加。其临床症状详见图5-46和图5-47所示。

图5-46　中毒后口吐带色的瘤胃液（马利青提供）

图5-47　中毒后口角弓反张（马利青提供）

（三）剖　检

主要是胃肠黏膜充血和胃内容物有大蒜臭味。若病程稍久，所有黏膜呈暗紫色，内脏器官出血。肝、脾肿大，肺充血水肿，支气管含多量泡沫。

（四）诊　断

根据发病很急，变化很快，流涎、拉稀、腹痛不安及瞳孔缩小等特点，结合有机磷农药接触病史可以作出确诊。其剖解变化详见图 5-48 至图 5-50 所示。

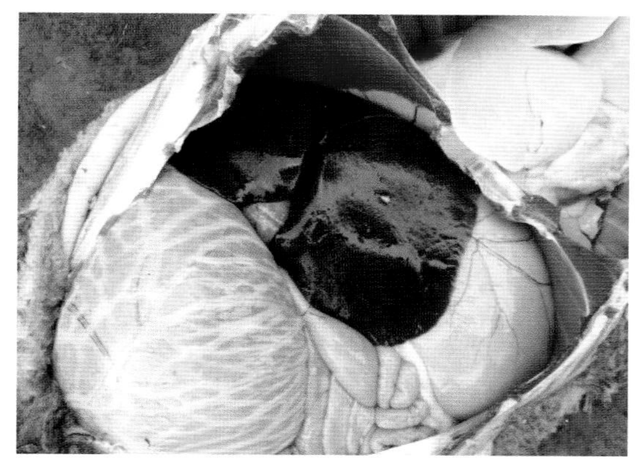

图 5-48 肝脏肿大质地脆弱（马利青提供）

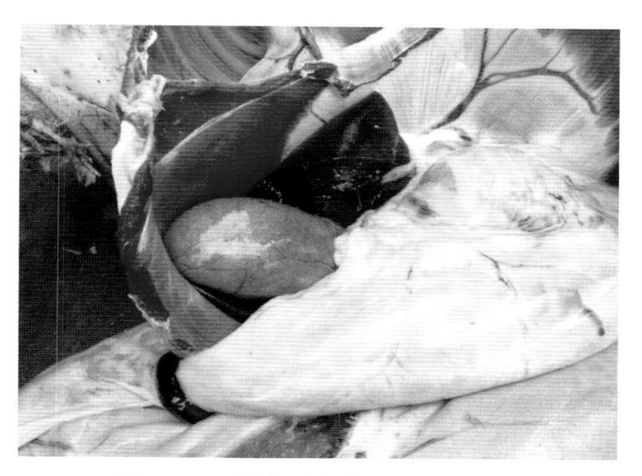

图 5-49 胆囊肿大（王戈平提供）

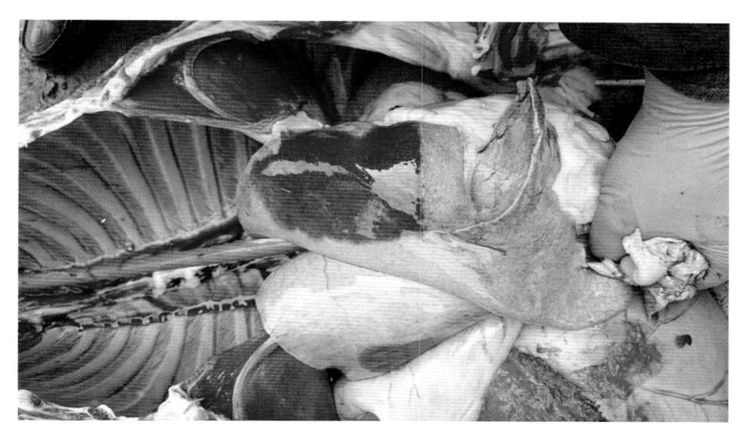

图 5-50 肺脏上的出血斑块（王戈平提供）

（五）预 防

1. 对农药一定要有保管制度，严格按照“剧毒农药安全使用规程”进行操作和使用，防止人为破坏。

2. 在喷过药的田地设立标志，在 7 天以内不准进地割草或放羊。

（六）治 疗

1. 清除毒物

经皮肤染毒者，用 5% 石灰水或肥皂水（敌百虫禁用）刷洗；经口染毒者，用 0.2%~0.5% 高锰酸钾（1605 禁用），或 2%~3% 碳酸氢钠（敌百虫禁用）洗胃，随之给予泻剂。

2. 解毒

可用解磷定或阿托品注射液。

（1）解磷定。按 10~45mg/kg 体重计算，溶于生理盐水、5% 葡萄糖液、糖盐水或蒸馏水中都可以，作静脉注射。半小时后如不好转，可再注射 1 次。

（2）阿托品。用 1070 阿托品注射液 1~2mL，皮下注射。在中毒严重时，可合并使用解磷定及阿托品。还可以注射葡萄糖、复方氯化钠及维生素 B_1、维生素 B_2、维生素 C 等。

（3）对症治疗。呼吸困难者注射氯化钙；心脏及呼吸衰弱时注射尼可刹米；为了制止肌肉痉挛，可应用水合氯醛或硫酸镁等镇静剂。

（4）中药疗法。可用甘草滑石粉。即用甘草 500g 煎水，混合滑石粉，分次灌服。第一次冲服滑石粉 30g，10 分钟后冲服 15g，以后每隔 15 分钟冲服 15g。一般 5~6 次即可见效。每次都应冷服。

（青海省畜牧兽医科学院　马利青供稿）

十二、氟乙酸盐中毒（Fluoroacetate poisonlng）

有机氟化物是广为应用的农药之一，如氟乙酸钠（SFA，FCH_2COONa）、氟乙酰胺（FAA，FCH_2CONH_2）等，主要用于杀虫和灭鼠，有剧毒。畜禽常因误食毒饵或污染物而中毒。一些野生植物，如南非的毒鼠子，北澳大利亚的乔治亚相思树（Acacia）和大花腹状黑麦草以及一种豆科植物等含有氟乙酸盐和其简单衍生物，可引起放牧绵羊中毒。

（一）病　因

有机氟农药，可经消化道、呼吸道以及皮肤进入动物体内，羊发生中毒往往足因误食（饮）被有机氟化物处理或污染了的植物、种子、饲料、毒饵、饮水所致。在南非和澳大利亚，绵羊还因采食一些含氟乙酸盐的植物而发生中毒。

有机氟在体内先转变为氟乙酸，再与辅酶 A 作用生成氟乙酰辅酶 A，后者与草酰乙酸作用生成氟柠檬酸。氟柠檬酸能抑制三羧酸循环中的乌头酸酶，使三羧酸循环中断。其结果因柠檬酸不能进一步代谢，在组织内蓄积而Ⅳ阳生成不足，组织细胞的正常功能遭到破坏，动物中枢神经系统和心脏最先受到损害，临床上动物表现痉挛、搐搦、心律不齐、心房纤颤等症状。

（二）症　状

中毒羊精神沉郁，全身无力，不愿走动，体温正常或低于正常，反刍停止，食欲废绝。脉搏快而弱，心跳节律不齐，出现心室纤维性颤动。磨牙、呻吟，步态蹒跚，以及阵发性痉挛。一般病程持续 2~3 天。最急性者，持续 9~18 小时，突然倒地，抽搐，或角弓反张立即死亡，或反复发作，终因循环衰竭而死亡。中毒后的临床表现详见图 5-51 和图 5-52。

图 5-51 氟乙酸盐中毒症状（蔡旺陈林提供）

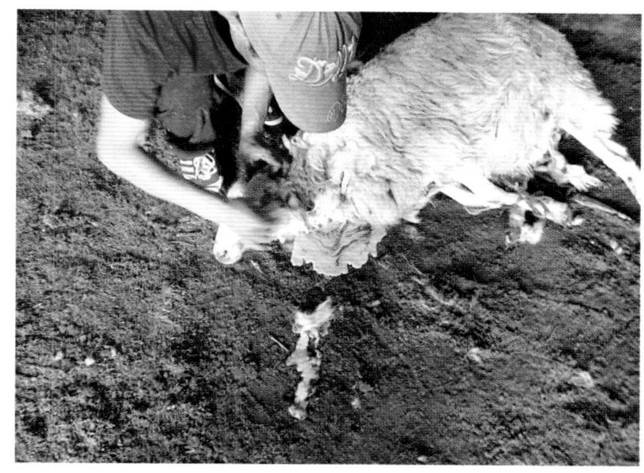

图 5-52 中毒后口吐白沫（蔡旺陈林提供）

（三）剖 检

主要病理变化有心肌变性、心内外膜有出血斑点，脑软膜充血、出血，肝、肾瘀血、肿大，卡他性和出血性胃肠炎。

（四）诊 断

依据接触有机氟杀鼠药的病史及神经兴奋和心律失常为特征的临床症状，即可作初步诊断。确诊还应采取可疑饲料、饮水、胃内容物，肝脏或血液，做羟肟酸反应或薄层层析，证实有氟化物存在。

（五）预 防

加强有机氟化物农药的保管使用，防止污染饲料和饮水，中毒死鼠应深埋。

（六）治 疗

首先应用特效解毒剂，立即肌肉注射解氟灵，剂量为每日 0.1~0.3g/kg 体重，以 0.5% 普鲁卡因稀释，分 3~4 次注射。首次注射为日用量的一半，连续用药 3~7 天。亦可用乙二醇乙酸酯（醋精）20mL，溶于100mL水中，1次内服；也可用5%酒精和5%醋酸（剂量为各2mL/kg体重）内服。

同时可用洗胃、导泻等一般中毒急救措施，并用镇静剂，强心剂等对症治疗。

（青海省民和县畜牧兽医工作站　李生福供稿）

十三、散发性流产

（一）病　因

散发性流产的原因非常复杂，可归纳为下列几类。

1. 由于生殖器官及胎儿异常

（1）患有妨碍子宫发育及伸展的疾病，如子宫瘢痕及子宫与腹膜粘连等。

（2）胎盘出血或脐带捻转。

（3）胎儿畸形。

2. 由于母体生理异常

（1）母体营养不足。此时母体为维持其生命而发生流产，例如长时间绝食或长期饥饿。

（2）疾病。如下痢及化学性中毒，在发生气胀病时，由于血中二氧化碳的大量积聚可以流产。发生传染病时，常因高热而诱发阵痛，亦可引起流产。

3. 由于外界作用的影响

此为流产中最大的原因，常由于日常饲养管理不当而引起。

（1）机械力量使胎盘脱离。如羊自己滑跌、受其他羊只抵撞或羊腹部受到踢打，以及羊只经过狭窄的通路而使腹部受到强度挤压等。

（2）妊娠后期运动过度。

（3）饲料中缺乏维生素A或其他营养。维生素A缺乏者所产之羔羊必弱，有时且为死胎。

（4）吃发霉或冰冻饲料及受急风暴雨的侵袭，都可发生刺激作用，引起子宫收缩而流产。

（5）饮用冷水。胃肠空虚时，如饮用过多冷水，可使下腹部血管收缩，以致血行异常而发生流产。

（6）精神刺激。惊怕和兴奋均可反射地引起子宫收缩，使血管缩小，以致障碍血行而发生流产。

（7）药物作用。妊娠后期若给予峻泻剂，亦可引起流产。

4. 安哥拉山羊流产（Abortion in Angora doe）由于品种特点

根据大量饲养安哥拉山羊的美国和南非报道，安哥拉山羊的散发性流产较多。其流产的发生有两种情况：

① 习惯性流产（habitural abortion），在南非较多。

② 应激性流产（stress abortion），在美国较多，其原因是由于日粮中碳水化合物含量低，能量供应不足。造成流产的机理是母羊和胎儿的低血糖水平，引起胎儿肾上腺释放出雌激素。然后，雌激素作用于子宫，刺激子宫收缩而发生流产。

（二）症　状

流产通常在胎儿死亡后3日以内发生，其症状因怀孕期的长短而异。怀孕初期流产者，胎儿及胎盘尚小，与子宫黏膜结合较松，故经过迅速，每于饲养员不知不觉中流产告终。怀孕愈到后期，则症状愈近似正常分娩。故发生于怀孕后半期时，可以偶然见到乳房膨大，乳头充血。若在泌乳期，则泌乳量骤减，乳汁呈初乳状态。食欲、反刍、体温及脉搏等虽无多大异常，而举动不安，则为流产象征。以后阴户流血，有丝状黏液自阴户下悬，最后胎儿与胎衣先后排出。

胎儿成熟期发生流产者，因胎儿过大，或因死胎的胎位及胎势不易发生充分变化，或因子宫收缩力不足，子宫收缩收缩力不足，子宫口开张不全，致胎儿不能产出，即发生难产。此时可见到母羊食欲减退、不安静、常努责，阴户流出血色黏液，经时较久，可使体温增高、精神委顿。此种情况下，必须实行助产手术。如果未将死胎排出，即会发生胎儿浸软分解、腐败分解或干尸化等结局。

安哥拉山羊的流产：习惯性流产流出的羔羊为死胎、水肿，检查不出任何传染性病原。应激性流产主要见于营养较差的头胎羊，流产一般发生于妊娠第90~120天，流产的胎儿常为活胎儿。

不同期流产病例发生详见图5-53和图5-54所示。

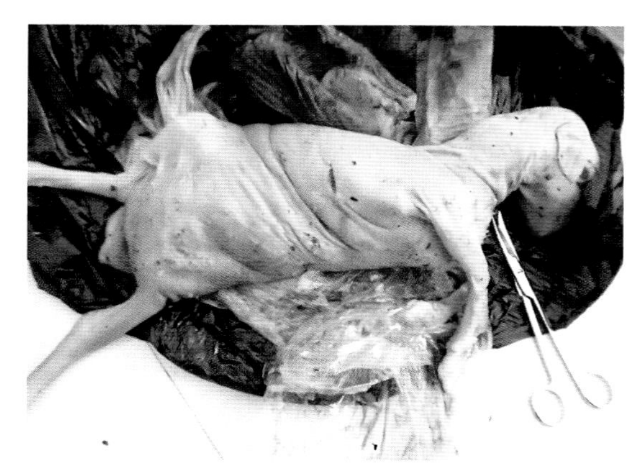

图5-53　妊娠中期的流产（马利青提供）

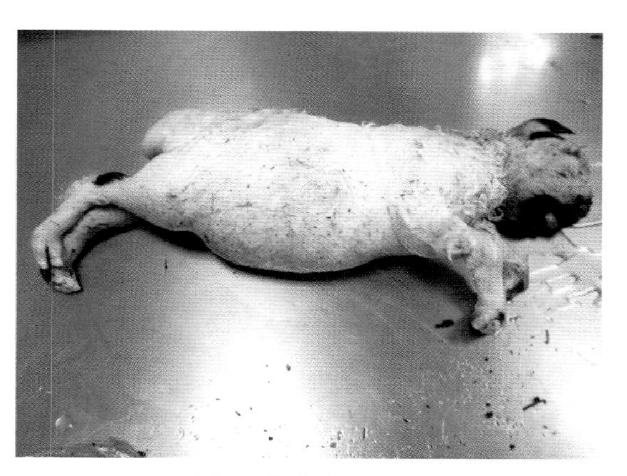

图5-54　妊娠后期的流产（马利青提供）

（三）预　防

（1）防止孕羊抵斗、剧烈运动或摔倒，不应大声吆喝而使孕羊受惊。

（2）不应喂给孕羊不良饲料和饮给冰水，亦不要让孕羊吃雪。

（3）变更饲养管理时，应该逐渐改变，不可过于突然，以免由于不习惯而忽然显出有害作用。

（4）为了避免由于拥挤而发生流产，应准备足够的饲槽，把饲料均匀地放在槽底。

（5）放牧妊娠羊时，必须缓慢，以免因过度疲劳而破坏母体和胎儿之间的气体交换，以致引起流产。

（四）治　疗

在发现前驱症状时，可试用以下各种疗法。

1. 施行摄生疗养

（1）当有阴户流出血液或黏液等流产前驱症状时，应将羊隔离于另一室中，令其自由行动，尽量使其舒适。

（2）胎羊下落所需时间较正常生产为久，胎衣往往停滞不下，待胎衣落地后，应特别注意饲养管理。

（3）流产的羊不可于短期内再行交配，须细心调养，使其健康完全恢复后，再行配种。否则，由于母羊身体大受耗损，有再次怀孕又发生流产的可能性。

2. 如果起因于抵打，可用 1% 的温明矾溶液注入子宫

（1）如果胎儿已发生干尸化，为了排出胎儿，可肌内注射乙底酚 2~3mg 或皮下注射孕羊（6~8 个月）的新鲜尿 25.0~30.0mL，通常在注射后 2~4 天，胎儿即被排出。

（2）如果胎儿已发生腐败，首先应给子宫腔内注入高锰酸钾溶液（1∶5000）100 mL，然后灌入植物油，使胎儿和子宫壁分离。以后用产科钩或产科套拉出胎儿，亦可用纱布条绑住颈部或用钳子夹住下颌骨骨体向外拉。

（3）对于安哥拉山羊的习惯性流产，可将母羊淘汰，只对发育良好的健康母羊配种。

（青海省畜牧兽医科学院　马利青供稿）

十四、剖腹产术（Cesarotomy，Cesarean delivery）

剖腹产术是在发生难产时，切开腹壁及子宫壁而从切口取出胎儿的手术。必要时山羊和绵羊均可施行此术。如果母羊全身情况良好，手术及时，则有可能同时救活母羊和胎儿。

（一）适应症

（1）无法纠正的子宫扭转。

（2）子宫颈管狭窄或闭锁。

（3）产道内有妨碍截胎的赘瘤或骨盆因骨折而变形。

（4）亦可用于骨盆狭窄（手无法伸入）及胎位异常等情况。

（5）胎水过多，危及母羊生命，而采用人工流产无效时。

（二）禁　忌

（1）有腹膜炎、子宫炎和子宫内有腐败胎儿时。

（2）母羊因为难产时间长久而十分衰竭时。

（三）预　后

绵羊的预后比山羊好。手术进行越早，预后越好。

（1）术前准备工作。

① 术部准备：在右肷部手术区域（由髋结节到肋骨弓处）剪毛、剃光，然后用温肥皂水洗净擦干。

② 保定消毒：使羊卧于左侧保定，用碘酒消毒皮肤，然后盖上手术巾，准备施行手术。

③ 麻醉：可以采用合并麻醉或电针麻醉。合并麻醉是口服酒精作全麻，同时对术区进行局麻。口服的酒精应稀释成40%，每10kg体重按35~40mL计算（也可用白酒，用量相同）。局麻是用0.5%的普鲁卡因沿切口作浸润麻醉，用量根据需要而定。电针麻醉：取穴百会及六脉。百会接阳极，六脉接阴极。诱导时间为20~40分钟。针感表现腰臀肌颤动，肋间肌收缩。

（2）手术方法和步骤。

① 在右腹壁上作切口：沿腹内斜肌纤维的方向切开腹壁。切口应距离髋结节10~12cm。

② 扩张切口：将腹肌与腹膜用几根长线拉住。

③ 切开子宫：术者将手伸入腹腔，转动子宫，使孕角的大弯靠近腹壁切口。然后切开子宫角，并用剪刀扩大切口长度。切开子宫角时，应特别注意，不可损伤子叶和到子叶去的大血管。为了确定子叶的位置，在切开子宫时，要始终用手指伸入子宫来触诊子叶。对于出血很多的大血管，要用肠线缝合或结扎。

④ 吸出胎水：在术部铺一层消毒的手术巾，以钳子夹住胎膜，在上面作一个很小的切口，然后插入橡皮管，通过橡皮管用橡皮球或大注射器吸出使腹壁切口扩大。然后插入橡皮管，通过橡皮管用像皮球或大注射器吸出羊水和尿水。

⑤ 取出胎儿：吸完胎水以后，助手应用手指扩大胎膜上的切口，将手伸入羊膜腔内，设法抓住胎儿后肢，以后肢前置的状态拉出胎儿，绝不可让头部前置，因为这样不容易拉出，而且常常会使切口的边缘发生损伤，甚至造成裂伤。对于拉出的胎儿，首先要除去口、鼻内的黏液，擦干皮肤。看到发生几次深吸气以后，再结扎和剪断脐带。假如没有呼吸反射，应该在结扎以前用手指压迫脐带，直到脐带的脉搏停止为止。此法配合按压胸部和摩擦皮肤，通常可以引起吸气。在出现吸气之后，剪断脐带，交给其他助手进行处理。

⑥ 剥离胎衣：在取出胎儿以后，应进行胎衣剥离。剥离往往需要费很多时间，颇为麻烦。但与胎衣留在子宫内所引起的不良后果相比，还是非常必要而不可省略的操作。为了便于剥离胎衣，在拉出胎儿的同时，应该静脉注射垂体素或皮下注射麦角碱。如果在子宫腔内注满 5%~10% 的氯化钠溶液，停留 1~2 分钟，亦有利于胎衣的剥离。最后将注射的液体用橡皮管排出来。

⑦ 冲洗子宫。剥完胎衣之后，用生理盐水将子宫切口的周围充分洗擦干净。如果切口边缘受到损伤，应该切去损伤部，使其成为新伤口。

⑧ 逐层缝合切口缝合子宫壁。只缝合浆膜及肌肉层；黏膜再生力强，不一定要缝合。缝合用肠线进行两次，第一次用连续缝合或内翻缝合（若子宫水肿剧烈，组织容易撕破时，不可用连续缝合），第二次用内翻缝合，将第一次缝合全部掩埋起来。在缝合将完时，可通过伤口的未缝合部分注入青霉素 20 万 ~40 万 IU。如果子宫弛缓，在缝合之后可拉过来一片网膜，缝在子宫伤口的周围。缝合腹膜及腹肌：用肠线进行连续缝合。如果子宫浆膜污红，腹水很多，有弥漫性腹膜炎时，应在缝合完之前给腹腔内注射青霉素。缝合皮肤：用双丝线进行结节缝合。

⑨ 给腹壁伤口上盖以胶质绷带。应用于这种绷带的胶质很多，以火棉胶比较方便而效果良好。在没有火棉胶的情况下，较常应用的是锌明胶，其配方为：白明胶 90g，氧化锌 30g，甘油 60mL，水 150mL，配制时先将氧化锌研成细末，加入甘油中，充分搅和，使成糊状。然后用开水将白明胶溶化，倒入氧化锌糊内，搅匀即成。

（3）术后护理。

① 肌内注射青霉素，静脉注射葡萄糖盐水。必要时还应注射强心剂。

② 保持术部的清洁，防止感染化脓。

③ 经常检查病羊全身状况，必要时应施行适当的症状疗法。

④ 如果伤口愈合良好，手术 10 天以后即可拆除缝合线。为了防止创口裂开，最好先拆一针留一针，3~4 天将其余缝线全部拆除。

其步骤详见图 5-55 至图 5-59 所示。

（青海省三角城种羊场　齐全青供稿）

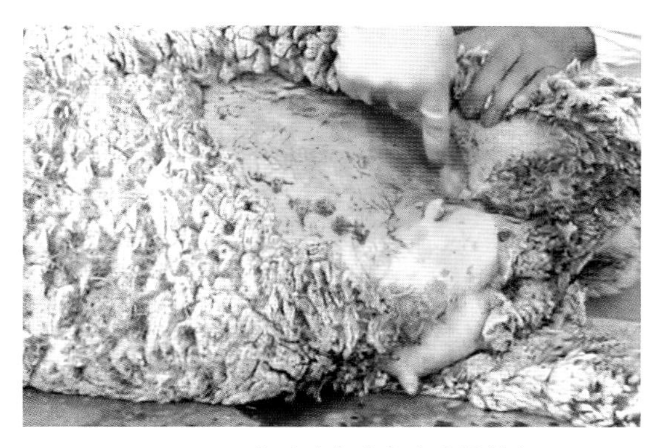

图 5-55 剪毛消毒（齐全青提供）

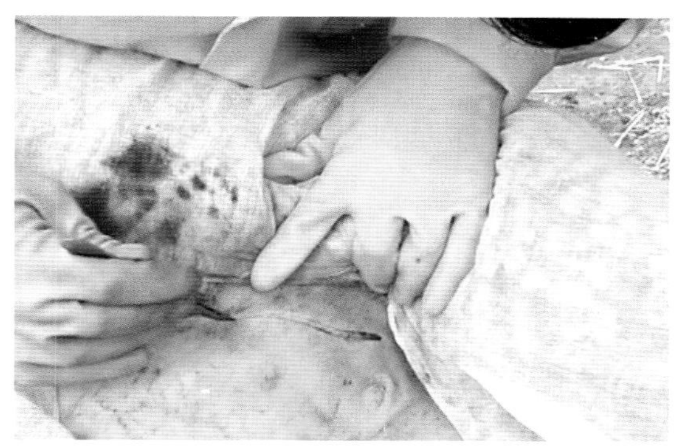

图 5-56 麻醉、切开皮肤（齐全青提供）

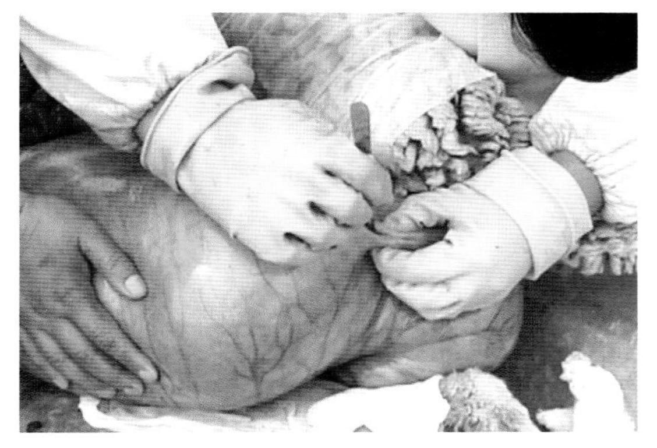

图 5-57 拉出子宫角，切开子宫（齐全青提供）

图 5-58 拉出胎儿（齐全青提供）

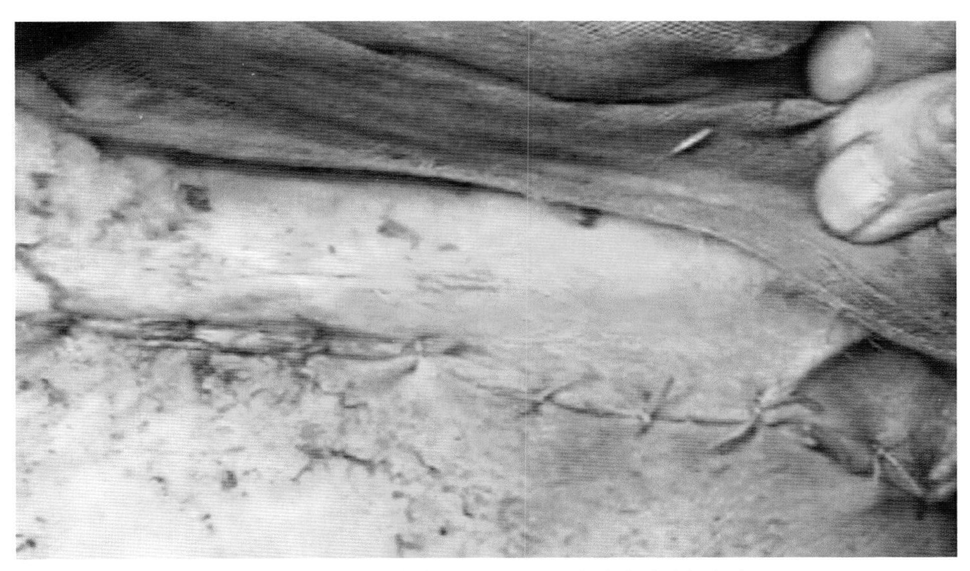

图 5-59 子宫、皮肤肌层的逐层缝合（齐全青提供）

十五、生产瘫痪（Parturient paresis）

生产瘫痪又称乳热病（Milk fever）或低钙血症（Hypocalcemia），是急性而严重的神经疾病。其特征为咽、舌、肠道和四肢发生瘫痪，失去知觉。山羊和绵羊均可患病，但以山羊比较多见。尤其在 2~4 胎的某些高产奶山羊，几乎每次分娩以后都重复发病。

此病主要见于成年母羊，发生于产前或产后数日内，偶尔见于怀孕的其他时期。病的性质与乳牛的乳热病非常类似。

根据英国对约 1 000 只山羊的调查，1964 年为 0.5%，1968 年为 0.2%。挪威对 40 只山羊低钙血症发病时间的调查结果是：产前 1 周之内为 17%，正产羔及产后数日为 2%，产羔后 3 周之内为 20%，产羔后超过 3 周为 37.5%。

（一）病　因

舍饲、产乳量高以及怀孕末期营养良好的羊只，如果饲料营养过于丰富，都可成为发病的诱因。由于血糖和血钙降低。据测定，病羊血液中的糖分及含钙量均降低，但原因还不十分明了。可能是因为大量钙质随着初乳排出，或者是因为初乳含钙量太高之故。其原因是降钙素抑制了副甲状腺素的骨溶解作用，以致调节过程不能适应，而变为低钙状态，而引起发病。在正常情况下，骨和牙齿的含钙量最丰富，少量存在于血液和其他组织中。钙的作用是激发肌肉的收缩。如果血钙下降，其刺激肌肉运动的功能便降低，甚至停止。

为了了解该病的发生实质，有必要简述钙在体内的动态变化过程。

在非泌乳的山羊，钙从食物中吸收入血，除了维持血液正常钙水平以外，在维生素 D 和降钙素的作用下，将剩余的钙转运到骨骼内贮存。当需要钙的时候，在甲状旁腺素的作用下，再从骨骼释放到血液内。问题是，母羊在产羔前后奶中的含钙量高，对钙的需要突然增多。虽然饲料中含有适量的钙，但经肠道能吸收者很少，这就不得不将骨中的钙再还回血液。

一般认为生产瘫痪是由于神经系统过度紧张（抑制或衰竭）而发生的一种疾病，尤其是由于大脑皮层接受冲动的分析器过分紧张，造成调节力降低。这里所说的冲动是指来自生殖器官，以及其他直接或间接参与分娩过程的内脏器官的气压感受器及化学感受器。

（二）病的发生

低钙血的含意仅指羊血中含钙量低，并不意味着母羊体内缺钙，因为骨骼中含钙很丰富。它只是说明由于复杂的调控机制失常，导致血钙暂时性下降。在产羔母羊，每日要产奶 2~3 kg，而奶中含量高，就使血钙量发生转移性损失，导致血钙暂时性下降到正常水平的一半左右，一般从 2 .48 mmol/L 下降到 0.94 mmol/L。

（三）症　状

最初症状通常出现于分娩之后，少数的病例，见于妊娠末期和分娩过程。由于钙的作用是维持肌肉的紧张性，故在低钙血情况下病羊总的表现为衰弱无力。病初全身抑郁，食欲减少，反刍停止，后肢软弱，步态不稳，甚至摇摆。有的绵羊弯背低头，蹒跚走动。由于发生战栗和不能安静休息，呼吸常见加快。这些初期症状维持的时间通常很短，管理人员往往注意不到。此后羊站立不稳，在企图走动时跌倒。有的羊倒后起立很困难。有的不能起立，头向前直伸，不吃，停止排粪和排尿。皮肤对针刺的反应很弱。详见图 5–60 所示。

少数羊知觉完全丧失，发生极明显的麻痹症状。舌头从半开的口中垂出，咽喉麻痹。针刺皮肤无反应。脉搏先慢而弱，以后变快，勉强可以摸到。呼吸深而慢。病的后期常常用嘴呼吸，唾液随着呼气吹出，或从鼻孔流出食物。病羊常呈侧卧姿势，四肢伸直，头弯于胸部，体温逐渐下降，有时降至 36℃。皮肤、耳朵和角跟冰冷，很像将死状态。

有些病羊往往死于没有明显症状的情况下。例如有的绵羊在晚上表现健康，而次晨却见死亡。

图 5–60　生产瘫痪后母羊站立不起（蔡旺陈林提供）

（四）诊　断

尸体剖检时，看不到任何特殊病变，唯一精确的诊断方法是分析血液样品。但由于病程很短，必须根据临床症状的观察进行诊断。乳房通风及注射钙剂效果显著，亦可作为该病的诊断依据。

（五）预　防

根据对于钙在体内的动态生化变化，在实践中应考虑饲料成分配合上预防该病的发生。

假使在产羔之前饲喂高钙日粮，其调控机制就会转向调节这种高钙摄入现象，不但将一定量的钙输送到骨中，而且要减少肠道对钙盐的吸收。如果这种机制于产羔后就加重了血中来不及改变仍然继续进行，加上从乳中排出钙，导致低钙血症。相反，如果在产前1周喂以高磷低钙饲料，羊的代谢就会倾向于纠正这种突然变化现象。在此情况下，由于从骨中能动用钙补充血钙，就可避免发生低钙血症。所以在产前对羊提供一种理想的低钙日粮乃是很重要的预防措施。对于发病较多的羊群，应在此基础上，采取综合预防措施。

（1）在整个怀孕期间都应喂给富含矿物质的饲料。单纯饲喂富含钙质的混合精料，似乎没有预防效果，假若同时给予维生素D，则效果较好。

（2）产前应保持适当运动。但不可运动过度，因为过度疲劳反而容易引起发病。

（3）对于习惯性发病的羊，于分娩之后，及早应用下列药物进行预防注射：5%氯化钙40~60 mL，25%葡萄糖80~100 mL，10%安钠咖5 mL混合，一次静脉注射。

（4）在分娩前和产后1周内，每天给予蔗糖15~20g。

（六）治　疗

（1）静脉或肌内注射10%葡萄糖酸钙50~100 mL，或者应用下列处方：5%氯化钙60~80 mL，10%葡萄糖120~140 mL，10%安钠咖5 mL混合，一次静脉注射。

（2）采用乳房送风法，疗效很好。为此可以利用乳房送风器送风。没有乳房送风器时，可以用自行车的打气管代替。

送风步骤如下。

① 使羊稍呈仰卧姿势，挤出少量乳汁；

② 用酒精棉球擦净乳头，然后将煮沸消毒过的导管插入乳头中，通过导管打入空气，直到乳房中充满空气为止。用手指叩击乳房皮肤时有鼓响音者，为充满空气的标志。在乳房的两半中都要注入空气；

③ 为了避免送入的空气外逸，在取出导管时，应用手指捏紧乳头，并用纱布绷带轻轻地扎住每一个乳头的基部。经过25~30分钟将绷带取掉；

④ 将空气注入乳房各叶以后，小心按摩乳房数分钟。然后使羊四肢蜷曲伏卧，并用草束摩擦臀部、腰部和胸部，最后盖上麻袋或布块保温；

⑤ 注入空气以后，可根据情况考虑注射50%葡萄糖溶液100mL；

⑥ 如果注入空气后6小时情况并不改善，应再重复做乳房送风。

（青海省畜牧兽医科学院　马利青供稿）

十六、脱毛症（Alopecia）

脱毛症是皮肤和毛乳头萎缩过程所引起的被毛脱落现象。绵羊和山羊均可发生。

（一）病　因

根据原因不同，可以分为原发性脱毛症及症状性脱毛症两种。

（1）原发性脱毛症。由于毛乳头的营养失调、新陈代谢紊乱、维生素不足及营养不良所引起。山羊常因为皮肤梳刷不够，使皮肤新陈代谢紊乱而发生脱毛现象。幼羊缺乏碘元素时，除了引起甲状腺肿大外，也可以发生脱毛症。

（2）症状性脱毛症。是由于寄生虫性皮肤病（尤其是疥螨病）所引起，或者见于某些传染病的恢复过程。

（二）症　状

羊体有时小片脱毛，有时为大面积脱毛。绵羊可以见到全身脱毛现象。一般都是先从颈侧开始，逐渐波及体侧、四肢以至全身。原发性脱毛症多表现为脱毛部分的皮肤无光泽，亦无炎症变化，仍然具有弹性，不痛不痒，查不出皮肤表面有什么变化。山羊因为梳刷不够而发生的脱毛症，大多见于公羊。其特征是皮肤表面积有大量尘土，变为土黄色，摸起来比较粗糙，但并不甚硬，皮肤弹性稍差。症状性脱毛症，可以检查出原发病的特有变化。

（三）诊　断

主要根据临床症状。其临床表现详见图 5-61～图 5-63 所示。

图 5-61　寄生虫感染引起的脱毛（陆艳提供）

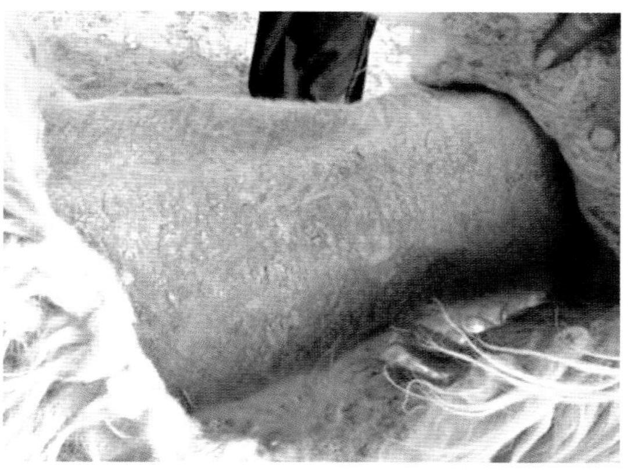

图 5-62　营养缺乏引起的脱毛（马利青提供）

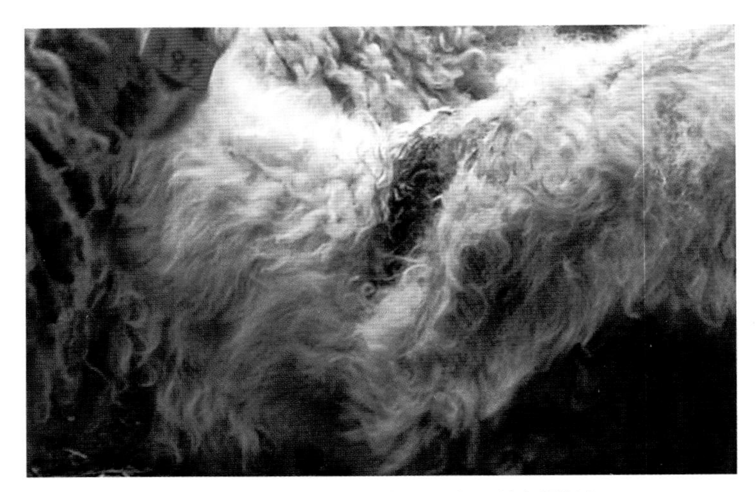

图 5-63　机械性引起的脱毛（马利青提供）

（四）治　疗

1. 首先应消除病原，故应改善饲养管理。尤其对于山羊，必须经常保持皮肤清洁；除了经常进行梳刷外，应对已发生脱毛部分用温肥皂水连续洗涤 3~5 次。以改善皮肤代谢，即可恢复正常。

2. 可给脱毛部分涂搽下列刺激剂，增加其血液循环与改善代谢。

① 鱼石脂 10 g，酒精 50 mL，蒸馏水 100 mL，制成溶液，每日早、晚各涂搽 1 次。

② 碘酊 1 mL，樟脑酊 30 mL，制成溶液，用作搽剂。

（青海省畜牧兽医科学院　马利青供稿）

十七、乳头皮肤皲裂（Cracked Nipple）

乳头皮肤皲裂乃是小的溃疡与外伤。乳头皮肤上出现纵横和长短不一（1~10 mm）的外伤。挤乳时，患羊躁动不安（疼痛），出现不同程度的放乳抑制，造成乳量下降。

（一）病　因

乳头皮肤表层丧失弹力，尤其是维生素 B_2 缺乏是发生皲裂的基本原因。乳房不洁，乳头湿又遭风吹，或天气炎热，乳头皮肤（缺皮脂腺）变得干燥，弹性减退，可促使皲裂发生。放牧季节，由于乳房护理不好，不正确挤乳，洗乳房后没擦干，乳头未擦油膏，可造成群发性乳头皲裂。皲裂的皮肤如受到污染，可形成化脓病灶，甚至引起乳房炎。详见

图 5-64 和图 5-65 所示。

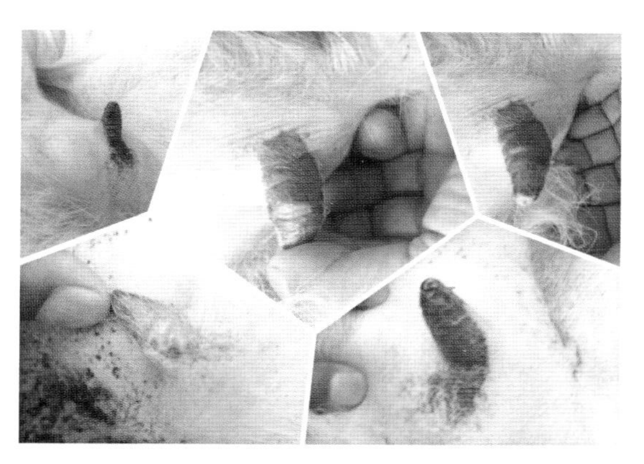

图 5-64　乳头皲裂（扎西提供）

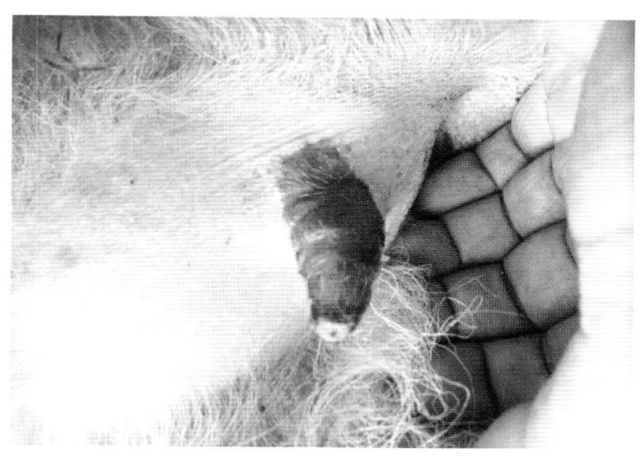

图 5-65　单个乳头皲裂（扎西提供）

（二）治　疗

对乳头出现的皲裂，挤乳前要用温水清洗乳头，挤乳后乳头上要涂擦灭菌的中性油、白凡士林油、青霉素软膏、氧化锌软膏或金霉素软膏等柔肤消炎药物。疼痛不安的，可在乳头上擦可卡因或普鲁卡因软膏；乳头上有外伤的，按外科治疗原则加以处置。

（青海省畜牧兽医科学院　马利青供稿）

主要参考文献

北京农业大学 . 1987. 家畜寄生虫学 [M]. 北京：中国农业出版社 .
蔡宝祥 . 2001. 家畜传染病学（第四版 ）[M]. 北京：中国农业出版社 .
陈怀涛 .1995. 动物疾病诊断病理学 [M]. 北京：中国农业出版社 .
储岳峰，赵萍，高鹏程，等 . 2009. 从山羊中检测山羊支原体山羊肺炎亚种 [J]. 江苏农业学报，6: 1442-1444.
邓普辉，何同协，等译 . 1981. 绵羊的疾病 [M]. 乌鲁木齐：新疆科学技术出版社 .
丁伯良 . 1996. 动物中毒病理学 [M]. 北京：中国农业出版社 .
段得贤 . 2001. 家畜内科学 [M]. 北京：中国农业出版社 .
甘肃农业大学 . 1990. 兽医产科学 [M]. 北京：农业出版社 .
郭晗，储岳峰，赵萍，等 . 2011. 山羊支原体山羊肺炎亚种甘肃株的分离及鉴定 [J]. 中国兽医学报，3:352-356.
黄有德，刘宗平 . 2001. 动物中毒与营养代谢病学 [M]. 第一版 . 兰州 : 甘肃科学技术出版社，141-147.
孔繁瑶 . 2001. 家畜寄生虫学 [M]. 北京：中国农业出版社 .
李光辉 . 1999. 畜禽微量元素疾病 [M]. 合肥 : 安徽科学技术出版社，20-23.
李冕，尹昆，闫歌 . 2011. 弓形虫病的诊断技术及其研究进展 [J]. 中国病原生物学杂志，6（12）: 942-944.
李普霖 . 1994. 动物病理学 [M]. 长春：吉林科学技术出版社 .
刘宗平 . 2003. 现代动物营养代谢病学 [M]. 北京 : 化学工业出版社，132-142 .
陆承平 . 2001. 收益为生物学（第三版）[M]. 北京：中国农业出版社 .
逯忠新 . 2008. 羊霉形体病及其防治 [M]. 北京：金盾出版社 .
邱昌庆 . 2008. 畜禽衣原体病及其防治 [M]. 北京 : 金盾出版社 .
沈正达 . 1999. 羊病防治手册（修订版）[M]. 北京：金盾出版社 .
史志诚等 . 1997. 中国草地重要有毒植物 [M]. 北京：中国农业出版社 .
史志诚 . 2001. 动物毒理学 [M]. 北京：中国农业出版社 .
王建辰，曹光荣 . 2002. 羊病学 [M]. 北京：农业出版社 .
王建辰，欧阳琨 .1982. 羊病防治 .（修订本）[M]. 西安 : 陕西科学技术出版社 .
谢庆阁 . 2004. 口蹄疫 [M]. 北京：中国农业出版社 .
杨升本，刘玉斌，苟仕途，廖延雄 . 动物微生物学 [M]. 吉林 : 吉林科学出版社，1995.
杨学礼，等 . 1981. 羊衣原体性流产的研究：流行病学调查 [M]. 兽医科技杂志（7）:13-14.
殷震，刘景华 . 1997. 动物病毒学（第二版）[M]. 北京：科学出版社 .
张乃生，李毓义 . 2011. 动物普通病学 [M]. 第二版 . 北京 : 中国农业出版社 .
中国兽药典委员会 . 2005. 中华人民共和国兽药典兽药使用指南（化学药品卷 . 二〇〇五年版）[M]. 北京：中国农业出版社 .